一套引领和推动中国动漫游戏产业
教育和发展的优秀教材。

21 Century High Education Textbooks for Animation, Comics and Game

"十二五"普通高校动漫游戏专业规划教材

动漫游戏专业高等教育规划教材专家组／审定

三维动画渲染
CG Rendering in 3ds Max

策划◎北京电影学院中国动画研究院

主编◎孙立军　　副主编◎马建昌　　著◎孙作范　曲士龙　彭超

北京联合出版公司

北 京

内容简介

　　三维动画渲染是高校动画专业学生必须掌握的技能。本书作者拥有丰富的三维渲染创作和教学经验。本书按教学大纲要求，颠覆传统教学模式，将动画艺术与软件技术紧密结合的全新方式，采用边讲、边看、边动手操作的生动活泼教学模式，力求通过动画角色《厨房苍蝇》、《卡通鼠》、《变异生物》；动画道具《沙发》、《汽车》；动画场景《荷花池》、《观景海房》和《夜晚别墅》典型时尚的三维动画渲染范例为引导，用简洁流畅的语言，系统科学地讲解"三维动画电影渲染技术、三维材质与灯光、三维渲染器、动画角色渲染技法、动画道具渲染技法、动画场景渲染技法、动画输出与合成剪辑流程"等基础知识、原理、用法、范例制作流程和详细实施步骤等，创立了一个在专业艺术原理指导下的三维动画渲染创新平台，一条通过课堂教学和实践或自学快速、全面掌握三维动画渲染技法的快捷通道。

　　精心配套的《动画渲染实训》是本教材关键知识点和核心技能的延伸全真模拟实战。由"实训名称、内容、要求、目的、制作总流程图+各分流程图"组成的 25 套作业（即为 25 个工程项目的练习），旨在加大读者实训力度，提高读者的艺术素质和软件操作技能，启发和激励学生自己动手操作的欲望，为日后的专业创作打下坚实的基础。精选 48 幅学生优秀作业供学生练习时参考。

　　附赠光盘中含本书范例文件、视频教程、彩色页面、素材、工程文件等，考虑周到，方便教学和自学。

　　本书不仅是高校动画专业三维动画制作基础课程专业教材，且无论日后你从事动画专业创作，还是到动画公司、广告公司、电视台等单位工作，本书都会带给你实际的帮助，成为你的"启蒙老师"，受益终生。

　　说明：本书备有教师用电子教案及相关教学参考资源，需要者请与 010-82665789 或 lelaoshi@163.com 联系。

特别声明

本书涉及到的图形及画面仅供教学分析、借鉴，其著作权归原作者或相关公司所有，特此声明。

图书在版编目(CIP)数据

三维动画渲染 / 孙作范等著. —北京：北京联合出版公司，2010.3

高校电脑动画专业教材

ISBN　978-7-80724-840-8

Ⅰ．①三…　Ⅱ．①孙…　Ⅲ．①三维—动画—图形软件，3DS MAX—高等学校—教材

Ⅳ．①TP391.41

中国版本图书馆 CIP 数据核字（2010）第 034230 号

总体企划：周京艳	**编　辑　部**：（010）82665118 转 8011、8002
书　　名：三维动画渲染	**发　行　部**：（010）82665118 转 8006、8007
作　　者：孙作范　曲士龙　彭　超	（010）82665789（传真）
责任编辑：王　巍　秦仁华	**印　　刷**：北京佳信达欣艺术印刷有限公司
助理编辑：张　园　荣　光	**版　　次**：2011 年 5 月北京第 1 版
责任校对：国　立　黄梅琪	**印　　次**：2013 年 5 月北京第 2 次印刷
出　　版：北京联合出版公司	**开　　本**：787mm×1092mm　1/16
发　　行：北京创意智慧教育科技有限公司	**印　　张**：25.75（彩色 20.25 印张，含练习册）
发行地址：北京市海淀区知春路 111 号理想大厦	**字　　数**：570 千字　（含练习册）
909 室（邮编：100086）	**印　　数**：2001～4000 册
经　　销：全国新华书店	**定　　价**：68.00 元（2 册，含《动画渲染实训》/ 附 1DVD）

本书如有印、装质量问题可与 010-82665789 发行部调换。

近年来，中国动画产业的发展和中国动画教育人才的培养一直得到文化部、教育部、国家广电总局、国家新闻出版总署等相关部门领导的高度重视。教育部有关领导指出，由于目前很多项目都源自动画产业的发展需要，在动漫教育规模极速扩展的同时，提高教学质量已成为当务之急，特别要注重提高学生的实践能力、创造能力，以及在国际上的竞争能力。这就需要对动漫人才培养模式加以改革，希望动画学院能发挥行业领军作用，建立面向需求的课程，打造权威化、系统化、专业化的动漫类教材，形成动漫类专业规范。

由北京电影学院中国动画研究院（前身北京电影学院动画艺术研究所）、中国动画学会和京华出版社（现更名为北京联合出版公司）等牵头和组建的"21世纪中国动漫游戏优秀教材出版工程编委会"，秉承"严谨、科学、系统、服务"的传统，组织海内外专家和大批一线优秀教师，对已经投放市场并被全国不少院校作为指定教材的"十一五"全国高校动漫游戏专业骨干课程权威教材全面升级、更新换代；组织编写旨在提高动画创作者创作素质与创造能力、指导高校师生动画艺术创作实践的"动画大师研究"优秀系列书和"动画教学重要参考"系列书。

新一轮"十二五"普通高校动漫游戏专业规划教材，广泛听取和征求海内外教育家、技术专家的各种意见和建议，结合国内的实际情况，按照课程设置的要求和新的教学大纲编写，内容不但全面更新，更融入了近几年来教师教学和实践的经验。配套实训练习册中的大量典型范例更是教材中重点知识和技能的延伸及全真实战的模拟，旨在激发学生的学习兴趣和创作欲望，提高学生的实践力、创造力和竞争力，全面展示"最扎实的动漫游戏理论"、"最新的动漫游戏技术"、"最典型的项目应用实践"。本系列教材是"产、学、研"动画整体教学一体化全新教学模式的成功尝试，为北京和全国的动漫游戏专业提供一套标准的规范教材，为中国动画教育起到示范作用，必将成为下一轮中国动漫游戏教育发展的助燃剂。

动漫游戏专业高等教育教材编委会

　　动画是一种文化，她在结合了本国文化传统和民族精神之后所产生的力量和成就在世界上享有的巨大影响力和意义，是任何国家都不能忽视的！

　　当前，中国正成为全球数字娱乐及创意产业成长速度最快的地区。党和政府高度重视，丰富的市场资源使得中国成为国外数字娱乐产业巨头竞相争夺的新市场。

　　但从整体看，中国动漫游戏产业仍然面临着诸如专业人才严重短缺、融资渠道狭窄、原创开发能力薄弱等一系列问题。包括动漫游戏在内的数字娱乐产业的发展是一个文化继承和不断创新的过程，中华民族深厚的文化底蕴为中国发展数字娱乐产业奠定了坚实的基础，并提供了扎实而丰富的题材。

　　近年来，中国动画产业的发展和中国动画教育人才的培养一直得到文化部、教育部、国家广电总局、国家新闻出版总署等相关部门领导的高度重视。目前全国开设动画专业的院校近 500 所，在校学生 40 余万人，每年毕业生达 5 万人，计划新开设动画专业的院校和报考动画专业的学生数量仍在不断增长。

　　教育部高等教育司有关领导指出，由于目前很多项目都源自动画产业的发展需要，在动漫教育规模极速扩展的同时，提高教学质量已成为当务之急。特别要注重提高学生的实践能力、创造能力，以及在国际上的竞争能力。这就需要对动漫人才培养模式加以改革，希望动画学院能发挥行业领军作用，设置面向需求的课程，打造权威化、系统化、专业化的动漫类教材，形成动漫类专业规范。

　　面对教育部对培养动漫人才的新要求和中国动画教育新局面，如何健全和完善高校动画、漫画、游戏教材体系？中国的动画产业发展靠人才，而动画人才的培养最关键的是教材体系的完善和优秀教材的编写。北京电影学院中国动画研究院工作与时俱进，在召开"2009高校动漫游戏教材体系研讨会"的同时成立了"动漫游戏教材研发中心"，秉承"严谨、科学、系统、服务"的一贯传统，以本次会议参会高校专家代表为核心，组织海内外专家、大批一线优秀教师根据高校的不同需求、读者反馈的意见，努力编写好下面三个系列图书：

一、"'十二五'普通高校动漫游戏专业规划教材"，一套推动和加速中国动漫游戏教育及产业发展的优秀教材。是对已投放市场、被广大动画专业学生喜爱、全国不少院校作为指定教材的"'十一五'全国高校动漫游戏专业骨干课程权威教材"的全面升级，也是动画教学"产、学、研"一体化全新教学模式的成功尝试。

二、"21世纪中国动漫游戏优秀图书出版工程——《动画创作》系列"，一套提高动画创作者素质与创作能力、指导动画艺术创作实践的优秀专著。

三、"21世纪全国动漫游戏专业重要参考资料"，一套政府部门、企事业单位、动画公司、团体和个人把握机遇的信息来源。

京华出版社（现更名为北京联合出版公司）成立的"动漫游戏图书出版中心"，将组织国内大批优秀的编力全方位进行服务。由北京电影学院中国动画研究院牵头研发的新一轮高校动漫游戏系列教材，对北京乃至全国的动漫产业将起示范作用，必将成为下一轮中国动画教育的发动机。中国动画教育"产、学、研"一体化全新教学模式和教材，是快速提高教师素质、培养动画人才、推动我国动画教育深入发展、开创我国动画产业更为辉煌局面的助燃剂。

中国的动画教育方兴未艾，动漫游戏优秀图书的开发又是一个日新月异的巨大工程。北京电影学院中国动画研究院"动漫游戏教材研发中心"是一个国际性的开放平台，衷心希望海内外专家，特别是身在教学一线的广大教师加入到我们的策划与编写队伍中来，共同打造出国际一流水平的动漫游戏系列教材和专著，为推动中国的动画产业和动漫教育贡献自己的智慧和力量。

孙立军
北京电影学院副院长、教授
北京电影学院中国动画研究院院长

21世纪中国动漫游戏优秀教材出版工程
"十二五"普通高校动漫游戏专业规划教材

编 委 会

总策划：北京电影学院中国动画研究院

主　编：孙立军

编委会成员（排名不分先后）

孙立军	曹小卉	李剑平	孙　聪	吴冠英	晓　欧
王　钢	曲建方	徐迎庆	刘　峥	于少非	肖永亮
钱明钧	徐　铮	何　澄	卢　斌	孙　立	马　华
陈静晗	张　丽	王玉琴	张　晨	马　欣	刘　阔
韩　笑	李晓彬	葛　竞	沈永亮	胡国钰	刘　娴
黄　勇	於　水	刘　佳	陈廖宇	魏　微	刘鸿良
王庸声	李广华	张　宇	丁理华	谭东芳	李　益
陈明红	刘　畅	从继成	邹　博	梅法钗	陈　惟
彭　超	李卫国	李　洋	余为政	孙　亮	陈　静
叶　橹	刘克晓	靳　明	王同兴	唐衍武	孙作范
曲士龙	张健翔	伍福军	马建昌	陈德春	顾　杰
赫　聪	张　勇	张　帆	孙海曼	刘　婷	杨清虎
曾春艳	陈　熙	黄红林	李　莹	毛颖颖	赵建峰
李　娜	许　伟	刘　扬	肖　冉	钟菁琳	孙洪琼

近年来，全国高等院校新设置的数码影视动画专业和新成立的影视动画院校超过 700 所，数码影视动画创作将作为知识经济的核心产业之一，正迎来它的"黄金期"。

从最开始的 3D Studio 到过渡期的 3D Studio MAX，再到现在的 3ds Max 2009，该软件已有 10 多年的历史，得到广泛应用，在众多数码设计软件中一直占据着图形制作、建筑装饰、影视动画和游戏特效等领域的领导地位。3ds Max 2009 不但继承了原版本的强大功能、且增加了不少新的功能。

《三维动画渲染》是"三维动画制作"系列教材中的一本，主要针对三维动画渲染技术进行全面讲解。

本书由 7 章组成，是作者丰富的三维动画渲染制作和教学经验的积累及总结。本书根据教学大纲的要求，颠覆传统教学模式，力求通过动画角色《厨房苍蝇》、《卡通鼠》、《变异生物》；动画道具《沙发》、《汽车》；动画场景《荷花池》、《观景海房》和《夜晚别墅》典型时尚的三维动画渲染范例为引导，用简洁流畅的语言，系统科学地讲解"三维动画电影渲染技术、三维材质与灯光、三维渲染器、动画角色渲染技法、动画道具渲染技法、动画场景渲染技法、动画输出与合成剪辑流程"等基础知识、原理、用法、范例制作流程和详细实施步骤等，创立了一个在专业艺术原理指导下的三维动画渲染创新平台，一条通过课堂教学和实践或自学快速、全面掌握三维动画渲染技法的快捷通道。

精心配套的《动画渲染实训》是本教材关键知识点和核心技能的延伸全真模拟实战，由"实训名称、内容、要求、目的、制作总流程图 + 各分流程图"组成的 25 套作业（即为 25 个工程项目的练习），旨在加大读者实训力度，提高读者的艺术素质和软件操作技能，启发和激励学生自己动手操作的欲望，为日后的专业创作打下坚实的基础。提供的 48 幅优秀学生作业是供学生练习时参考用的。

附赠光盘含本书范例文件、视频教程、彩色页面、素材、工程文件等，考虑周到。

本书内容丰富全面，图文并茂；深入浅出，案例典型，重点突出，指导性强；中英文操作界面对照；**提供的每个案例全过程制作流程图就是活的项目施工图纸，授人以渔，即学活用**；让读者既全面了解软

本书作者：孙作范

本书作者：曲士龙

本书作者：彭超

件的强大功能，又能灵活熟练掌握影视动画中各种三维动画渲染的技法；印装精美，令人赏心悦目。

在此要特别感谢北京电影学院动画学院的孙立军老师和京华出版社动漫游戏图书出版中心的全体人员一直以来对本团队的帮助与支持，感谢您们的精益求精、高度认真负责的工作态度和无私奉献，并在本书编写过程中提出了大量宝贵建议，在此诚致谢意。

本书由孙作范、曲士龙、彭超编写，其他参编人员还有王同兴、唐衍武、赵云鹏、唐连喜、韩雪、王戊军、齐羽、黄永哲等，将他们长期从事影视动画教学和项目开发积累的经验贡献了出来。本书讲解过程不拘泥于命令与实例本身，而是介绍了许多活用方法，并整理了各种技巧，授人以渔，方便教学与自学。

本书不但是高校动画专业三维动画制作基础课程专业教材，且无论日后你是从事动画专业创作，还是到动画公司、广告公司、电视台等单位工作，本书都会带给你实际的帮助，成为你的"启蒙老师"，受益终生。

本套教材包括《三维动画渲染》、《三维动画特效》、《三维动画模型》。

最后，感谢您选用本书，希望通过本书的学习和实训，你能获得更多的体会和经验，创作出更多的好作品。在使用本书的过程中有任何问题请访问 www.ziwu3d.com 网站或与 ziwu3d@163.com 联系。

孙作范　曲士龙　彭超
于哈尔滨学院艺术与设计学院

《三维动画渲染》学时安排（总学时：123）

章节及内容	讲授	实践	章节及内容	讲授	实践
第一章 三维动画电影渲染技术	1	0	第五章 动画道具渲染技法	8	18
第二章 三维材质与灯光	5	17	第六章 动画场景渲染技法	11	14
第三章 三维渲染器	6	9	第七章 动画输出与合成剪辑流程	2	0
第四章 动画角色渲染技法	14	18	小　计	47	76
说明：各校教师可根据本校情况调整学时。					

本书配套 1 张 DVD 光盘，由"范例文件"、"视频教学"、"彩色页面"和"资料库"四部分内容组成。"范例文件"包括第四章至第七章的实例素材和工程文件；"视频教学"包括全书 8 个范例的制作教学视频；"彩色页面"包括与本书配套的《动画渲染实训》的彩色页面文件；"资料库"包括常用的三维素材资料，供读者练习时使用。

相关文件的打开方式：

□ 图片文件（*.jpg、*.bmp、*.tif、*.tga、*.psd 等）用 Photoshop 或 ACDSee 等图形图像软件打开；

□ 项目文件（*.max）用 3ds Max 2009 及其以上版本软件打开；素材文件（*.vrmesh、*.hdr、*.dds）用 3ds Max 2009 及其以上版本软件导入；

□ 多媒体音频和视频文件（*.avi、*.mpg、*.wav、*.mp3）用 Windows Media Player 或暴风影音等软件打开。

光盘使用说明
DVD USER'S GUIDE

"范例文件"包括第四章至第六章的实例素材和工程文件

"视频教学"包括全书8个范例的制作教学视频

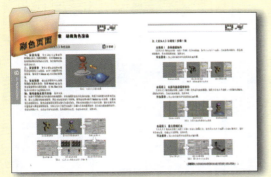

"彩色页面"包括《动画渲染实训》的彩色页面文件

"资料库"包括常用的三维建模的素材资料

需要本书配套电子教案与辅助资料的老师请联系我们的教师服务
信箱：lelaoshi@163.com，电话：010-82665789，我们将竭诚为您服务。

动漫游戏专业高等教育教材编委会

范例制作 4-1 渲染动画角色《厨房苍蝇》 *P87*

一只飞进厨房里的小苍蝇成型及渲染全过程。

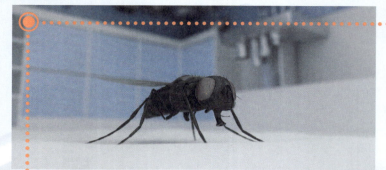

范例简介

本例介绍如何利用灯光、材质和渲染器对动画角色《厨房苍蝇》模型进行渲染的流程、方法和实施步骤。

渲染流程（步骤）

渲染分为6部分：第1部分为制作场景模型；第2部分为控制摄影机取景；第3部分为调节场景灯光；第4部分为调节场景材质；第5部分为设置渲染器参数；第6部分为图像后期修饰。

本例技术分析

本例主要使用几何体进行堆砌组合，将厨房苍蝇模型逐渐完善，通过灯光、材质和渲染器的设置，重点突出了场景苍蝇真实的造型特点。

①
搭建厨房场景模型　搭建苍蝇模型　厨房与苍蝇模型组合

②
设置场景安全框　建立并调节摄影机　设置渲染区域

③
设置场景主光源　设置场景辅助光源　设置渲染器照明

④
设置厨房基础材质　设置厨房辅助材质　设置苍蝇材质

⑤
设置场景景深　设置渲染器采样　设置渲染器间接照明

⑥
渲染图像饱和度修饰　调节渲染图像曲线　设置渲染图像色彩平衡

渲染动画角色《厨房苍蝇》6个分流程图

- 本范例所需素材位于本书配套光盘中的"范例文件/4-1厨房苍蝇"文件夹。
- 本范例视频教程位于本书配套光盘中的"视频教学"文件夹。

范例制作 4-2 渲染动画角色《卡通鼠》 *P111*

一组调皮可爱的卡通鼠成型及渲染全过程。

范例简介

本例介绍如何通过灯光和渲染设置使动画角色《卡通鼠》造型更具效果的流程、方法和实施步骤。

渲染流程（步骤）

渲染分为6部分：第1部分为制作场景模型；第2部分为绘制角色贴图；第3部分为设置主体材质；第4部分为设置辅助材质；第5部分为设置摄影机与天光；第6部分为设置灯光与渲染。

本例技术分析

本例主要使用几何体和编辑多边形制作卡通角色，然后通过贴图使卡通鼠的头部突出细节效果，再通过灯光和渲染设置使造型更具效果。

①
制作角色头部模型　制作角色身体模型　制作其他角色模型

②
设定贴图主体位置　绘制嘴巴贴图　绘制脸蛋贴图

③
设置头部贴图与UV　设置身体ID与贴图　设置其他贴图

④
设置棒棒糖材质　设置糖果材质　设置包裹物材质

⑤
设置场景摄影机　建立场景天光　设置照明跟踪

⑥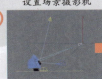
设置场景灯光　设置场景补光　设置渲染采样

渲染动画角色《卡通鼠》6个分流程图

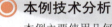

本范例所需素材位于本书配套光盘中的"范例文件/4-2卡通鼠"文件夹。

本范例视频教程位于本书配套光盘中的"视频教学"文件夹。

范例制作

4-3 渲染动画角色《变异生物》 *P134*

一只可爱的科幻生物成型及渲染全过程。

范例简介

本例介绍如何通过灯光对动画角色《变异生物》进行渲染设置的流程、方法和实施步骤。

渲染流程（步骤）

渲染分为6部分：第1部分为搭建场景模型；第2部分为设置角色材质；第3部分为设置场景材质；第4部分为建立场景摄影机；第5部分为设置场景灯光；第6部分为设置天光渲染。

本例技术分析

本例主要讲解使用低多边模型的材质与贴图，再使用灯光系统对场景进行照明设置，重点要突出游戏场景的氛围。

①
制作角色模型

制作地面场景模型

制作场景辅助模型

②
设置角色身体材质

角色身体UV编辑

设置角色其他材质

③
设置场景蘑菇材质

设置场景岛屿材质

场景材质组合

④
建立摄影机

摄影机视图匹配

设置场景安全框

⑤
设置场景主灯光

设置场景辅助补光

设置场景环境光

⑥
设置场景天光

设置照明跟踪

场景最终设置

渲染动画角色《变异生物》6个分流程图

● 本范例所需素材位于本书配套光盘中的"范例文件/4-3变异生物"文件夹。

● 本范例视频教程位于本书配套光盘中的"视频教学"文件夹。

范例制作 5-1 渲染动画道具《沙发》 *P152*

一个普通沙发成型及渲染全过程。

范例简介

本例介绍如何通过灯光与渲染器对动画道具《沙发》进行渲染的流程、方法和实施步骤。

渲染流程（步骤）

渲染分为6部分：第1部分为制作场景模型；第2部分为控制摄影机取景；第3部分为调节场景灯光；第4部分为调节场景材质；第5部分为设置渲染器参数；第6部分为图像后期修饰。

本例技术分析

本例主要使用几何体搭建组合模型，将道具模型进行渲染展示，重点要突出灯光与渲染器对沙发的效果表现。

- ▶ 本范例所需素材位于本书配套光盘中的"范例文件/5-1沙发"文件夹。
- ▶ 本范例视频教程位于本书配套光盘中的"视频教学"文件夹。

①
制作沙发坐垫模型  制作沙发铁架模型  制作背景衬板模型

②
建立场景摄像机  设置视图匹配与安全框 渲染器基本设置

③
设置场景主灯光  设置场景辅助灯光  设置间接照明

④
切换材质类型 设置沙发坐垫材质 设置沙发铁架材质

⑤
设置渲染图像采样  设置渲染发光贴图 设置渲染采样

⑥ 分配场景颜色 设置选择区域 修饰场景颜色

渲染动画道具《沙发》6个分流程图

三维动画渲染

范例制作

5-2 渲染动画道具《汽车》 *P166*

一辆华贵、商务气质的汽车成型及渲染全过程。

范例简介

本例介绍如何通过渲染器的设置使道具《汽车》展示出华贵的商务气质效果的流程、方法和实施步骤。

渲染流程（步骤）

渲染分为6部分：第1部分为制作场景模型；第2部分为控制摄影机取景；第3部分为调节场景灯光；第4部分为调节场景材质；第5部分为设置图像采样；第6部分为图像后期修饰。

本例技术分析

本例主要使用几何体搭建组合汽车展示的场景模型，对汽车道具模型起到衬托作用，使汽车展示出华贵的商务气质效果。

①  制作汽车道具模型　搭建场景模型　 组合汽车与场景模型

②  建立场景摄影机　 设置场景安全框　 调节场景构图

③  设置渲染器照明　 设置天空照明　 设置辅助照明

④  设置场景材质　 设置主体汽车材质　 设置辅助汽车材质

⑤  设置渲染器采样　 设置渲染器发光贴图　 设置渲染器系统

⑥  渲染单色场景效果　 图层叠加处理　 修饰图像颜色

渲染动画道具《汽车》6个分流程图

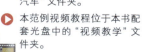

▶ 本范例所需素材位于本书配套光盘中的"范例文件/5-2汽车"文件夹。

▶ 本范例视频教程位于本书配套光盘中的"视频教学"文件夹。

范例制作

6-1 渲染动画场景《荷花池》 *P205*

一个美丽的荷花池成型及渲染全过程。

● 范例简介

本例介绍如何配合材质和贴图让动画场景《荷花池》达到理想效果的流程、方法和实施步骤。

● 渲染流程（步骤）

渲染分为6部分：第1部分为制作荷花池模型；第2部分为设置水面材质；第3部分为设置荷花材质；第4部分为设置荷叶材质；第5部分为添加场景摄影机；第6部分为设置场景灯光与渲染。

● 本例技术分析

本例主要使用绘制图形并配合车削命令生成荷叶模型，通过自由变形调节荷叶和荷花的随机生长效果，再配合材质和贴图达到更加理想的效果。

- ①  制作荷叶模型　制作荷花模型　 组合场景模型

- ②  设置水面凹凸与反射　 设置水面凹凸噪波　 设置水面反射环境

- ③ 设置荷花材质　 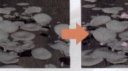 调节渐变颜色　 设置其他荷花材质

- ④ 设置荷叶材质　设置其他荷叶材质　 设置残叶材质

- ⑤ 建立目标摄影机　更改视图配置　 设置渲染区域

- ⑥ 建立场景主光源　建立场景辅助光源　设置渲染场景

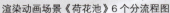

渲染动画场景《荷花池》6个分流程图

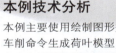

- ▶ 本范例所需素材位于本书配套光盘中的"范例文件/6-1荷花池"文件夹。
- ▶ 本范例视频教程位于本书配套光盘中的"视频教学"文件夹。

范例制作

6-2 渲染动画场景《观景海房》 *P226*

一座风格独特的观景建筑物的成型及渲染全过程。

范例简介

本例介绍如何使用VRay渲染器的图像采样、环境、颜色贴图和间接照明方法，使动画场景《观景海房》的材质和灯光效果表现更佳。

渲染流程（步骤）

渲染分为6部分：第1部分为搭建场景模型；第2部分为设置主体材质；第3部分为设置辅助材质；第4部分为建立场景摄影机；第5部分为设置场景灯光；第6部分为设置场景渲染。

本例技术分析

本例主要通过VRay材质和灯光模拟出海边房屋的效果，再设置VRay渲染器的图像采样、环境、颜色贴图和间接照明，使材质和灯光的效果表现得更加理想。

①

制作场景框架模型　　　添加场景道具模型　　　丰富场景绿化模型

②

设置木板材质　　　设置道具材质　　　设置环境材质

③

设置调料材质　　　设置其他道具材质　　　设置绿化材质

④

建立场景摄影机　　　修正场景摄影机　　　设置渲染区域

⑤

建立场景灯光　　　设置目标平行光　　　渲染灯光效果

⑥

设置渲染器环境　　　设置渲染器间接照明　　　设置渲染器采样

渲染动画场景《观景海房》6个分流程图

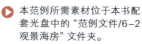 本范例所需素材位于本书配套光盘中的"范例文件/6-2观景海房"文件夹。

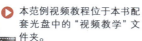 本范例视频教程位于本书配套光盘中的"视频教学"文件夹。

范例制作

6-3 渲染动画场景《夜晚别墅》 *P249*

一座风格独特的夜晚别墅的成型及渲染全过程。

范例简介

本例介绍如何通过渲染器自带的材质进行渲染使动画场景《夜晚别墅》的效果更佳的流程、方法和实施步骤。

渲染流程（步骤）

渲染分为6部分：第1部分为制作场景模型；第2部分为调节摄影机取景；第3部分为调节场景灯光；第4部分为调节模型材质；第5部分为制作背景环境；第6部分为设置渲染参数。

本例技术分析

本例主要使用mental ray 渲染器模拟夜晚别墅场景，通过渲染器自带的材质，使场景效果更佳。

①
制作楼房框架模型　　制作门窗模型　　制作装饰模型

②
建立目标摄影机　　设置场景目标摄影机　　修正场景摄影机

③
设置建立主光源　　设置场景辅助　　控制场景曝光

④
设置别墅材质　　设置场景材质　　设置环境材质

⑤
制作背景板模型　　制作反光板模型　　设置反光板材质

⑥
设置最终聚焦参数　　设置转换器选项　　设置采样质量

渲染动画场景《夜晚别墅》6个分流程图

- ▶ 本范例所需素材位于本书配套光盘中的"范例文件/6-3夜晚别墅"文件夹。
- ▶ 本范例视频教程位于本书配套光盘中的"视频教学"文件夹。

目　录
Contents

1

三维动画电影渲染技术

关键知识点

- 材质
- 灯光
- 角色渲染
- 道具渲染
- 场景渲染
- 电影学知识
- 数字化出品

内容提要

本章由 8 节组成。主要讲解三维动画电影渲染技术中的材质和灯光的基础知识，角色渲染、道具渲染和场景渲染的基本概念和方法，以及三维动画电影的电影学知识和数字化出品等专业知识。最后是本章小结和本章作业。

本章教学环境：多媒体教室、软件平台 3ds Max
本章学时建议：1 学时

第一节　艺术指导原则

渲染就是将制作完成的三维模型进行材质、灯光和渲染设置的集合，而其中的渲染器部分则是三维软件中最具有诱惑力的部分。渲染器不仅影响着三维动画电影产品效果的好坏，而且也是降低制作成本的重要环节。在渲染过程中，三维动画电影生成过程中的三维场景最终被转换为二维图像素材，这样才能进入后期合成阶段进行后续的加工。

第二节　三维动画电影中的材质

一、基本概念

渲染中的第一部分就是材质部分。Material 指的就是材质，是给模型的表面覆盖颜色或者图片的过程。而给模型数据赋予制作好的材质的过程叫做贴图，也就是 Mapping。材质可以看成是材料和质感的结合，在渲染程序中，它是表面各可视属性的结合，这些可视属性是指表面的色彩、纹理、光滑度、透明度、反射率、折射率、发光度等。正是有了这些属性，才能让我们识别三维中的模型是什么做成的；也正是有了这些属性，我们电脑中的三维的虚拟世界才会和真实世界一样缤纷多彩。

二、色彩、光线与质感

世界上一切事物都是利用其表面的颜色、光线强度、纹理、反射率、折射率等来表现出各自的性质。从图 1-1 中可以看出，虽然是相同的球体，但通过不同的光线、颜色、透明度等因素使它们成为了不同的事物，具有不同的质感。

动画电影《超人总动员》中超人特工鲍勃一家人就餐的镜头，是先建立三维模型再为其设置材质，将灰色的三维模型赋予了生命，丰富了影片所表现的效果，见图 1-2。

动画电影《机器人总动员》中瓦力形象是一个捡垃圾的机器人，经过一定时期的日晒雨淋容易褪色，所以通过材质中的贴图可以使三维模型看起来更旧，更加贴近主人公的性格和背景，突出了三维动画电影中材质的重要性，见图 1-3。

图 1-1　不同的事物具有不同的质感效果

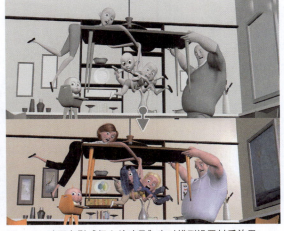

图 1-2　动画电影《超人总动员》中对模型设置材质效果

三、必须学会判断

　　想制作出理想的材质效果就必须学会判断。比如科幻电影《变形金刚》中擎天柱机器人，先判断着色层是附着力强的油漆，由于采用油漆喷涂技术，喷涂着色显得鲜艳，一般喷涂干膜厚度约在1mm以上，然后再大量地使用材质中的贴图、反射和凹凸使三维模型更加坚硬，机械感十足，见图1-4。

图1-3　动画电影《机器人总动员》中瓦力形象贴图效果　　　　图1-4　科幻电影《变形金刚》中擎天柱机器人材质着色效果

第三节　三维动画电影中的灯光

一、基本概念

　　3ds Max中的灯光系统是模拟实际灯光的对象，例如家庭或办公室的灯、舞台和电影工作中的照明设备以及太阳本身。不同种类的灯光对象用不同的方法投影灯光，模拟真实世界中不同种类的光源。

二、布光方法及注意事项

　　首先，确定主光光位。一般在主光的反向和侧向要用辅光进行补光，强度和照射面积不超过主光，需要柔和一点；然后在主体的后面一般要打上背景光，主要是不让主体和背景混在一起，此光不需太亮，能区分背景和主体即可。当然，在一些需要补光的地方加上反光板也是必不可少，这要根据具体情况而定。至于效果，则完全是由主光所决定，主光打什么效果就是什么效果，辅光稍调整即可，比如顺光、逆光、侧光、顶光等。

　　动画电影《飞屋环游记》中的场景大量地使用了前侧光照明效果，特点是被摄者（尤其是面部）大部分面积直接受光形成明亮的影调，小部分面积不直接受光产生阴影。因此，既能表现出三维角色的立体感，总的影调又显得明快，是一种相对比较成功的布光方法，见图1-5。

　　主光从照相机方向投向被摄者，形成顺光照明效果，特点是被摄者整体受光比较均匀，影调明亮，没有明显的阴影和投影。在顺光照明下，被摄者面部的立体感不是由受光多少而形成的，而是由面部自身的曲线所决定的，凸起部位明亮，侧后部位稍暗。因此，脸部曝光不宜过度，否则将影响整个形象的刻画。动画电影《马达加斯加》中的动物合影镜头就使用了顺光照明效果，见图1-6。

图1-5　动画电影《飞屋环游记》中前侧光照明效果

图1-6　动画电影《马达加斯加》中顺光照明效果

主光从被摄者一侧与照相机镜头大约成90度的方向投射，形成侧光照明效果。在这种情况下，立体感较强，因为被摄者一半直接受光产生明亮的影调，另一半不直接受光产生阴影。在侧光照明下，由于被摄者阴影面积较大，所以往往需要进行辅助照明。动画电影《飞屋环游记》中的角色特写镜头就使用了侧光照明效果，见图1-7。

上面介绍了常用的三种布光方法及注意事

图1-7　动画电影《飞屋环游记》中侧光照明效果

项，但绝不意味着只有这三种方法，完全可以根据被摄影者的具体特征和三维灯光师的创作意图采取其他布光方法，比如侧逆光照明效果或轮廓光照明效果等。

第四节　三维动画电影中的角色渲染

一、基本概念

对角色的渲染除了正常的材质和主照明灯光以外，还有就是头发光和眼神光。头发光也可以叫作轮廓光，更利于表现细节和突出主体；而眼神光在主体眼睛前下方或者侧前方，主要使眼睛更有神，能使主体有更好的精神面貌。

是否合理利用角色渲染的材质和用光知识，直接影响到被摄者的形象塑造及个性表达。但对于角色渲染创作来说，光线处理的首要任务主要在于着力刻画与表现被摄者的外貌，同时要尽量避免显露其不足之处。

二、基本方法

假若仅仅使用一盏灯照明，被摄者阴影面的调子会显得太深、太重，不仅破坏必要的细节，而且阴影的色彩也不好，所以还需要第二盏灯或反光板进行辅助照明，提高阴影部分的亮度，与亮面保持

适当的亮度比,这种光线也称作辅助光照明,比如动画电影《超人总动员》中的角色渲染效果,见图1-8。

在动画电影《冰河世纪》中剑齿虎和树懒对话的镜头,在构图上采用左右的偏斜构图,在灯光设置上则采用左暖右冷的对比方式,这样可以将剑齿虎的凶猛收敛起来,使树懒的滑稽味道更浓,产生更富戏剧性的组合,让角色产生强烈的对比,牢牢地吸引住观众的目光,见图1-9。

图1-8 动画电影《超人总动员》中的角色渲染效果

图1-9 动画电影《冰河世纪》中的角色渲染效果

对角色的灯光和材质设置可以直接影响到观众的内心感触,比如动画电影《机器人历险记》中一段开门的镜头,昏暗的场景设置再配合高亮的角色面部表现,可以展现出神秘的角色个性,见图1-10。

刻画神秘角色更为突出的就是动画电影《怪物公司》了。在某个夜晚,你偷偷打开壁橱,却赫然发现在壁橱角落的阴暗处,一个让人寒毛倒竖的怪物正用绿幽幽的眼睛窥视着你。苏利文是一只蓝紫色皮毛、长着触角的大块头怪物,他面目狰狞,是怪物有限公司里赫赫有名的顶级恐吓专家之一;苏利文的专属恐吓助理,同时也是他的好朋友麦克是一只绿色的独眼怪物,别看个子比苏利文小好几号,脾气可不小,常常喜欢自作主张,见图1-11。

图1-10 动画电影《机器人历险记》中的角色渲染效果

图1-11 动画电影《怪物公司》中的角色渲染效果

在三维动画电影中反面角色一直是推动剧情发展的重要元素。在动画电影《怪物史莱克》中那位一心想当国君的法尔奎德,通过顶部打光和拉长的脸部特征,将愤怒、极端、贪婪、自私、虚伪、邪恶、欲望等性格充分渲染了出来,见图1-12。

动画电影《怪物大战外星人》中的女巨人苏珊、猴鱼、果冻怪、蟑螂博士、幼虫宝宝、疯狂将军、总统和神秘外星人,也都抓住了角色各自的性格特点。影片确定了主角的目标非常重要,只有让角色抱有一个明确的目标,才能使其在影片中有意识地展开故事,还可以很好地突出主角的性格,见图1-13。

图 1-12　动画电影《怪物史莱克》中的角色渲染效果

图 1-13　动画电影《怪物大战外星人》中的角色渲染效果

第五节　三维动画电影中的道具渲染

一、基本概念

在动画电影当中，道具就是泛指场景中任何装饰、布置用的可移动物件。道具往往能对整个影片的气氛和人物性格起到很重要的刻画及烘托作用，所以道具在整部影片中同样占据着非比寻常的地位。

二、基本方法

动画电影《战鸽快飞》中那些神情各异的鸽子，如果身上没有佩戴头盔、弹夹、背带、背包等道具，观众根本无法联想到影片与战争有关。可以通过服装道具表现角色的等级关系，比如威廉特是勇气和身材成反比的二等兵、维多利亚是美丽并善良的随军护士、方泰伦是凶猛的将军等，从角色服装可以非常容易地分辨出人物性格，道具起到了推波助澜的作用，见图 1-14。

动画电影《鲨鱼黑帮》中新闻报道的那段镜头，主持鱼手中拿着的麦克风、摄像鱼肩上扛着的摄影机，这些道具突出了镜头中想表现的内容。道具对推动整个影片的结构也非常有用，但不能干扰角色的表现，毕竟道具只是推动角色关系和剧情的辅助部分，见图 1-15。

图 1-14　动画电影《战鸽快飞》中的服装道具效果

图 1-15　动画电影《鲨鱼黑帮》中的新闻道具效果

动画系列片《倒霉熊》中角色健身的镜头中大量地使用了健身道具，但必须对道具模型进行优化处理，其中道具运动的部分可以正常设置，不需要运动或次要表现的部分可以去掉看不见和多余的面，避免增加渲染的工作量，见图 1-16。

道具也不是一直充当辅助元素，在动画电影《极地特快》中火车就是一直贯穿影片主题的道具。在制作火车道具时，要考虑到渲染可以辅助提高影片质量的因素，可以使用凹凸材质和置换材质控制相对不重要的部分，既能达到细节效果又不会增加设计师的工作量和渲染速度，从而保障大规模生产制作的顺利进行，见图1-17。

图1-16 动画系列片《倒霉熊》中的健身道具效果　　　图1-17 动画电影《极地特快》中的火车道具效果

第六节　三维动画电影中的场景渲染

一、基本概念

场景的渲染可以说是动画电影中不可缺少的重要组成部分，不但发挥着营造影片气氛和烘托视觉主题的作用，还可以主导整个影片的艺术风格。

二、基本方法

动画电影《汽车总动员》中的场景主要设置在66号公路旁一个貌不惊人的陌生小镇，莫哈韦沙漠的风格和色调在三维渲染之前就应该明确地设定，避免影片风格含糊不清、营造不出理想的气氛，见图1-18。

在实际三维渲染时要抓住美国乡村建筑的特点，美式乡村风格根植于美国的西部文化背景，受美式牛仔情结影响颇深，同时对美国精神倍加推崇，这些也正是美式乡村风格的设计思想和文化内涵，而场景中土黄色的色调和灯光设定也是表现影片风格不可缺少的重要一环，见图1-19。

图1-18 动画电影《汽车总动员》中的场景设定效果　　　图1-19 动画电影《汽车总动员》中的场景渲染效果

　　山清水秀的和平谷有点类似武当山，因为同样住着一群武林高手。然而不同的是，和平谷中的武林高手全都是动物，这就是动画电影《功夫熊猫》的设定。故事主题发生在中国绵延不断的崇山峻岭中，犹如曾名耀世界的中国传统山水画一般，透着一股朦胧的迷人气息，这些特点都需要在三维渲染前设定好创作意图，见图1-20。

　　不管是室内场景渲染还是室外场景渲染，都应该合理地设置场景中的色彩。注意色彩表达出来的情感和心理象征，抓住色彩在地域与时代的特征，色彩吸引着观众的视线并可调动情绪。试想一下，如果将影片中的色彩全部抹掉，即使场景的画面再优美、再精细，剧情结构再完美，角色动作与音乐节奏再吻合，恐怕也很难调动观众的情绪，更谈不上影片旋律与画面的结合了。色彩不仅带给观众颜色本身的魅力，而且直接参与了剧情与情绪的渲染及深化，强化了影片的主题，丰富了视觉的效果，见图1-21。

图1-20　动画电影《功夫熊猫》中的场景设定效果

图1-21　动画电影《功夫熊猫》中的场景色彩渲染效果

　　对于场景渲染，分层输出再进行后期合成是最常用的一种方法。例如动画电影《功夫熊猫》中熊猫阿宝和鸭子爸爸对话的一个镜头，使用分层输出技术先将角色内容显示，再将其他场景隐藏掉，然后单独将角色部分进行渲染（但必须存储为32位的 **TGA**、**TIF**、**RPF** 等通道格式）。完成角色分层后，再使用相同的方式单独渲染地面层、山层和云层，便于在后期合成时可以更理想地控制影片效果，见图1-22。

　　开始后期合成时，已经有了前面环节提供的分层渲染素材，通过影片要求，结合三维灯光、特效、色彩、景深等进行处理，还可以辅助完成一些动画效果。虽然后期合成是镜头制作的最后环节，但后期合成环节与前面的环节密切相关，只有配合默契才能获得理想的影片效果，见图1-23。

图1-22　动画电影《功夫熊猫》中的场景分层渲染效果

图1-23　动画电影《功夫熊猫》中的场景合成效果

第七节　三维动画电影的电影学知识

　　创作三维动画电影，依然需要了解和掌握许多电影学的知识，比如景别镜头、景深镜头和透视镜头等。

一、景别镜头

　　景别是指由于摄影机与被摄体的距离不同，而造成被摄体在电影画面中所呈现出的范围大小的区别。景别的划分一般可分为五种：由近至远分别为特写（人体肩部以上）、近景（人体胸部以上）、中景（人体膝部以上）、全景（人体的全部和周围背景）、远景（被摄体所处环境）。在电影中利用复杂多变的场面调度和镜头调度，交替地使用各种不同的景别，可以使影片剧情的叙事、人物思想感情的表达、人物关系的处理更具有表现力，从而增强影片的艺术感染力。

　　特写主要拍摄肩部以上的头像或物件特写，可以把拍摄内容完全地从环境中推出来，让观众更集中并强烈地感受面部表情和情绪，突出了特定角色的情绪，细腻地刻画角色的性格，见图1-24。

　　近景系列景别主要是纪实构图，随意并不规则地叙事，主要拍摄腰部以上的角色。拍摄中主要处理画面关系，人物和背景的关系是人为主、景次之，主要拍摄的是人物构成关系。这种镜头既能让观众看清角色的面部表情，又可以看到身体动势和手势，使观众对角色产生一种交流感，见图1-25。

图1-24　动画电影《超人总动员》中的特写镜头

图1-25　动画电影《超人总动员》中的近景镜头

　　中景主要表现人体膝盖以上的画面构图，常常用于叙述性的描写，有利于交代角色主体的关系，最接近人眼距离和视野的范围，在动画电影中所占的比重较大，见图1-26。

　　全景系列景别是绘画性的构图表现，主要突出写意、抒情的气氛场景，交代点线面的关系，最直观的就是景为主、人为辅，环境带得较多，人只是点到为止。拍摄时借助于地平线关系，要选择光线的时机，没有位置就没有光线，

图1-26　动画电影《飞屋环游记》中的中景镜头

没有位置就没有构图。要大的色彩关系而不是小的，画面要唯美和简单，线条、虚实、明暗、冷暖对比和层次要丰富，充分体现场景意境、味道和韵律，见图1-27。

远景比全景的拍摄范围更大，角色主体在画面中占据位置极小，机位极远，环境成为主要表现的内容。一般用来表现广阔的空间，给人气势磅礴、严峻、宏伟的感受，产生强烈的艺术感染力和空间发挥，见图1-28。

图1-27　动画电影《飞屋环游记》中的全景镜头　　　　图1-28　动画电影《飞屋环游记》中的远景镜头

二、景深镜头

景深是指在摄影机镜头或其他成像器前，能够取得清晰图像的成像器轴线所测定的物体距离范围。在镜头前方（调焦点的前后）有一段一定长度的空间，当被摄物体位于这段空间内时，其在底片上的成像恰位于焦点前后这两个弥散圆之间。被摄体所在的这段空间的长度，就叫景深，见图1-29。

景深计算主要与镜头使用光圈、镜头焦距、拍摄距离以及对像质的要求有关。光圈越大、景深越小，光圈越小、景深越大；焦距越长、景深越小，焦距越短、景深越大；拍摄距离越远、景深越大，距离越近、景深越小。换言之，在这段空间内的被摄体，其呈现在底片上的影像模糊度，都在容许弥散圆的限定范围内。

三、透视镜头

透视其实是绘画法理论术语。最初研究透视是采取通过一块透明的平面去看景物的方法，将所见景物准确描绘在这块平面上，即成为该景物的透视图。后续将在平面画幅上根据一定原理，用线条来显示物体的空间位置、轮廓和投影的科学总称为透视学。

我们可以将透视分为三种，分别是色彩透视、消逝透视和线透视，其中最常用到的就是线透视。透视学在动画电影中的应用占有很大比重，它的基本原理是增强表现空间的深度，就是我们常说的近大远小，最容易突出透视效果的就是广角镜头，见图1-30。

图1-29　动画电影《汽车总动员》中的景深镜头　　　　图1-30　动画电影《汽车总动员》中的透视镜头

三维动画渲染

第八节　三维动画电影的数字化出品

　　数字化出品是三维动画电影的最后阶段，随着数字技术的高速发展，特别要注意渲染输出的分辨率、压缩率和格式设置，即在保持高品质作品的前提下，尽可能减少文件占用的空间。

一、影片的制式

　　计算机的分辨率与电视的分辨率计算相同，但需要注意的是制式。为了实现黑白和彩色信号的兼容，色度编码对副载波的调制有三种不同的方法，形成了三种彩色电视制式，即 NTSC 制、SECAM 制和 PAL 制。

　　NTSC 是 National Television Standards Committee 的缩写，意思是"美国国家电视标准委员会"。NTSC 电视全屏图像的每一帧有 525 条水平线，这些线是从左到右、从上到下排列的，每隔一条线是跳跃的。所以每一个完整的帧需要扫描两次屏幕，一次是扫描奇数线，另一次是扫描偶数线。美国、日本、韩国以及我国台湾等地区采用 NTSC 制式。

　　SECAM 制式又称塞康制，SECAM 是法文 Sequentiel Couleur A Memoire 缩写，意为"按顺序传送彩色与存储"，是一个首先在法国使用的模拟彩色电视系统，系统化一个 8MHz 宽的调制信号。1966 年由法国研制成功，属于同时顺序制，主要用在法国、德国、希腊、俄罗斯和中东、西欧等地。

　　PAL 制又称为帕尔制，是为了克服 NTSC 制对相位失真的敏感性，中国、印度、巴基斯坦等国家采用 PAL 制式。PAL 是英文 Phase Alteration Line 的缩写，意思是逐行倒相，也属于同时制。它对同时传送的两个色差信号中的一个色差信号采用逐行倒相，另一个色差信号进行正交调制方式。这样，如果在信号传输过程中发生相位失真，则会由于相邻两行信号的相位相反起到互相补偿作用，从而有效地克服了因相位失真而起的色彩变化。因此，PAL 制对相位失真不敏感，图像彩色误差较小，与黑白电视的兼容也好。

二、影片的分辨率

　　毫无疑问，渲染输出是制作中一个很重要的步骤，要设置作品的最佳分辨率，应掌握常用媒体分辨率和像素比的规格，见图 1-31。

　　在中国目前最常用到的分辨率当然是 PAL 制式，除了常用的媒体规格外，还可以根据民用设备按照 DVD、VCD 和 SVCS 进行设置。DVD 的分辨率为 720×576、VCD 的分辨率为 352×288、SVCD 的分辨率为 480×576。常见的电视格式标准为 4：3，见图 1-32；常见的电影格式宽屏为 16：9，见图 1-33；而一些影片则具有更宽比例的图像分辨率。

类　型	像素比	分辨率	每秒帧
电视 PAL	1.07	720×486	25
电视 NTSC	0.90	720×576	30
HDTV	1.00	1920×1080	24
35mm	1.00	2048×1494	24
35mm 1.85：1	1.00	2048×1107	24
35mm 2.35：1	1.00	2048×871	24
70mm 宽银幕	1.00	2048×931	24

图 1-31　常用媒体规格

12

图1-32 标准4：3电视格式　　　　　图1-33 宽屏16：9电影格式

三、影片的帧与场

帧速率也称为 FPS（Frames Per Second 的缩写），是指每秒钟刷新的图片帧数，也可以理解为图形处理器每秒钟能够刷新几次。如果具体到视频上就是指每秒钟能够播放（或者录制）多少格画面。同时越高的帧速率可以得到更流畅、更逼真的动画；每秒钟帧数（FPS）越多，所显示的动作就会越流畅。

像电影一样，视频是由一系列的单独图像（称为帧）组成的，并放映到观众面前的屏幕上。每秒钟放映若干张图像，会产生动态的画面效果，因为人脑可以暂时保留单独的图像。典型的帧速率范围是 24 帧 / 秒至 30 帧 / 秒，这样才会产生平滑和连续的效果。在正常情况下，一个或者多个音频轨迹与视频同步，并为影片提供声音。

帧速率也是描述视频信号的一个重要概念，对每秒钟扫描多少帧有一定的要求，这就是帧速率。传统电影的帧速率为 24 帧 / 秒，PAL 制式电视系统为 625 线垂直扫描，帧速率为 25 帧 / 秒，而 NTSC 制式电视系统为 525 线垂直扫描，帧速率为 30 帧 / 秒。虽然这些帧速率足以提供平滑的运动，但它们还没有高到足以使视频显示避免闪烁的程度。根据实验，人的眼睛可觉察到低于 1/50 秒速度刷新图像中的闪烁。然而，要求帧速率提高到这种程度，需要显著增加系统的频带宽度，这是相当困难的。为了避免这样的情况，电视系统全部都采用了隔行扫描方法。

大部分的广播视频采用两个交换显示的垂直扫描场构成每一帧画面，这叫作交错扫描。交错视频的帧由两个场构成，其中一个扫描帧的全部奇数场，称为奇场或上场；另一个扫描帧的全部偶数场，称为偶场或下场。场以水平分隔线的方式隔行保存帧的内容，在显示时首先显示第一个场的交错间隔内容，然后再显示第二个场来填充第一个场留下的缝隙。每一帧包含两个场，场速率是帧速率的二倍。这种扫描的方式称为隔行扫描，与之相对应的是逐行扫描，每一帧画面由一个非交错的垂直扫描场完成，见图 1-34。

电影胶片类似于非交错视频，每次显示一帧。通过设备和软件，可以使用 3-2 或 2-3 下拉法在 24 帧 / 秒的电影和约为 30 帧 / 秒（29.97 帧 / 秒）的 NTSC 制式视频之间进行转换。这种方法是将电影的第一帧复制到视频的场 1 和场 2 以及第二帧的场 1，将电影的第二帧复制到视频第二帧的场 2 和第三帧的场 1，见图 1-35。这种方法可以将 4 个电影帧转换为 5 个视频帧，并重复这一过程，完成 24 帧 / 秒到 30 帧 / 秒的转换。使用这种方法还可以将 24p 的视频转换成 30p 或 60i 的格式。

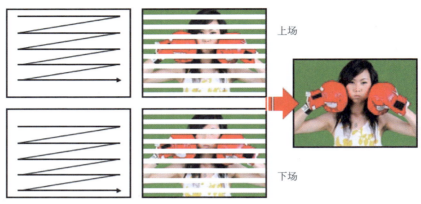

图 1-34　交错扫描场

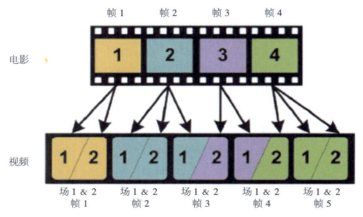

图 1-35　电影与视频转换

本章小结

　　本章主要介绍三维动画电影中渲染技术的材质和灯光的基础知识，角色渲染、道具渲染和场景渲染的基本概念、基本方法，以及三维动画电影中的景别、景深和透视的基本概念，数字化出品的制式、分辨率等，正确地理解和掌握这些基础知识对于动画渲染具有重要意义。

本章作业

一、简答题

　　1. 三维动画的渲染技术都包含哪些内容？

　　2. 三维动画渲染都应用在哪些电影中？请列举你所熟悉的 1 ～ 2 部电影中的渲染并作简要介绍。

3.三维动画电影的景别镜头有哪些?

4.列举出影片有哪些制式?

二、填空题

1.计算机的分辨率与电视的分辨率计算相同,中国的影片为_____制式。

2.常见的电视格式标准的长宽比为_____,常见的电影格式宽屏的长宽比为_____。

2

三维材质与灯光

关键知识点

- 3ds Max 材质编辑器
- 标准材质
- 其他材质类型
- 贴图类型
- 着色类型
- 贴图坐标控制
- 灯光系统
- 摄影机系统

内容提要

本章由 9 节组成。主要讲解三维动画电影中渲染技术的材质、灯光和摄影机基础知识，包括 3ds Max 材质的材质编辑器、标准材质、其他材质类型、贴图类型、着色类型，以及贴图坐标控制、灯光系统和摄影机系统。最后是本章小结和本章作业。

本章教学环境：多媒体教室、软件平台 3ds Max
本章学时建议：22 学时（含 17 学时实践）

第一节　艺术指导原则

颜色和光线与人类生活息息相关，是自然界存在的最普遍现象。在真实的世界中，由于不同质地的物体对光的吸收和反射不同，使物体的颜色产生非常丰富的视觉效果，所以也可以称材质为颜色。光是影片创作中的灵魂，是视觉风格的重要表现形式，直接决定着影片的表现风格。

三维渲染的前期工作就是进行材质和灯光的设置，对三维模型添加颜色和营造气氛，对影片的视觉起到了主导和提升作用，从而才能达到理想的渲染效果。

第二节　3ds Max 材质系统

3ds Max 中的材质可以理解成模型物体的质地，是给模型表面覆盖颜色或者图片的过程。世界上一切事物都利用其表面的颜色、光线强度、纹理、反射率、折射率等来表现出各自的特性。见图 2-1，虽然是相同的茶壶，但通过不同的光线、颜色、透明度等因素使它们成为了不同的物体，具有不同的质感。

一、创建新材质的流程

在创建新材质并将其应用于对象时，应该遵循的流程和步骤如下：

（1）使示例窗处于活动状态，并输入所要设计材质的名称。

（2）选择材质类型。

（3）对于标准或光线跟踪材质，选择着色类型。

（4）输入各种材质组件的设置，如漫反射颜色、光泽度、不透明度等。

（5）将贴图指定给要设置贴图的组件，并调整其参数。

（6）将材质应用于对象。

（7）如有必要，应调整 UV 贴图坐标，以便正确定位带有对象的贴图。

二、材质编辑器

在确定了模型之后，就可以打开材质编辑器夹编辑材质。可以使用键盘上的"M"键或者单击主工具栏中的 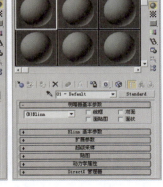 按钮来打开材质编辑器，见图 2-2。

图 2-1　不同材质使同一茶壶具有不同质感效果

图 2-2　材质编辑器

三、材质示例窗

示例窗显示材质的预览效果，默认情况下，一次可显示 6 个示例窗，在任意一个示例窗中单击鼠标右键可以设置显示更多的示例窗，见图 2-3。

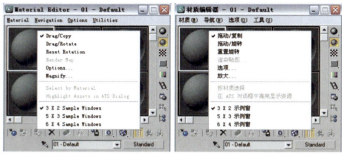

图 2-3　材质示例窗

材质编辑器实际上一次可存储 24 种材质。可以使用滚动条在示例窗之间移动，或者可以将一次可显示的示例窗数量更改为 15 个到 24 个。如果处理的是复杂场景，一次查看多个示例窗就非常有帮助。使用示例窗可以预览材质和贴图，每个窗口可以预览一个材质或贴图。使用材质编辑器可以更改材质，还可以把材质应用于场景中的对象。要做到这点，最简单的方法是将材质从示例窗拖动到视图中的对象上。

四、材质工具按钮

位于材质编辑器示例窗下面和右侧的，是用于管理和更改贴图 / 材质的按钮和其他控制工具，见图 2-4。

- 获取材质：可以显示材质 / 贴图浏览器，利用它可以选择材质或贴图。

- 将材质放入场景：在编辑材质之后更新场景中的材质，在活动示例窗中的材质与场景中的材质具有相同的名称，活动示例窗中的材质不是热材质。

- 将材质指定给选定对象：可将活动示例窗中的材质应用于场景中当前选定的对象。同时，示例窗中的材质将成为热材质。

- 重置贴图 / 材质为默认设置：单击此按钮，将会弹出图 2-5 的"重置材质 / 贴图参数"对话框，用于清除当前层级下的材质或贴图参数，使其还原为默认设置。

- 复制材质：通过复制自身的材质生成材质副本，冷却当前热示例窗。示例窗不再是热示例窗，但材质仍然保持其属性和名称。可以调整示例窗中的材质而不影响场景中的材质。

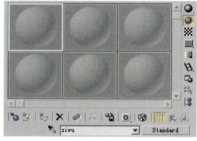

图 2-4　工具按钮

图 2-5　重置材质 / 贴图参数对话框

- ▲使唯一：可以使贴图实例成为唯一的副本，还可以使一个实例化的子材质成为唯一的独立子材质。
- ▣放入库：可以将选定的材质添加到当前材质库中，单击后弹出入库对话框，使用该对话框可以输入材质的名称，该材质区别于材质编辑器中使用的材质。在材质/贴图浏览器中显示的材质库中，该材质可见。该材质保存在磁盘上的材质库文件中。通过使用材质/贴图浏览器中的"保存"按钮也可以保存材质库。
- ◎材质效果通道：在其弹出的面板中将材质标记为 Video Post 效果或渲染效果，或存储以 RLA 或 RPF 文件格式保存的渲染图像的目标（以便通道值可以在后期处理应用程序中使用），材质效果值等同于对象的 G 缓冲区值，见图 2-6。

图 2-6　材质效果通道

- ◎在视图中显示贴图：使用交互式渲染器来显示视图对象表面的贴图材质，见图 2-7。
- ◆显示最终结果：可以查看所处级别的材质的最终效果，而不是查看所有其他贴图和设置的最终结果，见图 2-8。

图 2-7　在视图中显示贴图效果

图 2-8　显示最终结果

- ◆转到父级：可以在当前材质中向上移动一个层级。
- ◆转到下一个同级项：可以移动到当前材质中相同层级的下一个贴图或材质。
- ◎采样类型：在弹出的面板中可以选择要在活动示例窗中显示的几何体类型，见图 2-9。
- ◎背光：将背光添加到活动示例窗中，见图 2-10。

图 2-9　采样类型效果

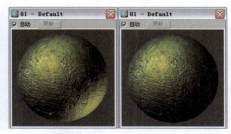

图 2-10　背光效果

- ▦示例窗背景：将多颜色的方格背景添加到活动示例窗中，见图 2-11。
- ■采样 UV 平铺：可以在活动示例窗中调整在采样对象上平铺贴图图案，见图 2-12。

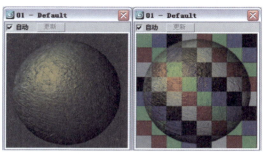

图 2-11　示例窗背景效果

图 2-12　采样 UV 平铺效果

- 视频颜色检查：用于检查示例对象上的材质颜色是否超过安全 NTSC 或 PAL 阈值，见图 2-13。
- 生成、播放、保存预览：可以使用动画贴图向场景添加运动效果，见图 2-14。
- 选项：单击弹出材质编辑器选项对话框，可以控制材质和贴图在示例窗中的显示方式，主要有更新方式、DirectX 明暗器、自定义采样对象和示例窗数目，见图 2-15。
- 按材质选择：可以基于材质编辑器中的活动材质选择场景中的对象。
- 材质/贴图导航器：是一个无模式对话框，可以通过材质中贴图的层次或复合材质中子材质的层次快速导航，见图 2-16。

图 2-13　视频颜色检查

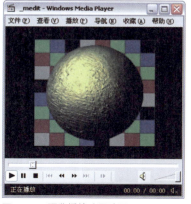

图 2-14　预览播放动画贴图

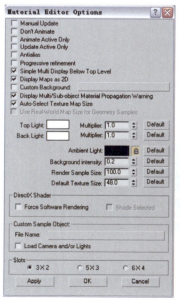

图 2-15　材质编辑器选项对话框

- ✎从对象拾取材质：可以从场景中的一个对象上吸取材质。
- [▾]名称：是字段显示材质或贴图的名称。默认材质名是"01-Default"，材质名中数字变化反映不同材质的示例窗，以此类推。默认贴图命名为"Map #1"等。
- [Standard]类型：可打开材质/贴图浏览器对话框，选择要使用的材质类型或贴图类型。

图 2-16　材质 / 贴图导航器对话框

第三节　标准材质

标准材质是材质编辑器示例窗中的默认材质，除此之外，系统还提供了一些其他材质类型，而标准材质类型为表面建模提供了非常直观的方式。在现实世界中，表面的外观取决于它如何反射光线。在 3ds Max 中，标准材质模拟表面的反射属性，如果不使用贴图，标准材质会为对象提供单一的颜色。

一、明暗器基本参数卷展栏

Shader Basic Parameters（明暗器基本参数）卷展栏可选择要用于标准材质的明暗器类型，是某些附加的控制影响材质的显示方式，见图 2-17。

- 明暗器：3ds Max 有 8 种类型的明暗器，一部分根据其作用命名，其他是以它们的创建者命名。基本的材质明暗器包括各向异性、Blinn、金属、多层、Oren-Nayar-Blinn、Phong、Strauss 和半透明，见图 2-18。

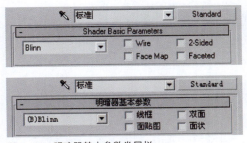

图 2-17　明暗器基本参数卷展栏

图 2-18　8 种不同的明暗器效果

- Wire（线框）：以线框模式渲染材质，可以在扩展参数上设置线框的大小，见图 2-19。
- 2-Sided（双面）：使材质成为两面，将材质应用到选定面的双面，见图 2-20。
- Face Map（面贴图）：将材质应用到几何体的各面，如果材质是贴图材质，则不需要贴图坐标，贴图会自动应用到对象的每一面，见图 2-21。
- Faceted（面状）：渲染对象的每个平面，但效果相当粗糙，可用于钻石等带有硬边的物体，见图 2-22。

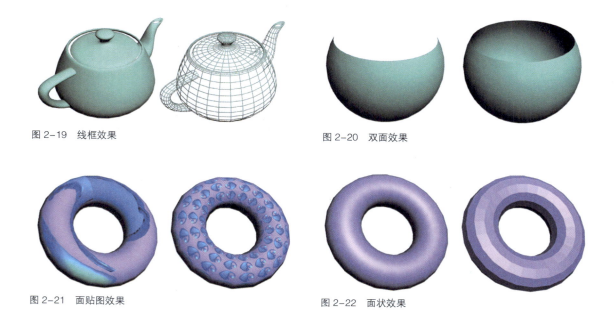

图 2-19　线框效果　　　　　　　　　　　　　　　图 2-20　双面效果

图 2-21　面贴图效果　　　　　　　　　　　　　　图 2-22　面状效果

二、Blinn 基本参数卷展栏

标准材质的 Blinn Basic Parameters（Blinn 基本参数）卷展栏包含对材质的颜色、反光度、透明度等设置，并指定用于材质各种组件的贴图，见图 2-23。

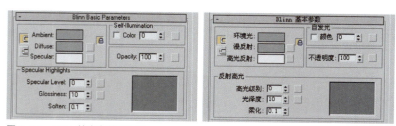

图 2-23　Blinn 基本参数卷展栏

- Ambient/Diffuse/Specular（环境光 / 漫反射 / 高光反射）：分别用于设置材质阴影、表面和高光区域的颜色和使用的贴图。单击某选项右侧的颜色色块，将会弹出图 2-24 的颜色选择器对话框，用于设置材质的环境光、漫反射或高光反射颜色。单击右侧的 ■（无）按钮，将会弹出材质 / 贴图浏览器对话框，用于为漫反射或高光反射指定相应的贴图类型。
- Self Illumination（自发光）：该区域中的选项用于设置材质的自发光强度或颜色，见图 2-25。在设置自发光时，可以在参数输入框中设置自发光强度，也可以选择颜色选项设置自发光颜色。
- Opacity（不透明度）：此选项用于设置材质的透明属性，常用于调制玻璃等透明或半透明材质。其取值范围为 0 ～ 100，当数值为 0 时，材质完全透明；当数值为 100 时，材质完全不透明，效果见图 2-26。

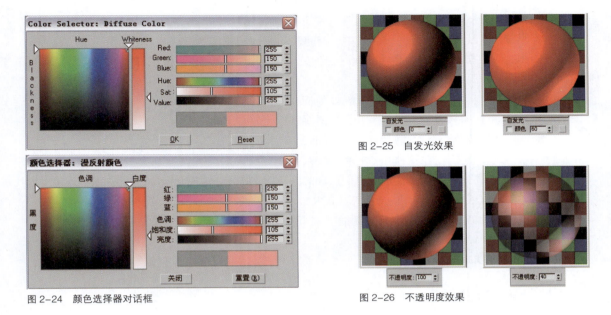

图 2-24　颜色选择器对话框

图 2-25　自发光效果

图 2-26　不透明度效果

- ● **Specular Highlights**（反射高光）：该区域中的选项用于设置材质的高光强度和反光度等参数。其中 **Specular Level**（高光级别）选项用于控制材质高光区域的亮度；**Glossiness**（光泽度）选项用于控制高光区域影响的范围；**Soften**（柔化）选项用于对高光区域的反光进行模糊处理，效果见图 2-27。

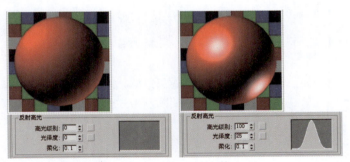

图 2-27　反射高光效果

三、扩展参数卷展栏

　　Extended Parameters（扩展参数）卷展栏与标准材质的所有着色类型都是相同的，它也具有与透明度和反射相关的控制，还有线框模式的选项，见图 2-28。

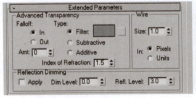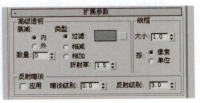

图 2-28　扩展参数卷展栏

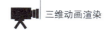
- Falloff（衰减）：选择在内部还是在外部进行衰减，以及衰减的程度。其中包含向内或向外的两种方式，通过数量可以指定最外或最内的不透明度大小，见图 2-29。
- Type（类型）：该组参数主要控制如何应用不透明度。Filter（过滤）是计算与透明曲面后面的颜色相乘的过滤色；Subtractive（相减）是从透明曲面后面的颜色中减除；Additive（相加）是增加到透明曲面后面的颜色中；Index of Refraction（折射率）是设置折射贴图和光线跟踪所使用的折射率（IOR）。

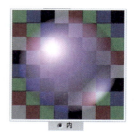

图 2-29　衰减效果

- Wire（线框）：该组参数主要控制线框大小和测量线框的方式，可以像素为单位进行测量，还可以 3ds Max 单位进行测量。
- Reflection Dimming（反射暗淡）：该组参数主要控制使阴影中的反射贴图显得暗淡。

四、超级采样卷展栏

建筑、光线跟踪和标准材质都使用 Super Sampling（超级采样）卷展栏，这样就可以使用超级采样方法，见图 2-30。

图 2-30　超级采样卷展栏

超级采样方法是在材质上执行一个附加的抗锯齿过滤，此操作虽然耗时，却可以提高图像的质量。在渲染非常平滑的反射高光和精细的凹凸贴图以及高分辨率图片时，超级采样功能特别实用。

五、贴图卷展栏

材质的 Maps（贴图）卷展栏用于访问并为材质的各个组件指定贴图，见图 2-31。

图 2-31　贴图卷展栏

24

- **Amount**（数量）：在相应的数值输入窗口中输入一个百分比数值，用于控制各贴图方式在材质表面的作用强度。
- **Map**（贴图类型）：每种贴图方式右侧都有一个 None（无）按钮，单击此按钮将会弹出材质/贴图浏览器对话框，用于为贴图方式选择相应的贴图类型。
- **Ambient Color**（环境光颜色）：默认情况下，漫反射贴图也映射环境光组件，因此很少对漫反射和环境光组件使用不同的贴图，见图 2-32。
- **Diffuse Color**（漫反射颜色）：可以选择位图文件或程序贴图，以将图案或纹理指定给材质的漫反射颜色。贴图的颜色将替换材质的漫反射颜色组件，设置漫反射颜色的贴图与在对象的曲面上绘制图像类似，见图 2-33。
- **Specular Color**（高光颜色）：可以选择位图文件或程序贴图，以将图像指定给材质的高光颜色组件，贴图的图像只出现在反射高光区域内，见图 2-34。

  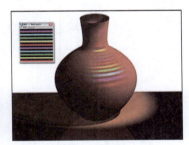

图 2-32　环境光颜色效果　　　　图 2-33　漫反射颜色效果　　　　图 2-34　高光颜色效果

- **Specualr Highlights**（高光级别）：可以选择位图文件或程序贴图，此选项可设置高光区域的强度，数值越高，高光区域越亮，贴图的光滑程度也会影响高光反射的强度，表面越光滑，反射强度越大。
- **Glossiness**（光泽度）：可以选择影响反射高光显示位置的位图文件或程序贴图。贴图中的黑色像素将产生全面的光泽，白色像素将完全消除光泽，中间值会减少高光的大小，见图 2-35。
- **Self Illumination**（自发光）：可以选择位图文件或程序贴图来设置自发光值的贴图，使对象的部分出现发光。贴图的白色区域渲染为完全自发光，如不使用自发光则渲染黑色区域，见图 2-36。
- **Opacity**（不透明度）：可以选择位图文件或程序贴图来生成部分透明的对象。贴图的浅色区域渲染为不透明，深色区域渲染为透明，之间的区域渲染为半透明，见图 2-37。

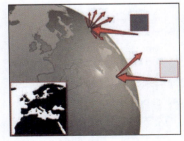  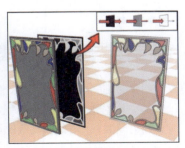

图 2-35　光泽度效果　　　　图 2-36　自发光效果　　　　图 2-37　不透明度效果

- **Filter Color**（过滤色）：过滤或传送的颜色是通过透明或半透明材质（如玻璃）透射的颜色得到的，见图 2-38。
- **Bump**（凹凸）：该贴图方式可以根据贴图的明暗强度使材质表面产生凹凸效果。当数量值大于 0 时，贴图中的黑色区域产生凹陷效果，白色区域产生凸起效果，见图 2-39。
- **Reflection**（反射）：该贴图方式可以用贴图来模拟物体反射环境的效果，从而使材质表面产生各种复杂的光影，通常用于表现镜面、大理石地面或各种金属质感，见图 2-40。

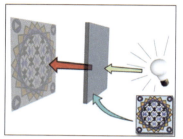
图 2-38　过滤色效果

图 2-39　凹凸效果

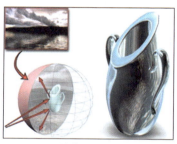
图 2-40　反射效果

- **Refraction**（折射）：该贴图方式可以用贴图来模拟空气和玻璃等透明介质的折射效果。其贴图原理与反射贴图方式类似，只是它表现的是一种穿透效果，见图 2-41。
- **Displacement**（置换）：可以使曲面的几何体产生位移，效果与使用位移修改器相类似。与凹凸贴图不同，位移贴图实际上更改了曲面的几何体或面片结构，从而产生了几何体的三维位移效果，见图 2-42。

图 2-41　折射效果

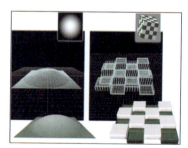
图 2-42　置换效果

第四节　其他材质类型

材质 / 贴图浏览器对话框中的材质类型，默认类型为 Standard（标准）类型，这是最常用的材质类型，而其他材质类型有着特殊用途。如 Ink'n Paint（卡通）、Lightscape 材质、变形器、虫漆、顶 / 底、多维 / 子对象、高级照明覆盖、光线跟踪、合成、混合、建筑、壳材质、双面、无光 / 投影、mental ray 材质，见图 2-43。

一、卡通材质

Ink'n Paint（卡通）材质用于创建卡通效果，与其他大多数材质提供的三维真实效果不同，卡通提供带有墨水边界的平面着色效果，见图 2-44。

图 2-43　各种材质类型

图 2-44　卡通材质效果

Ink'n Paint（卡通）材质使用光线跟踪器设置，因此调整光线跟踪加速可能对卡通的速度有影响。另外，在使用卡通时禁用抗锯齿可以加速材质渲染，直到准备好创建最终渲染。卡通材质基本参数卷展栏见图 2-45。

二、Lightscape 材质

Lightscape 材质用于设置在现有光能传递网格中使用的 3ds Max 材质的光能传递行为，mental ray 渲染器不支持 Lightscape 材质，见图 2-46。

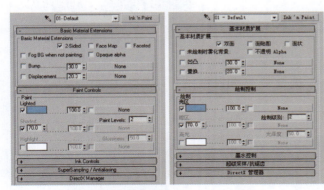

图 2-45　卡通材质基本参数卷展栏

图 2-46　Lightscape 材质效果

在 Lightscape 材质基本参数卷展栏中可以控制光能传递贴图的参数设置，见图 2-47。

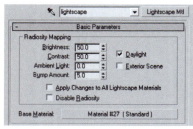
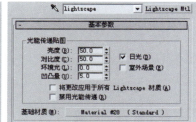

图 2-47 Lightscape 材质基本参数卷展栏

三、变形器材质

Morpher（变形器）材质与变形修改器相辅相成，可以用来创建角色脸颊变红的效果，或者使角色在抬起眼眉时前额产生褶皱。

在 Morpher（变形器）材质中有 100 个材质通道，它们可以在变形修改器中的 100 个通道中直接绘图，变形器基本参数卷展栏见图 2-48。

四、虫漆材质

Shellac（虫漆）材质通过叠加将两种材质混合，叠加材质中的颜色称为虫漆材质，可把它添加到基础材质的颜色中，见图 2-49。

图 2-48 变形器基本参数卷展栏

图 2-49 虫漆材质效果

通过虫漆基本参数卷展栏能够控制基础材质和虫漆材质，见图 2-50。

图 2-50 虫漆基本参数卷展栏

五、顶／底材质

使用 Top/Bottom（顶／底）材质可以向对象的顶部和底部指定两个不同的材质，顶／底材质效果见图 2-51。

可以将两种材质混合在一起，对象的顶面是法线向上的面，底面是法线向下的面，顶／底基本参数卷展栏见图 2-52。

图 2-51　顶／底材质效果

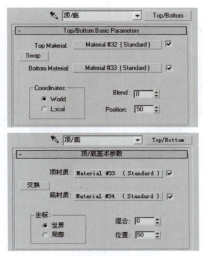

图 2-52　顶／底基本参数卷展栏

六、多维／子对象材质

使用多维／子对象材质可以采用几何体的子对象级别分配不同的材质，多维／子对象材质效果见图 2-53。

创建多维材质，将其指定给对象并使用网格选择修改器选中面，然后选择多维材质中的子材质指定给选中的面。如果该对象是可编辑网格，可以拖放材质到面上不同的选中部分，并随时构建一个多维／子对象材质，多维／子对象基本参数卷展栏见图 2-54。

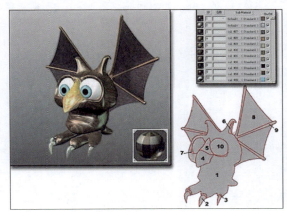

图 2-53　多维／子对象材质效果

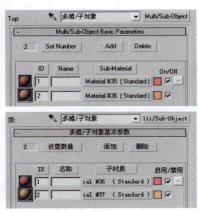

图 2-54　多维／子对象基本参数卷展栏

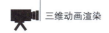

七、高级照明覆盖材质

Advanced Lighting Override（高级照明覆盖材质）可以直接控制材质的光能传递属性，高级照明覆盖通常是基础材质的补充，基础材质可以是任意可渲染的材质，效果见图2-55。

在高级照明覆盖基本参数卷展栏中可以通过反射比调节材质反射的能量；颜色渗出用来控制反射颜色的饱和度；透射比比例用来控制材质透射的能力，见图2-56。

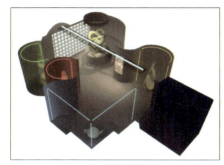

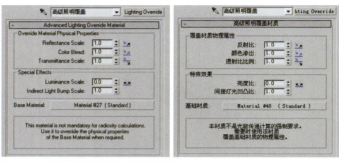

图 2-55　高级照明覆盖材质效果　　　　图 2-56　高级照明覆盖基本参数卷展栏

八、光线跟踪材质

Raytrace（光线跟踪）材质是高级表面着色材质，它与标准材质一样，能支持漫反射表面着色，还能创建完全光线跟踪的反射和折射，还支持雾、颜色密度、半透明、荧光以及其他特殊效果，见图2-57。

用光线跟踪材质生成的反射和折射，比用反射 / 折射贴图更精确，但渲染时会比使用反射 / 折射更慢。另一方面，光线跟踪对于渲染 3ds Max 场景采用优化功能，通过将特定的对象排除在光线跟踪之外，可以在场景中进一步优化。光线跟踪材质基本参数卷展栏见图2-58。

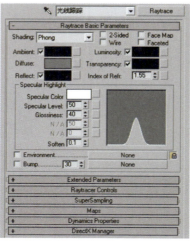

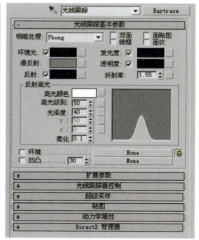

图 2-57　光线跟踪材质效果　　　　图 2-58　光线跟踪材质基本参数卷展栏

九、合成材质

合成材质最多可以合成 10 种材质，按照在卷展栏中列出的顺序，从上到下叠加材质。使用增加的不透明度、相减不透明度来组合材质或使用数量值来混合材质，效果见图 2-59。

在合成基本参数卷展栏中，可以指定基础材质。在默认情况下，基础材质就是标准材质，其他材质是按照从上到下的顺序，通过叠加在此材质上合成的，合成基本参数卷展栏见图 2-60。

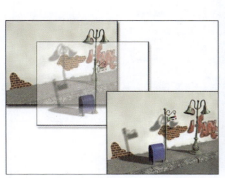

图 2-59　合成材质效果　　　　图 2-60　合成基本参数卷展栏

十、混合材质

混合材质可以在曲面的单个面上将两种材质进行混合。混合材质具有可设置动画的混合量参数，该参数可以用来绘制材质变形功能曲线。混合材质也可以控制随时间混合的两种材质方式，效果见图 2-61。

在混合基本参数卷展栏中，材质 1 和材质 2 用于选择或创建两个用以混合的材质，可使用复选框来启用或禁用该材质，见图 2-62。

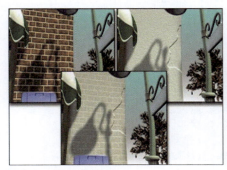

图 2-61　混合材质效果　　　　图 2-62　混合基本参数卷展栏

十一、建筑材质

建筑材质的设置是物理属性，因此当与光度学灯光和光能传递一起使用时，它能够提供逼真的效果，见图 2-63。

借助这种功能组合，可以创建精确性很高的照明效果。建议在场景中不将建筑材质与标准 3ds Max 灯光或光线跟踪器一起使用。该材质的点可以提供精确的建模，还可以将其与光度学灯光和光能传递一起使用。另一方面，mental ray 渲染器可以渲染建筑材质，但是存在一些限制。建筑材质基本参数卷展栏见图 2-64。

图 2-63 建筑材质效果　　　　　　图 2-64 建筑材质基本参数卷展栏

十二、壳材质

壳材质在渲染中使用的是原始材质和烘焙材质。使用纹理烘焙材质渲染时，将创建包含两种材质的壳材质，见图 2-65。

在壳材质基本参数卷展栏中，原始材质和烘焙材质能够显示原始材质的名称，单击按钮可查看该材质，见图 2-66。

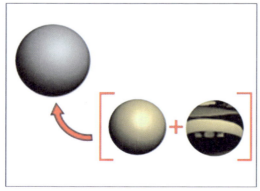

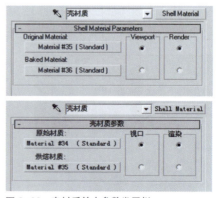

图 2-65 壳材质效果　　　　　　图 2-66 壳材质基本参数卷展栏

十三、双面材质

使用双面材质可以向对象的内面和外面指定两个不同的材质，见图 2-67。

在双面材质基本参数卷展栏中，半透明能够设置一个材质通过其他材质显示的程度，见图 2-68。

图 2-67　双面材质效果

图 2-68　双面材质基本参数卷展栏

十四、无光／投影材质

无光／投影材质允许将整个对象（或面的任何一个子集）构建为显示当前环境贴图的隐藏对象，见图 2-69。

在无光／投影材质基本参数卷展栏中，Opaque Alpha（不透明 Alpha）用于确定无光材质是否显示在 Alpha 通道中，见图 2-70。

图 2-69　无光／投影材质效果

图 2-70　无光／投影材质基本参数卷展栏

十五、mental ray 材质

mental ray 材质是专门应用于 mental ray 渲染器的材质。当 mental ray 渲染器是活动渲染器时，并且 mental ray 首选项面板已启用 mental ray 扩展名时，这些材质将显示在材质／贴图浏览器中，见图 2-71。

mental ray 材质拥有用于曲面明暗器及另外 9 个可选明暗器的组件。DGS 代表漫反射、光泽和高光，此材质采用逼真的物理方式。玻璃材质模拟玻璃的表面属性和光线透射

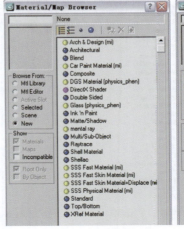
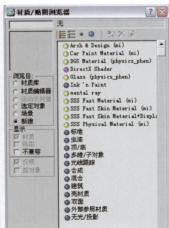

图 2-71　mental ray 材质贴图面板

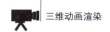

（光子）属性。mental images 的明暗器库支持曲面散色材质，可以用蒙皮和类似的组织材质建模。

十六、VRay 材质

　　VRay 渲染器是第三方开发的插件系统，需要独立安装并开启后才会有 VRay 的相应材质、灯光、附件和渲染设置。VRay 渲染器的材质类型中提供了多种材质类型，可以完成真实世界中几乎所有的效果。在主工具栏中单击 ![icon]（材质编辑）按钮，在弹出的对话框中单击 Standard（标准）按钮就可增加材质类型。

　　在弹出的 Material/Map Browser（材质 / 贴图浏览器）对话框中可以增加 VRay 的材质类型，其中提供了 VRay2SidedMtl（双面材质）、VRayBlendMtl（混合材质）、VRayFastSSS（快速曲面散射）、VRayLightMtl（灯光材质）、VRayMtl（VR 材质）、VRayMtlWrapper（包裹材质）、VRayOverrideMtl（代理材质）、VraysimbiontMtl（直接显示材质），这些材质类型可以直观地设定于模型表面。

第五节　贴图类型

　　使用贴图通常是为了改善材质的外观和真实感，也可以使用贴图创建环境或者创建灯光投射。贴图可以模拟纹理、应用的设计、反射、折射以及其他一些效果。与材质一起使用，贴图将为对象几何体添加一些细节而不会增加它的复杂度。不同的贴图类型产生不同的效果，并且有其特定的行为方式，见图 2-72。

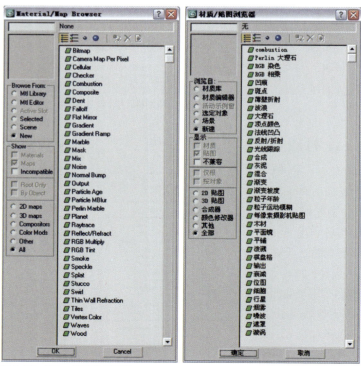

图 2-72　VRay 材质贴图面板

一、位图坐标卷展栏

位图是由彩色像素的固定矩阵生成的图像。位图可以用来创建多种材质，从木纹和墙面到蒙皮及羽毛。也可以使用动画或视频文件替代位图来创建动画材质，见图2-73。

Coordinates（坐标）卷展栏主要调节位图的比例和角度等设置，见图2-74。

图2-73　位图贴图效果

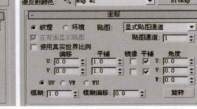

图2-74　坐标卷展栏

- **Texture**（纹理）：将该贴图作为纹理贴图应用于表面。
- **Environ**（环境）：使用贴图作为环境贴图。
- **Mapping**（贴图）：其中包含的选项因选择的纹理贴图或环境贴图而异。
- **Show Map on Back**（在背面显示贴图）：如启用该控制，平面贴图将穿透投影，并渲染在对象背面上。
- **Offset**（偏移）：分别用于设置贴图在横向和纵向的偏移距离，其中"U"代表横向，"V"代表纵向。见图2-75，为贴图在不同方向上产生的偏移效果。
- **Tiling**（平铺）：分别用于设置贴图在横向和纵向的平铺次数，其数值越大，平铺次数越多，贴图尺寸就越小，见图2-76。

图2-75　偏移效果

图2-76　平铺效果

- **Mirror**（镜像）：用于设置贴图的镜像方向，可从左至右（U轴）或从上至下（V轴）。
- **Tile**（平铺）：在U轴或V轴中启用或禁用平铺贴图。
- **Angle**（角度）：分别用于控制贴图在横向、纵向和景深（W）方向上相对于物体的旋转角度，设置不同旋转角度时的贴图效果，见图2-77。
- **Blur**（模糊）：根据贴图与视图的距离影响其清晰度和模糊度，见图2-78。

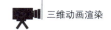

图 2-77 角度效果

图 2-78 模糊效果

- Blur offset（模糊偏移）：影响贴图的清晰度和模糊度，与视图的距离无关。

二、位图参数卷展栏

Bitmap Parameters（位图参数）卷展栏主要调节位图的路径和裁剪等设置，见图 2-79。

- Bitmap（位图）：使用标准文件浏览器选择位图。
- Reload（重新加载）：对使用相同名称和路径的位图文件进行重新加载。
- Filtering（过滤）：选项允许选择抗锯齿位图的方法。
- Mono Channel Output（单通道输出）：此组参数中的控制根据输入的位图确定输出单色通道的来源。
- RGB Channel Output（RGB 通道输出）：确定输出 RGB 部分的来源，此组中的控制仅影响显示颜色的材质组件的贴图，包括环境光、漫反射、高光、过滤色、反射和折射。
- Cropping/Placement（裁剪／放置）：此组中的控件可以裁剪位图或减小其尺寸用于自定义放置，见图 2-80。裁剪位图意味着可将其减小为比原来的长方形区域更小，放置位图可以缩放贴图并将其平铺放置于任意位置。
- Alpha Source（Alpha 来源）：此组中的控件根据输入的位图确定输出 Alpha 通道的来源。

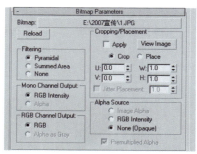

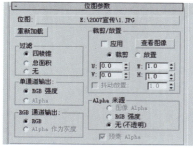

图 2-79 位图参数卷展栏

图 2-80 裁剪／放置效果

三、combustion 贴图

使用combustion 贴图可以同时使用Discreet combustion 产品和3ds Max 交互式创建贴图，见图2-81。

图 2-81　combustion 启动界面

可以使用combustion 作为3ds Max 中的材质贴图，材质将在材质编辑器和着色视图中自动更新。使用combustion 贴图，可使用绘图或合成操作符创建材质，并依次对3ds Max 场景中的对象应用该材质。另外，使用combustion 可导入已渲染到 Rich Pixel 文件（RPF 或 RLA 文件）中的 3ds Max 场景。可以调整其相对于合成视频元素的三维位置，并可以对其中的对象应用 combustion 3D Post 效果。

四、Perlin 大理石贴图

Perlin Marble（Perlin 大理石）贴图使用湍流算法生成大理石图案，此贴图是大理石（同样是三维材质）的替代方法，效果见图2-82。

Perlin Marble Parameters（Perlin 大理石参数）卷展栏见图2-83。

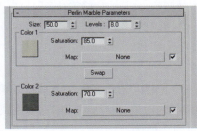
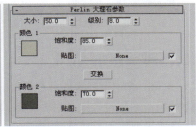

图 2-82　Perlin 大理石贴图效果　　　图 2-83　Perlin 大理石参数卷展栏

五、凹痕贴图

Dent（凹痕）是三维程序贴图。在扫描线渲染过程中，凹痕将根据分形噪波产生随机图案，图案的效果取决于贴图类型，效果见图2-84。

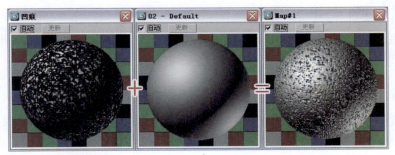

图 2-84　凹痕贴图效果

Dent Parameters（凹痕参数）卷展栏见图 2-85。

图 2-85　凹痕参数卷展栏

六、斑点贴图

Speckle（斑点）是一个三维贴图，它生成斑点的表面图案，该图案用于漫反射贴图和凹凸贴图，以创建类似花岗岩的表面和其他图案的效果，见图 2-86。

Speckle Parameters（斑点参数）卷展栏见图 2-87。

图 2-86　斑点贴图效果　　图 2-87　斑点参数卷展栏

七、薄壁折射贴图

Thin Wall Refraction（薄壁折射）贴图可以模拟缓进或偏移效果，如果查看通过一块玻璃的图像就会看到这种效果。对于为玻璃建模的对象，这种贴图的速度更快，所用内存更少，并且提供的视觉效果要优于反射 / 折射贴图，见图 2-88。

Thin Wall Refraction Parameters（薄壁折射参数）卷展栏见图 2-89。

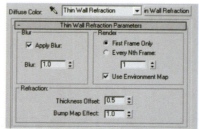

图 2-88　薄壁折射贴图效果　　图 2-89　薄壁折射参数卷展栏

八、波浪贴图

Waves（波浪）是一种生成水花或波纹效果的三维贴图，可以生成一定数量的球形波浪中心并将随机分布在球体上。可以控制波浪组数量、振幅和波浪速度，效果见图 2-90。

Waves Parameters（波浪参数）卷展栏见图 2-91。

图 2-90　波浪贴图效果　　　　图 2-91　波浪参数卷展栏

九、大理石贴图

Marble（大理石）贴图针对彩色背景生成带有彩色纹理的大理石曲面，将自动生成第三种颜色，见图 2-92。创建大理石的另一个方式是使用 Perlin 大理石贴图。

Marble Parameters（大理石参数）卷展栏见图 2-93。

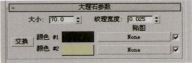

图 2-92　大理石贴图效果　　　　图 2-93　大理石参数卷展栏

十、法线凹凸贴图

Normal Bump（法线凹凸）贴图使用纹理烘焙法线贴图，可以将其指定给材质的凹凸组件、位移组件。使用位移的贴图可以更正平滑失真的边缘，见图 2-94。

法线凹凸的 Parameters（参数）卷展栏见图 2-95。

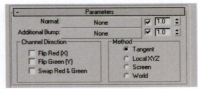

图 2-94　法线凹凸贴图效果　　　　图 2-95　法线凹凸参数卷展栏

十一、反射／折射贴图

Reflect/Refract（反射／折射）贴图生成反射或折射表面。要创建反射，可指定此贴图类型作为材质的反射或折射贴图，效果见图 2-96。

Reflect/Refract Parameters（反射／折射参数）卷展栏见图 2-97。

图 2-96　反射／折射贴图效果　　　　图 2-97　反射／折射参数卷展栏

十二、光线跟踪贴图

使用 Raytrace（光线跟踪）贴图可以提供全部光线跟踪反射和折射，生成的反射和折射比反射／折射贴图更精确，但速度比使用反射／折射的速度低，效果见图2-98。

Raytrace Parameters（光线跟踪参数）卷展栏见图2-99。

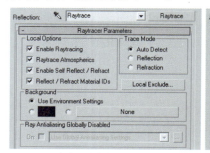

图 2-98　光线跟踪贴图效果　　　　图 2-99　光线跟踪参数卷展栏

十三、灰泥贴图

Stucco（灰泥）是一个三维贴图，它生成一个表面图案，该图案对于凹凸贴图创建灰泥表面的效果非常实用，见图2-100。

Stucco Parameters（灰泥参数）卷展栏见图2-101。

图 2-100　灰泥贴图效果　　　　图 2-101　灰泥参数卷展栏

十四、渐变贴图

Gradient（渐变）是从一种颜色到另一种颜色进行着色，为渐变指定两种或三种颜色，见图 2-102。
Gradient Parameters（渐变参数）卷展栏见图 2-103。

图 2-102　渐变贴图效果

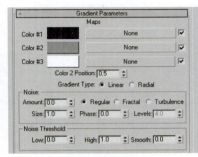 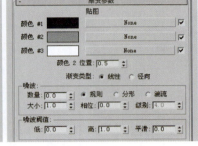

图 2-103　渐变参数卷展栏

十五、渐变坡度贴图

Gradient Ramp（渐变坡度）是与 Gradient（渐变）贴图相似的二维贴图，是从一种颜色到另一种颜色进行着色，见图 2-104。

Gradient Ramp Parameters（渐变坡度参数）卷展栏见图 2-105。

图 2-104　渐变坡度贴图效果

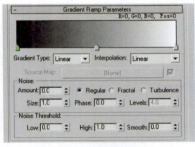 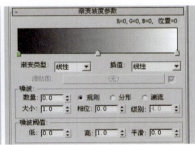

图 2-105　渐变坡度参数卷展栏

十六、木材贴图

Wood（木材）是三维程序贴图，此贴图将整体对象体积渲染成波浪纹图案，可以控制纹理的方向、粗细和复杂度，效果见图 2-106。

Wood Parameters（木材参数）卷展栏见图 2-107。

图 2-106　木材贴图效果

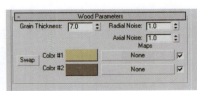

图 2-107　木材参数卷展栏

十七、平铺贴图

使用 Tiles（平铺）贴图可以创建砖、彩色瓷砖或材质贴图，其中有很多定义的建筑砖块图案可以使用，效果见图 2-108。

平铺贴图的参数可在 Standard Controls（标准控制）卷展栏中设置，见图 2-109。

图 2-108　平铺贴图效果

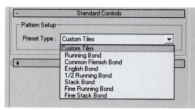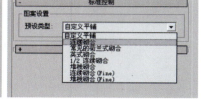

图 2-109　标准控制卷展栏

十八、泼溅贴图

Splat（泼溅）是一个三维贴图，它生成分形表面图案，对用漫反射贴图创建类似于泼溅的图案非常实用，效果见图 2-110。

Splat Parameters（泼溅参数）卷展栏见图 2-111。

图 2-110　泼溅贴图效果

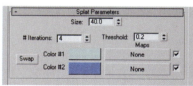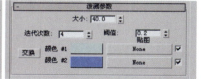

图 2-111　泼溅参数卷展栏

十九、棋盘格贴图

Checker（棋盘格）贴图将两色的棋盘图案应用于材质，默认方格贴图是黑白方块图案。方格贴图是二维程序贴图。组件方格既可以是颜色，也可以是贴图，效果见图 2-112。

Checker Parameters（棋盘格参数）卷展栏见图 2-113。

图 2-112　棋盘格贴图效果

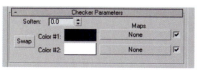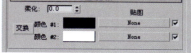

图 2-113　棋盘格参数卷展栏

二十、衰减贴图

Falloff（衰减）贴图基于几何体曲面法线的角度衰减，从而生成由白至黑的值，用于指定角度衰减的方向会随着所选的方法而改变，效果见图2-114。

Falloff Parameters（衰减参数）卷展栏见图2-115。

图2-114 衰减贴图效果

图2-115 衰减参数卷展栏

二十一、细胞贴图

Cellular（细胞）贴图是一种程序贴图，生成用于各种视觉效果的细胞图案，包括马赛克瓷砖、鹅卵石表面甚至海洋表面，效果见图2-116。

Cellular Parameters（细胞参数）卷展栏见图2-117。

图2-116 细胞贴图效果

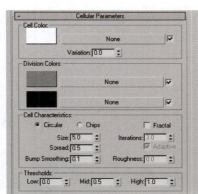

图2-117 细胞参数卷展栏

二十二、行星贴图

Planet（行星）贴图使用分形算法，是模拟卫星表面上颜色的三维贴图。可以控制陆地大小、海洋覆盖的百分比等，效果见图2-118。

Planet Parameters（行星参数）卷展栏见图2-119。

图 2-118　行星贴图效果

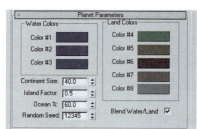

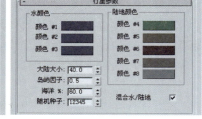

图 2-119　行星参数卷展栏

二十三、烟雾贴图

Smoke（烟雾）是生成无序、基于分形的湍流图案的三维贴图，主要用于设置动画的不透明贴图，以模拟一束光线中的烟雾效果或其他云状流动贴图效果，见图 2-120。

Smoke Parameters（烟雾参数）卷展栏见图 2-121。

图 2-120　烟雾贴图效果

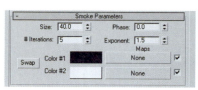

图 2-121　烟雾参数卷展栏

二十四、噪波贴图

Noise（噪波）贴图是基于两种颜色或材质交互创建曲面的随机扰动，效果见图 2-122。

Noise Parameters（噪波参数）卷展栏见图 2-123。

图 2-122　噪波贴图效果

图 2-123　噪波参数卷展栏

二十五、漩涡贴图

Swirl（旋涡）是一种二维程序的贴图，它生成的图案类似螺旋的效果。如同其他双色贴图一样，任何一种颜色都可用其他贴图替换，效果见图 2-124。

Swirl Parameters（旋涡参数）卷展栏见图 2-125。

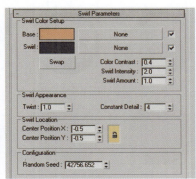
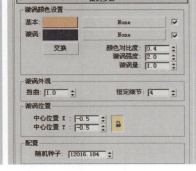

图 2-124　漩涡贴图效果　　　　图 2-125　漩涡参数卷展栏

二十六、mental ray 明暗器贴图

在 mental ray 中明暗器是一种用于计算灯光效果的函数。明暗器包括灯光明暗器、摄影机明暗器（镜头明暗器）、材质明暗器和阴影明暗器等。在材质/贴图浏览器中，mental ray 明暗器显示为一个黄色图标，而不是贴图中的绿色图标，名称后面是"lume"后缀，见图 2-126。

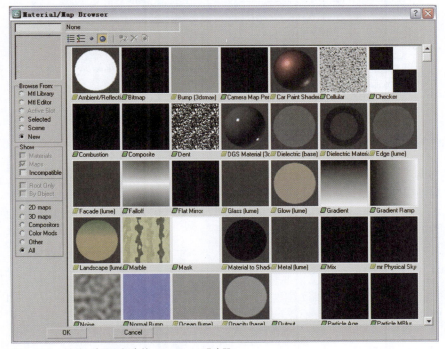

图 2-126　材质/贴图面析中的 mental ray 明暗器

第六节　着色类型

标准材质和光线跟踪材质都可用于指定着色类型。着色类型由明暗器进行处理，可以提供曲面响应灯光的各种方式，效果见图 2-127。

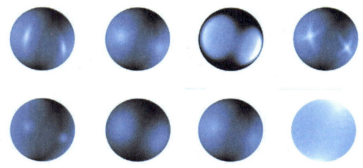

图 2-127　着色类型效果

更改材质的着色类型后，将丢失新明暗器不支持的所有参数设置（包括贴图指定）。如果要使用相同的常规参数对材质的不同明暗器进行试验，则在更改材质的着色类型之前，将其复制到不同的示例窗，着色类型的位置见图 2-128。

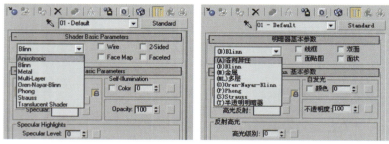

图 2-128　着色类型的位置

一、各向异性着色类型

Anisotropic（各向异性）着色使用椭圆形各向异性高光创建表面，这些高光对于建立头发、玻璃或磨砂金属的模型很有效。

这些基本参数与 Blinn 或 Phong 着色的基本参数相似，Oren-Nayar-Blinn 着色的反射高光参数和漫反射强度控制除外。

二、Blinn 着色类型

Blinn 着色是 Phong 着色的细微变化，最明显的区别是高光显示弧形。通常，当使用 Phong 着色时没有必要使用柔化参数。

三、金属着色类型

Metal（金属）着色提供效果逼真的金属表面以及各种看上去像有机体的材质。对于反射高光，金属着色具有不同的曲线，还拥有掠射高光。

金属材质计算自己的高光颜色，该颜色可以在材质的漫反射颜色和灯光颜色之间变化，但不可以设置金属材质的高光颜色。

四、多层着色类型

Multi Layer（多层）明暗器与各向异性明暗器相似，但该明暗器具有一套两个反射高光控制。使用分层的高光可以创建复杂高光，适用于高度抛光等曲面特殊效果。

五、Oren-Nayar-Blinn 着色类型

Oren-Nayar-Blinn 明暗器是对 Blinn 明暗器的改变。该明暗器包含附加的高级漫反射控制、漫反射强度和粗糙度，使用它可以生成无光效果，适用于无光曲面，如布料、陶瓦效果等。

六、Phong 着色类型

Phong 着色可以平滑面之间的边缘，也可以真实地渲染有光泽、规则曲面的高光。此明暗器基于相邻面的平均面法线，可以插补整体面的强度，并计算该面的每个像素的法线。

七、Strauss 着色类型

Strauss 明暗器用于对金属表面建模。与金属明暗器相比，该明暗器使用更简单的模型，并具有更简单的界面。

八、半透明着色类型

Translucent Shader（半透明明暗器）方式与 Blinn 明暗方式类似，但它还可用于指定半透明。半透明对象允许光线穿过，并在对象内部使光线散射，可以使用半透明来模拟被霜覆盖和被侵蚀的玻璃。

半透明本身就是双面效果，使用半透明明暗器，背面照明可以显示在前面。要生成半透明效果，材质的两面将接受漫反射灯光，虽然在渲染和着色视图中只能看到一面，但是启用双面就可以看到。

第七节　贴图坐标控制

已指定二维贴图材质（或包含二维贴图的材质）的对象必须具有贴图坐标。这些坐标指定如何将贴图投射给材质，以及是将其投射为图案、还是平铺或镜像，见图 2-129。

贴图坐标也称为 UV 或 UVW 坐标。这些字母是指对象自己空间中的坐标，相对于将场景作为整体描述的 XYZ 坐标，大多数可渲染的对象都拥有生成贴图坐标参数。

一些对象（如可编辑网格）并没有自动贴图坐标，对于这些类型的对象，可以通过应用 UVW 贴图修改器来指定坐标。

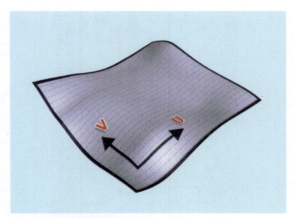

图 2-129　贴图坐标效果

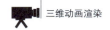

一、默认贴图坐标

　　贴图在空间上是有方向的，当为对象指定一个二维贴图材质时，对象必须使用贴图坐标。贴图坐标指明了贴图投射到材质上的方向，以及是否被重复平铺或镜像等，它使用 UVW 坐标轴的方式来指明对象的方向。

　　大部分对象有一个生成贴图坐标的开关，可以打开这个开关生成一个默认的贴图坐标，见图 2-130。

二、设定贴图坐标通道

　　对于 Nurbs 表面次对象，能够不应用 UVW 贴图编辑修改器而指定贴图通道，Nurbs 次对象使用一个不同的设置贴图坐标通道的方法，它在 Nurbs 次对象的材质参数卷展栏中设定贴图坐标通道，见图 2-131。

三、UVW Map 修改器

　　如果对象有生成贴图坐标开关，如编辑多边形，它不会自动应用一个 UVW 贴图坐标，这时可以通过应用一个 UVW 贴图编辑修改器来指定一个贴图坐标。

　　UVW Map 编辑修改器用来控制对象的 UVW 贴图坐标，其中提供了调整贴图坐标类型、贴图大小、贴图的重复次数、贴图通道设置和贴图的对齐设置等功能，见图 2-132。

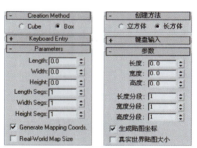

图 2-130　默认的贴图坐标

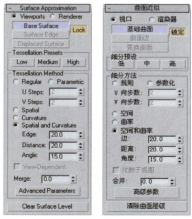

图 2-131　设定贴图坐标通道

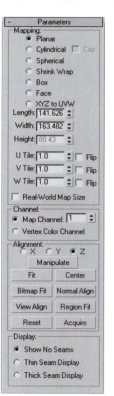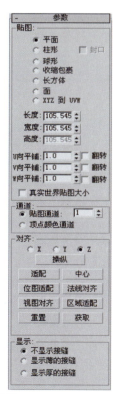

图 2-132　UVW Map 修改器

- Planar（平面）：该贴图类型以平面投影方式向对象上贴图，它适合于平面的表面，如纸、墙、薄物体等，见图 2-133。
- Cylindrical（柱形）：该贴图类型使用圆柱投影方式向对象上贴图，像螺丝钉、钢笔、电话筒和药瓶都适于圆柱贴图，见图 2-134。选中 Cap 封口复选框，圆柱的顶面和底面放置的是平面贴图投影，见图 2-135。

图 2-133　平面方式效果

图 2-134　柱形方式效果

- Spherical（球形）：该贴图类型使用围绕对象以球形投影方式贴图，会产生接缝。在接缝处，贴图的边汇合在一起，顶底也有两个接点，见图 2-136。

图 2-135　封口复选框效果

图 2-136　球形方式效果

- Shrink Wrap（收缩包裹）：像球形贴图一样，它使用球形方式向对象投影贴图。但是收缩包裹将贴图所有的角拉到一个点，消除了接缝只产生一个奇异点，见图 2-137。
- Box（长方体）：长方体贴图以 6 个面的方式向对象投影。每个面是一个面贴图，面法线决定不规则表面上贴图的偏移，见图 2-138。

图 2-137　收缩包裹方式效果

图 2-138　长方体方式效果

- Face（面）：该类型对象的每一个面应用一个平面贴图，其贴图效果与几何体面的多少有很大关系，见图 2-139。
- XYZ to UVW（XYZ 到 UVW）：此类贴图用于三维贴图，使三维贴图粘贴在对象的表面上，见图 2-140。

图 2-139 面方式效果

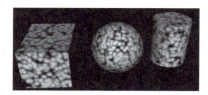

图 2-140 XYZ 到 UVW 方式效果

第八节 3ds Max 灯光系统

3ds Max 提供两种类型的灯光，主要有标准灯光和光度学灯光。所有类型在视图中显示为灯光对象，它们共享相同的参数，包括阴影生成器。

● 标准灯光

标准灯光是基于计算机的模拟灯光对象，如家庭或办公室灯具，以及舞台和电影工作时使用的灯光设备或太阳光本身。不同种类的灯光对象可用不同的方法投射灯光，模拟不同种类的光源。与光度学灯光不同，标准灯光不具有基于物理的强度值。

八种类型的标准灯光对象有目标聚光灯、自由聚光灯、目标平行光、自由平行光、泛光灯、天光、mental ray 区域泛光灯和 mental ray 区域聚光灯，见图 2-141。

● 光度学灯光

光度学灯光使用光度学（光能）可以更精确地定义灯光，就像在真实世界一样。可以设置它们分布、强度、色温和其他真实世界灯光的特性，也可以导入照明制造商的特定光度学文件以便设计基于商用灯光的照明。将光度学灯光与光能传递解决方案结合起来，可以生成物理精确的渲染或执行照明分析。

三种类型的光度学灯光对象有目标光源、自由光源、mental ray 天光入口，见图 2-142。

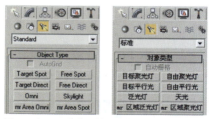

图 2-141 八种类型的标准灯光

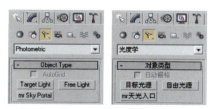

图 2-142 三种类型的光度学灯光

一、聚光灯

聚光灯像闪光灯一样投射聚焦的光束，如在剧院中或路灯下的聚光区。当添加目标聚光灯时，软件将为该灯光自动指定注视控制器，灯光目标对象指定为注视目标。自由与目标聚光灯不同，自由聚光灯没有目标对象，可以移动和旋转自由聚光灯以使其指向任何方向。

1. 常规参数卷展栏

General Parameters（常规参数）卷展栏用于对灯光启用或禁用投射阴影，并且选择灯光使用的阴影类型，见图 2-143。

- **Light Type**（灯光类型）：提供了启用和禁用灯光的控制，还有灯光类型列表，可以更改灯光的类型。
- **Shadows**（阴影）：提供了当前灯光是否投射阴影，在阴影方法下拉列表中决定渲染器是否使用阴影贴图、光线跟踪阴影、高级光线跟踪阴影或区域阴影生成该灯光的阴影，见图 2-144。

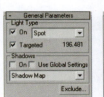 

图 2-143　常规参数卷展栏　　　　图 2-144　启用阴影效果

2. 强度 / 颜色 / 衰减卷展栏

Intensity/Color/Attenuation（强度 / 颜色 / 衰减）卷展栏可以设置灯光的颜色和强度，也可以定义灯光的衰减，见图 2-145。

- **Multiplier**（倍增）：将灯光的功率放大一个正或负的量，如将倍增设置为 2，灯光将亮两倍。可用于在场景中减除灯光和有选择地放置暗区域。
- **Decay**（衰退）：使远处灯光强度减小的另一种方法。类型中提供了三种衰退类型，分别是无衰退、反向衰退和平方反比衰退。
- **Near Attenuation**（近距衰减）：提供设置灯光开始淡入的距离和达到其全值的距离。
- **Far Attenuation**（远距衰减）：提供设置灯光开始淡出的距离和灯光减为 0 的距离。

3. 聚光灯参数卷展栏

Spotlight Parameters（聚光灯参数）卷展栏提供在视图中查看聚光灯圆锥体，当选定灯光时，该圆锥体始终可见；当未选定灯光时，该设置使圆锥体可见，见图 2-146。

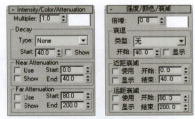 

图 2-145　强度 / 颜色 / 衰减卷展栏　　　　图 2-146　聚光灯参数卷展栏

- **Show Cone**（显示光锥）：启用或禁用圆锥体的显示。当选中一个灯光时，该圆锥体始终可见，因此当取消选择该灯光后，清除该复选框才有明显效果。
- **Overshoot**（泛光化）：当设置泛光化时，灯光将在各个方向投射灯光，但是投影和阴影只发生在其衰减圆锥体范围内。

- Hotspot/Beam（聚光区 / 光束）：调整灯光圆锥体的角度。聚光区值以度为单位进行测量，对于光度学灯光，光束角度为灯光强度减为全部强度的50%时的角度，而对于聚光区，光束角度仍为灯光强度100%时的角度，见图 2-147。
- Falloff/Field（衰减区 / 区域）：调整灯光衰减区的角度。衰减区值以度为单位进行测量，对于光度学灯光，区域角度相当于衰减区角度。也可以在灯光视图中调整聚光区和衰减区的角度，以聚光灯的视野在场景中观看，见图 2-148。

图 2-147　聚光区 / 光束效果

- Circle/Rectangle（圆 / 矩形）：确定聚光区和衰减区的形状，见图 2-149。

图 2-148　衰减区 / 区域效果

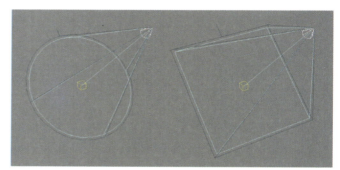

图 2-149　圆 / 矩形效果

4. 高级效果卷展栏

Advanced Effects（高级效果）卷展栏提供灯光影响曲面方式的控制，也包括很多微调和投影灯的设置，见图 2-150。

- Affect Surfaces（影响曲面）：可以设置对比度、柔化漫反射边、漫反射和高光反射，还可以对在视图中的效果不可见，仅当渲染场景时才显示。
- Projector Map（投影贴图）：启用该复选框可以通过贴图按钮投射选定的贴图。可以从材质编辑器中拖动指定的任何贴图，或拖动任何其他贴图按钮（如环境面板），并将贴图放置在灯光的贴图按钮上，见图 2-151。

5. 阴影参数卷展栏

Shadow Parameters（阴影参数）卷展栏可以设置阴影颜色和其他常规阴影属性，见图 2-152。

图 2-150　高级效果卷展栏

图 2-151　投影贴图效果

- **Color**（颜色）：显示颜色选择器以便选择此灯光投射的阴影颜色，默认设置为黑色。可以设置阴影颜色的动画，见图 2-153。

图 2-152　阴影参数卷展栏　　　　　　　图 2-153　阴影的颜色效果

- **Dens**（密度）：增加密度值可以增加阴影的密度，减少密度会减少阴影密度。强度可以有负值，使用该值可以帮助模拟反射灯光的效果。白色阴影颜色和负密度渲染黑色阴影的质量，没有黑色阴影颜色和正密度渲染的质量好，见图 2-154。
- **Map**（贴图）：将贴图指定给阴影，贴图颜色与阴影颜色混合起来，默认设置为否，见图 2-155。

图 2-154　阴影的密度效果　　　　　　　　　　　　图 2-155　贴图颜色与阴影颜色混合效果

- **Light Affects Shadow Color**（灯光影响阴影颜色）：启用此选项后，将灯光颜色与阴影颜色（如果阴影已设置贴图）混合起来。
- **Atmosphere Shadows**（大气阴影）：可以控制大气效果投射阴影。

6. 阴影贴图参数卷展栏

Shadow Map Params（阴影贴图参数）卷展栏是作为灯光的阴影生成的设置，见图 2-156。

- **Bias**（偏移）：位图偏移面向或背离阴影投射对象移动阴影。如果偏移值太低，阴影可能在无法到达的地方

图 2-156　阴影贴图参数卷展栏

泄露，从而生成叠纹图案或在网格上生成不合适的黑色区域。如果偏移值太高，阴影可能从对象中分离。在任何一方向上如果偏移值是极值，则阴影根本不可能被渲染。
- **Size**（大小）：设置用于计算灯光的阴影贴图的大小（以像素平方为单位）。阴影贴图尺寸为贴图指定细分量，值越大对贴图的描述就越细致。

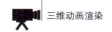

- Sample Range（采样范围）：采样范围决定阴影内平均有多少区域，将影响柔和阴影边缘的程度，见图 2-157。

图 2-157　采样范围效果

- Absolute Map Bias（绝对贴图偏移）：启用此选项后，阴影贴图的偏移采用绝对计算方式，该偏移在固定比例的基础上以 3ds Max 单位表示。
- 2 Sided Shadows（双面阴影）：启用此选项后，计算阴影时背面将不被忽略，外部灯光无法照明室内对象。禁用此选项后，计算阴影时将忽略背面，这样外部灯光可照明室内对象。

7. 大气和效果卷展栏

使用 Atmospheres & Effects（大气和效果）卷展栏可以指定、删除、设置大气的参数和与灯光相关的渲染效果。此卷展栏仅出现在修改面板上，它不在创建时间内出现，见图 2-158。

- Add（添加）：显示添加大气和效果对话框，使用该对话框可以将大气或渲染效果添加到灯光中。该列表只显示与灯光对象相关联的大气和效果，或将灯光对象作为它的装置，见图 2-159。

图 2-158　大气和效果卷展栏　　　　　　　　　图 2-159　添加大气和效果

- Delete（删除）：删除在列表中选定的大气或效果。
- 大气和效果列表：显示所有指定给此灯光的大气或效果的名称。
- Setup（设置）：使用此选项可以设置在列表中选定的大气或渲染效果。如果该项是大气，单击设置将显示环境面板；如果该项是效果，单击设置将显示效果面板。

二、mental ray 灯光

除非通过使用 mental ray 选项面板启用 mental ray 扩展名，否则此卷展栏不会出现。另外，mental ray 渲染器必须是当前活动的渲染器。

1. mental ray 间接照明卷展栏

mental ray Indirect Illumination（间接照明）卷展栏提供了使用 mental ray 渲染器照明行为的控制。卷展栏中的设置对使用默认扫描线渲染器或高级照明（光跟踪器或光能传递解决方案）进行的渲染没有影响。这些设置控制生成间接照明时的灯光行为，即焦散和全局照明。如果需要调整指定的灯光，可以使用能量和光子的倍增控制。通常在禁用状态，很少需要使用全局设置和指定间接照明用的局部灯光设置，见图 2-160。

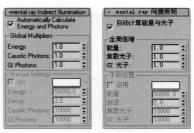

图 2-160　mental ray 间接照明卷展栏

- Automatically Calculate Energy and Photons（自动计算能量与光子）：启用此选项后，灯光使用间接照明的全局灯光设置，而不使用局部设置。当此切换处于启用状态时，只有全局倍增组的控制可用。
- Energy（能量）：增强全局能量值以增加或减少此特定灯光的能量。
- Caustic Photons（焦散光子）：增强全局焦散光子值以增加或减少用此特定灯光生成焦散的光子数量。
- GI Photons（GI 光子）：增强全局 GI 光子值以增加或减少用此特定灯光生成全局照明的光子数量。
- Manual Settings（手动设置）：当自动计算处于禁用状态时，全局倍增组将不可用，而用于间接照明的手动设置可用。

2. mental ray 灯光明暗器卷展栏

使用 mental ray Light Shader（灯光明暗器）卷展栏可以将 mental ray 明暗器添加到灯光中。当使用 mental ray 渲染器进行渲染时，灯光明暗器可以改变或调整灯光的效果。要调整一个灯光明暗器设置，请将明暗器按钮拖动到一个未使用的材质编辑器示例窗中。如果编辑明暗器的一个副本，需要将示例窗拖回灯光明暗器卷展栏上的明暗器按钮，这样才能看到任何生效的更改，见图 2-161。

图 2-161　mental ray 灯光明暗器卷展栏

- Enable（启用）：启用此选项后，渲染使用指定给此灯光的灯光明暗器。禁用此选项后，明暗器对渲染没有任何影响。
- Light Shader（灯光明暗器）：单击该按钮可以显示材质 / 贴图浏览器，并选择一个灯光明暗器，一但选定了一个明暗器，其名称将会出现在按钮上。
- Photon Emitter Shader（光子发射器明暗器）：单击该按钮可以显示材质 / 贴图浏览器，并选择一个明暗器，一旦选定了一个明暗器，其名称将会出现在按钮上。

三、天光

Sky Light（天光）主要是建立模拟日光的模型效果，意味着与光跟踪器一起使用，可以设置天空的颜色或将其指定为贴图。对天空建模作为场景上方的圆屋顶。当使用默认扫描线渲染器渲染时，天光使用高级照明效果最佳。天光参数卷展栏见图 2-162。

- On（启用）：启用和禁用灯光。

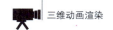

- Multiplier（倍增）：将灯光的功率放大一个正或负的量，见图2-163。

图2-162　天光参数卷展栏

图2-163　倍增效果

- Use Scene Environment（使用场景环境）：使用环境面板上的环境设置的灯光颜色，除非光跟踪处于活动状态，否则该设置无效。
- Sky Color（天空颜色）：单击色样可显示颜色选择器，并选择为天光颜色。
- Map（贴图）：可以使用贴图影响天光颜色。该按钮指定贴图，切换设置贴图是否处于激活状态，使用微调器设置贴图的百分比。当值小于100%时，贴图颜色与天空颜色混合。要获得最佳效果，请使用HDR文件照明，见图2-164。
- Cast Shadows（投影阴影）：使天光产生投射阴影。当使用光能传递或光跟踪时，投射阴影切换无效。
- Rays per Sample（每采样光线数）：用于计算落在场景中指定点上天光的光线数。对于动画，将该选项设置为较高的值可消除闪烁，值为30左右应该可以消除闪烁，见图2-165。

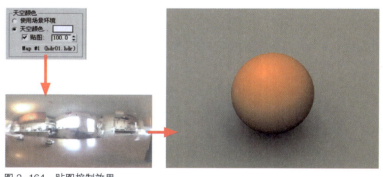

图2-164　贴图控制效果

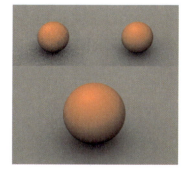

图2-165　每采样光线数效果

- Ray Bias（光线偏移）：对象可以在场景中指定点上投射阴影的最短距离。将该值设置为0可以使该点在自身上投射阴影，如将该值设置较高可以防止点附近的对象在该点上投射阴影。

四、目标物理灯光

　　物体灯光中的Target Light（目标灯光）像标准的泛光灯一样从几何体点发射光线。可以设置灯光分布，此灯光有三种类型的分布，并对以相应的图标。当添加目标点灯光时，3ds Max将自动为该灯光指定注视控制器，灯光目标对象指定为注视目标。

当使用 Web 分布创建或选择光度学灯光时，Distribution Photometric Web（发布光域网）卷展栏显示在修改面板上。使用这些参数选择光域网文件并调整 Web 的方向，3ds Max 可以使用 IES、CIBSE 或 LTLI 光域网格式，见图 2-166。

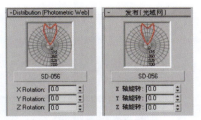

图 2-166　发布光域网卷展栏

光域网是一个光源灯光强度分布的三维表示。平行光分布信息以 IES 格式（使用 IES LM-63-1991 标准文件格式）存储在光度学数据文件中，而对于光度学数据采用 LTLI 或 CIBSE 格式。可以将各个制造商提供的光度学数据文件加载为 Web 参数，灯光图标会表示所选的光域网。

要描述一个光源发射的灯光方向分布，3ds Max 通过在光度学中心放置一个点光源近似该光源。根据此相似性，分布只以传出方向的函数为特征，提供用于水平或垂直角度预设的光源的发光强度，而且该系统可按插值沿着任意方向计算发光强度，见图 2-167。

- Web 文件：选择用作光域网的 IES 文件，默认的 Web 是从一个边缘照射的漫反射分布，见图 2-168。

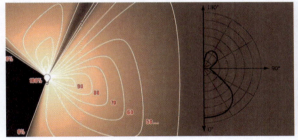

图 2-167　Web 分布效果

图 2-168　漫反射分布效果

- X Rotation（X 轴旋转）：沿着 X 轴旋转光域网，旋转中心是光域网的中心，范围为正负 180 度。
- Y Rotation（Y 轴旋转）：沿着 Y 轴旋转光域网，旋转中心是光域网的中心，范围为正负 180 度。
- Z Rotation（Z 轴旋转）：沿着 Z 轴旋转光域网，旋转中心是光域网的中心，范围为正负 180 度。

五、系统太阳光和日光

太阳光和日光系统可以使用系统面板中的项目模型灯光照明，该系统按照太阳在地球上某一指定位置的地理自然规律投射灯光，见图 2-169。

可以选择位置、日期、时间和指南针方向，也可以设置日期和时间的动画。该系统适用于计划中的和现有结构的阴影研究，也可对纬度、经度、北向和轨道缩放进行动画设置。

太阳光和日光具有类似的用户界面。太阳光使用平行光，而日光将太阳光和天光相结合，太阳光组件可以是 IES 太阳光。如果要通过曝光控制来创建使用光能传递的渲染效果，则最好使用上述灯光。如果场景使用标准照明（也适用于具有平行光的太阳光）或者使用光跟踪器，则最好使用上述灯光。

1. 日光参数卷展栏

通过 Daylight Parameters（日光参数）卷展栏可以定义日光系统的太阳对象，可以设置太阳光

和天光行为，见图 2-170。

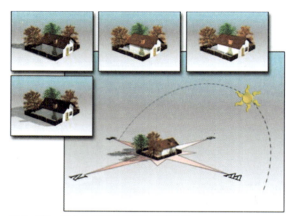

图 2-169　符合地理学的角度和运动效果

图 2-170　日光参数卷展栏

- Sunlight（太阳光）：为场景中的太阳光选择一个选项，IES 太阳是使用 IES 太阳对象来模拟太阳，标准是使用目标直接光来模拟太阳。
- Active（活动）：在视图中启用和禁用太阳光。
- Manual（手动）：启用时可以手动调整日光集合对象在场景中的位置，以及太阳光的强度值。
- Date Time and Location（日期、时间和位置）：启用时，使用太阳在地球上某一给定位置的符合地理学的角度和运动。选择日期、时间和位置后，调整灯光的强度将不生效。
- Setup（设置）：打开运动面板，以便调整日光系统的时间、位置和地点。
- Skylight（天光）：为场景中的太阳光选择一个选项。

2．日期、时间和位置设置卷展栏

此卷展栏显示可以在创建面板上设置，并在选择日光或太阳光系统的灯光组件时也可以显示在运动面板上，以便调整日光系统的时间、位置和地点，见图 2-171。点击 获取位置… 按纽会弹出地理位置选项卡，见图 2-172。

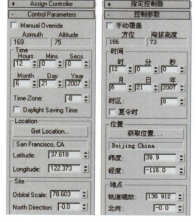

图 2-171　日期、时间和位置设置卷展栏

图 2-172　地理位置选项卡

- **Manual Override**（手动覆盖）：启用时，可以手动调整太阳对象在场景中的位置，以及太阳对象的强度值。
- **Azimuth/Altitude**（方位/海拔高度）：显示太阳的方位和海拔高度。方位是太阳的罗盘方向，以度为单位（北=0、东=90）。海拔高度是太阳距离地平线的高度，以度为单位（日出或日落=0）。
- **Time**（时间）：时间控制区中提供指定时间、指定日期、时区和夏令时的设置。
- **Get Location**（获取位置）：显示地理位置对话框，在该对话框中，可以通过从地图或城市列表中选择一个位置来设置经度和纬度值。
- **Latitude/Longitude**（纬度/经度）：指定基于纬度和经度的位置。
- **Orbital Scale**（轨道缩放）：设置太阳（平行光）与罗盘之间的距离。由于平行光可投射出平行光束，因此这一距离不会影响太阳光的精确度。
- **North Direction**（北向）：设置罗盘在场景中的旋转方向。

六、VRay 灯光

VRay 渲染器虽然是一款独立的插件系统，但它同样拥有自身的灯光及阴影系统，分别放置在 3ds Max 系统的对应位置上。在创建面板的灯光的下拉列表中选择 VRay 灯光系统。

在 VRay 灯光系统中选择 **VRay Light**（VRay 灯光）命令并在场景中建立，这时可以在修改面板中看到灯光的所有控制选项，见图 2-173。

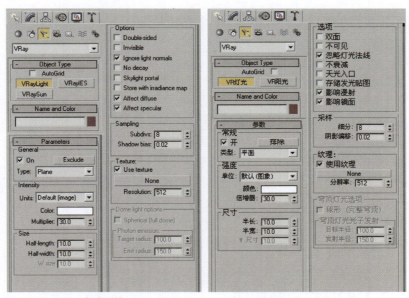

图 2-173 VRay 灯光系统

- **On**（开启）：用于控制 VRay 灯光的打开或关闭，当勾选后才表示启动了灯光的照明效果。
- **Exclude**（排除）：该按钮用来设置灯光是否照射某个对象，或者是否使某个对象产生阴影。有时为了实现某些特殊效果，某个对象不需要当前灯光来照明或投射阴影，就需要用此按

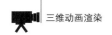

钮来设定。单击该按钮后出现 Exclude/Include（排除 / 包含）对话框。如果要排除所有的对象，可以在对话框右边列表中没有内容的情况下选取 Include。包含空对象就是排除所有对象。

- Type（类型）：使用该下拉列表可以改变当前选择灯光的类型，其中主要有 Dome（圆盖）类型、Plane（平面）类型、Sphere（球形）类型。改变灯光类型后，灯光所特有的参数也将随之改变控制。
- Units（单位）：其中主要提供了 Default [image]、Luminous power [lm]、Luminance [lm/m2/sr]、Radiant power [W]、Radiance [W/m2msr] 方式。
- Color（颜色）：指定灯光所产生的颜色。
- Multiplier（倍增器）：通过指定一个正值或负值来放大或缩小灯光的强度。
- Half- length（半长）：控制所建立灯光的准确长度值，也就是光源的 U 向尺寸。
- Half-width（半宽）：控制所建立灯光的准确宽度值，也就是光源的 V 向尺寸。
- W size(W 尺寸)：光源的 W 向尺寸。
- Double sided（双面）：当 VRay 灯光为平面光源时，该选项控制光线是否从面光源的两个面发射出来。
- Invisible（不可见）：控制最终渲染时是否显示 VRay 灯光的形状。
- Ignore light normals（忽略灯光法线）：当一个被追踪的光线照射到光源上时，该选项控制 VRay 计算发光的方法。对于模拟真实世界的光线，该选项应当关闭，但是当该选项打开时，渲染的结果更加平滑。
- No decay（不衰减）：当该选项选中时，VRay 所产生的光将不会随距离而衰减。否则，光线将随着距离而衰减，这是真实世界灯光的衰减方式。
- Skylight portal（天光入口）：勾选此选项后，部分参数将会被环境参数所代替。如果希望观看到效果，必须应用间接照明和环境。
- Store with irradiance map（存储发光贴图）：当该选项选中并且全局照明设定为发光贴图时，VRay 将再次计算灯光的效果并且将其存储到光照贴图中。其结果是光照贴图的计算会变得更慢，但是渲染时间会减少。还可以将光照贴图保存下来，稍后再次使用。
- Affect diffuse（影响漫反射）：勾选此选项将会影响到漫反射贴图的效果。
- Affect specular（影响镜面）：勾选此选项将会影响到高光贴图的效果。
- Subdivs（采样）：该值控制 VRay 用于计算照明采样点的数量。
- Shadow bias（阴影偏移）：设置发射光线对象到产生阴影点之间的最小距离，用来防止模糊的阴影影响其他区域。
- Dome light options（穹顶灯光光子发射）：模拟圆形包裹类型的光。

第九节　3ds Max 摄影机系统

摄影机系统可以让摄影机从特定的观察点表现场景。摄影机对象可以模拟现实世界中的静态图像、运动图片或视频摄影机。使用摄影机视图可以调整摄影机，就好像你正在通过镜头进行观看一样，见图 2-174。

摄影机视图对于编辑几何体和设置渲染的场景非常实用。多个摄影机可以提供相同场景的不同视图。使用摄影机校正修改器可以校正两点视角的摄影机视图，其中垂线仍然垂直。如果要设置观察点的动画，可以创建一个摄影机并设置其位置的动画。显示面板的按类别隐藏卷展栏可以进行切换，以便启用或禁用摄影机对象的显示。

图 2-174　摄影机视图效果

控制摄影机对象显示的简便方法是在单独的层上创建这些对象，通过禁用层可以快速地将其隐藏。

一、目标摄影机

当创建摄影机时，目标摄影机沿着放置的目标图标查看区域，见图 2-175。

目标摄影机比自由摄影机更容易定向，因为只需将目标对象定位在所需位置的中心上。可以设置目标摄影机及其目标的动画来创建有趣的效果。要沿着路径设置目标和摄影机的动画，最好将它们链接到虚拟对象上，然后设置虚拟对象的动画。

二、自由摄影机

自由摄影机在摄影机指向的方向查看区域。与目标摄影机不同，它有两个用于目标和摄影机的独立图标，为的是更轻松地设置动画，见图 2-176。

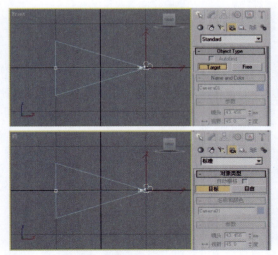

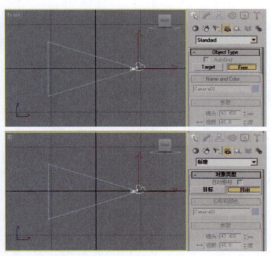

图 2-175　建立目标摄影机效果　　　　图 2-176　建议自由摄影机效果

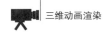

当需要摄影机位置沿着轨迹设置动画时可以使用自由摄影机，与穿行建筑物或将摄影机链接到行驶中的汽车时一样。当自由摄影机沿着路径移动时，可以将其倾斜。如果将摄影机直接置于场景顶部，使用自由摄影机可以避免镜头旋转。

三、参数卷展栏

Parameters（参数）卷展栏可以对目标摄像机和自由摄影机进行常用控制，见图 2-177。

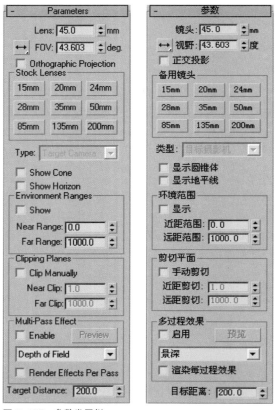

图 2-177 参数卷展栏

- Lens（镜头）：以毫米为单位设置摄影机的焦距。使用镜头微调器来指定焦距值，而不是指定在备用镜头组框中按钮上的预设备用值。在渲染场景对话框中更改光圈宽度值后，也可以更改镜头微调器字段中的值。
- FOV（视野）：是决定摄影机查看区域的宽度。当视野方向为水平（默认设置）时，视野参数直接设置摄影机的地平线的弧形，并以度为单位进行测量。
- Orthographic Projection（正交投影）：启用此选项后，摄影机视图看起来就像用户视图。
- Stock Lenses（备用镜头）：其中有 15mm、20mm、24mm、28mm、35mm、50mm、85mm、135mm、200mm，这些预设值可用于设置摄影机的焦距（以毫米为单位）。
- Type（类型）：将摄影机类型从目标摄影机更改为自由摄影机，反之亦然。

- Show Cone（显示圆锥体）：显示摄影机视野定义的锥形光线（实际上是一个四棱锥）。
- Show Horizon（显示地平线）：在摄影机视图中的地平线层级显示一条深灰色的线条。
- Near Range/Far Range（近距范围 / 远距范围）：确定在环境面板上设置大气效果的近距范围和远距范围限制，在两个限制之间的对象不显示。
- Show（显示）：显示在摄影机锥形光线内的近距范围和远距范围的设置。
- Clip Manually（手动剪切）：启用该选项可定义剪切平面。禁用手动剪切后，不显示近于摄影机距离小于 3 个单位的几何体。要覆盖该几何体，请使用手动剪切。
- Preview（预览）：单击该选项可在活动摄影机视图中预览效果。如果活动视图不是摄影机视图，则该按钮无效。
- Multi-Pass Effect（多过程效果）：使用该选项可以选择生成多重过滤效果，如景深或运动模糊，而这些效果在摄像机视图中的预览相互排斥。使用该列表可以选择景深中的 mental ray 渲染器的景深效果。
- Render Effects Per Pass（渲染每过程效果）：启用此选项后，渲染效果应用于多重过滤效果的每个过程（景深或运动模糊）。
- Target Distance（目标距离）：使用自由摄影机，将点设置为用作不可见的目标，以便可以围绕该点旋转摄影机。使用目标摄影机，表示摄影机和其目标之间的距离。

四、景深参数卷展栏

Depth of Field Parameters（景深参数）卷展栏可以设置生成景深效果，见图 2-178。

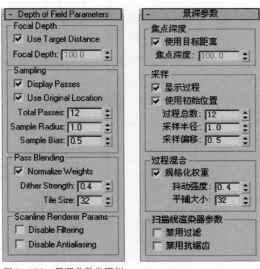

图 2-178　景深参数卷展栏

- Use Target Distance（使用目标距离）：启用该选项后，将摄影机的目标距离用作每过程来偏移摄影机焦点。禁用该选项后，使用焦点深度值偏移摄影机焦点。
- Focal Depth（焦点深度）：当使用目标距离处于禁用状态时，设置距离偏移摄影机的焦点深度，范围为 0 到 100。通常使用焦点深度而非摄影机的目标距离来模糊整个场景。

- Display Passes（显示过程）：启用此选项后，渲染帧窗口显示多个渲染通道。禁用此选项后，该帧窗口只显示最终结果，此控制对于在摄影机视图中预览景深无效时使用。
- Use Original Location（使用初始位置）：启用此选项后，第一个渲染过程位于摄影机的初始位置。禁用此选项后，与所有随后的过程一样偏移第一个渲染过程。
- Total Passes（过程总数）：用于生成效果的过程数。增加此值可以增加效果的精确性，但会增加渲染时间。
- Sample Radius（采样半径）：通过移动场景生成模糊的半径。增加该值将增加整体模糊效果，减小该值将减少模糊效果。
- Sample Bias（采样偏移）：模糊靠近或远离采样半径的权重。增加该值将增加景深模糊的数量级，提供更均匀的效果。减小该值将减小数量级，提供更随机的效果。
- Normalize Weights（规格化权重）：使用随机权重混合的过程可以避免出现诸如条纹这些人工效果。当启用规格化权重后，会获得较平滑的结果。当禁用此选项后，效果会变得清晰一些，但通常颗粒状效果更明显。
- Dither Strength（抖动强度）：控制应用于渲染通道的抖动程度。增加此值会增加抖动量，并且生成颗粒状效果，尤其是对象的边缘部分。
- Tile Size（平铺大小）：抖动时设置图案的大小。此值是一个百分比，0 是最小平铺，100 是最大平铺。
- Scanline Renderer Params（扫描线渲染器参数）：参数控制可以在渲染多重过滤场景时禁用抗锯齿或锯齿过滤。

本章小结

　　本章主要讲解三维动画电影中渲染技术的材质、灯光和摄影机的基础知识，包括 3ds Max 的材质编辑器、标准材质、其他材质类型、贴图类型和坐标、着色类型，以及灯光系统中的聚光灯、mental ray 灯光、天光、目标物理灯光、系统太阳光和日光、VRay 灯光、摄影机系统类型和参数设置等，全面熟悉和掌握这些基础知识，为后面的实践创作打下坚实的基础。

本章作业

一、简答题

　　1. 3ds Max 材质和灯光的作用是什么？

　　2. 如何为模型赋予贴图？

　　3. 材质系统的类型都有哪些？

　　4. 材质系统的贴图类型都有哪些？

　　5. 聚光灯的照明属性和参数设置有哪些？

　　6. 目标摄影机与自由摄影机的区别是什么？

二、填空题

1. 凹凸贴图项目中的黑色区域会产生_____效果，白色区域会产生_____效果。

2. 材质系统的着色类型主要影响到的是物体_____属性。

3. _____也称为 UV 或 UVW 坐标。

4. 3ds Max 主要提供两种类型的灯光是_____灯光和_____灯光。

三、练习与实训

项目编号	实训名称	实训页码
实训 2-1	设置贴图《机箱与显示器》	见《动画渲染实训》P4
实训 2-2	设置贴图《牛奶产品》	见《动画渲染实训》P8
实训 2-3	设置凹凸贴图《足球》	见《动画渲染实训》P11
实训 2-4	设置凹凸贴图《轮胎》	见《动画渲染实训》P14
实训 2-5	设置透明贴图《飞舞蝴蝶》	见《动画渲染实训》P17
实训 2-6	设置贴图坐标《搪瓷杯子》	见《动画渲染实训》P20
实训 2-7	设置灯光《场景照明》	见《动画渲染实训》P23

＊详细内容与要求请看配套练习册《动画渲染实训》。

3

三维渲染器

关键知识点

- 扫描线渲染器
- mental ray 渲染器
- VUE 文件渲染器
- VRay 渲染器

内容提要

本章由 5 节组成。主要讲解三维动画电影制作中的渲染器技术，包括扫描线渲染器、mental ray 渲染器、VUE 文件渲染器和 VRay 渲染器下的近 30 种卷展栏的功能和设置方法。最后是本章小结和本章作业。

本章教学环境：多媒体教室、软件平台 3ds Max
本章学时建议：15 学时（含 9 学时实践）

第一节 艺术指导原则

三维渲染器可以将颜色、阴影、照明效果等加入到几何体中，从而可以使用所设置的灯光、所应用的材质及环境设置（如背景和大气）为场景的几何体着色。3ds Max 默认附带三种渲染器，分别是扫描线渲染器、mental ray 渲染器和 VUE 文件渲染器，还允许自行安装第三方插件渲染器，比如 VRay 渲染器、Brazil 渲染器和 Finalrender 渲染器等。

第二节 扫描线渲染器

扫描线渲染器是 3ds Max 默认的渲染器。默认情况下，通过渲染场景对话框或 Video Post 渲染场景时，可以使用扫描线渲染器。材质编辑器的应用也可以使用扫描线渲染器显示各种材质和贴图。

在主工具栏上单击 （渲染场景）按钮或单击键盘 "F10" 键开启渲染场景对话框，见图 3-1。

Common（公用）面板适用于任何渲染的控制（不必考虑所选择的渲染器）及指定渲染器的控制，其中包含有 Common Parameters（公用参数）卷展栏、Email Notifications（电子邮件通知）卷展栏、Scripts（脚本）卷展栏和 Assign Renderer（指定渲染器）卷展栏的设置。

一、公用参数卷展栏

Common Parameters（公用参数）卷展栏是用来设置所有渲染器的公用参数，见图 3-2。

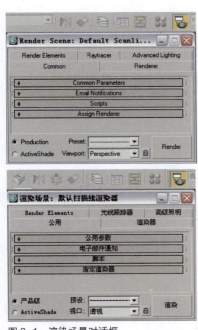

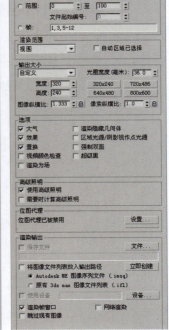

图 3-1 渲染场景对话框   图 3-2 公用参数卷展栏

- Time Output（时间输出）：其中单帧是仅渲染当前显示帧；活动时间段为显示在时间滑块内的当前帧范围；范围是指定两个数字之间（包括这两个数）的所有帧；帧可以指定非连续帧，帧与帧之间用逗号隔开（如 2，5）或连续的帧范围，用连字符相连（如 0 ～ 5）；文件起始编号是指定起始文件编号，从这个编号开始递增文件名；每 N 帧相隔几帧渲染一次，只用于活动时间段和范围输出。
- Area to Render（渲染范围）：控制局部区域渲染、已选择区域渲染、视图区域渲染等方式。
- Output Size（输出大小）：下拉菜单中列出一些标准的电影和视频分辨率以及纵横比可供选择，见图 3-3。光圈宽度（毫米）是指定用于创建渲染输出的摄影机光圈宽度。宽度和高度是以像素为单位指定图像的宽度和高度，从而设置输出图像的大小。图像纵横比中可改变高度值以保持渲染分辨率正确。

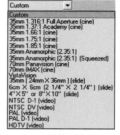

图 3-3　下拉列表

- Options（选项）：可通过勾选添加大气、效果、置换、视频颜色检查、渲染为场、渲染隐藏几何体、区域光源/阴影视点、强制双面和超级黑效果。
- Advanced Lighting（高级照明）：可以在渲染过程中提供光能传递解决方案或光跟踪功能。
- Render Output（渲染输出）：主要设置渲染输出保存文件的路径、名称和格式，还可以将渲染输出到录像机、播出机和对编机等设备上。另外，可以使用网络渲染，在渲染时将看到网络作业分配对话框。

二、电子邮件通知卷展栏

Email Notifications（电子邮件通知）卷展栏可使渲染作业发送电子邮件通知，如网络渲染那样。如果进行冗长的渲染（如动画），并且不需要在系统上花费所有时间，这种通知非常实用，见图 3-4。

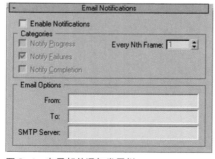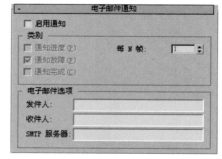

图 3-4　电子邮件通知卷展栏

三、脚本卷展栏

Scripts（脚本）卷展栏可进行预渲染和渲染后期操作，要执行的脚本为 MAXScript 文件（MS）、宏脚本（MCR）、批处理文件（BAT）和可执行文件（EXE），见图 3-5。

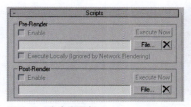 

图 3-5 脚本卷展栏

四、指定渲染器卷展栏

Assign Renderer（指定渲染器）卷展栏显示指定给不同类别的渲染器，见图 3-6。

图 3-6 指定渲染器卷展栏

- Production（选择渲染器）：单击 ... （浏览）按钮可更改指定渲染器，此按钮会显示选择渲染器对话框，见图 3-7。
- Material Editor（材质编辑器）：选择用于渲染材质编辑器中示例窗的渲染器。
- ActiveShade（活动暗部阴影）：选择用于预览场景中照明和材质更改效果的暗部阴影渲染器。

 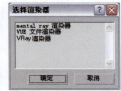

图 3-7 选择渲染器对话框

- Save as Defaults（保存为默认设置）：单击该选项可将当前渲染器指定保存为默认设置，以便下次重新启动 3ds Max 时不必重做调整。

五、渲染器面板

渲染场景对话框的 Renderer（渲染器）面板包含用于活动渲染器的主要控制，其他面板是否可用取决于某渲染器是否处于活动状态。如果场景中包含动画位图（包括材质、投影灯、环境等），则每个帧将一次重新加载一个动画文件。如果场景使用多个动画，或者动画本身是大文件，这样做则将降低渲染性能，渲染器面板见图 3-8。

- Options（选项）：该组中提供贴图、自动反射 / 折射和镜像、阴影、强制线框和启用 SSE 等控制项目。
- Antialiasing（抗锯齿）：抗锯齿平滑渲染时产生的对角线或弯曲线条的锯齿状边缘，只有在渲染测试图像或者渲染速度比图像质量更重要时，才禁用该选项。在过滤器下拉列表中可以选择高质量的过滤器，将其应用到渲染上，见图 3-9。
- Global Super Sampling（全局超级采样）：设置全局超级采样器、采样贴图和采样方法。
- Object Motion Blur（对象运动模糊）：通过为对象设置属性对话框中的对象，决定对哪个对象应用对象运动模糊，调节持续时间（帧）的效果见图 3-10。

三维动画渲染

图 3-8　渲染器面板

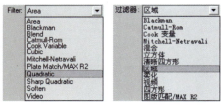

图 3-9　过滤器下拉列表

图 3-10　调节持续时间（帧）效果

- Image Motion Blur（图像运动模糊）：通过创建拖影效果而不是多个图像来模糊对象，它考虑摄影机的移动，图像运动模糊是在扫描线渲染完成之后应用的。
- Auto Reflect/Refract Maps（自动反射/折射贴图）：设置对象间在非平面自动反射贴图上的反射次数。虽然增加该值有时可以改善图像质量，但是这样做也将增加反射的渲染时间。
- Color Range Limiting（颜色范围限制）：通过切换钳制或缩放来处理超出范围（0 到 1）的颜色分量（RGB），颜色范围限制允许用户处理亮度过高的问题。
- Memory Management（内存管理）：启用节省内存选项后，渲染使用更少的内存，但会增加一点内存空间。

六、高级照明面板

Advanced Lighting（高级照明）用于选择一个高级照明选项，见图 3-11。默认扫描线渲染器提供两个选项，分别是光跟踪器和光能传递。光跟踪器为明亮场景（比如室外场景）提供柔和边缘的阴影和映色。光能传递提供场景中灯光的物理性质精确建模。

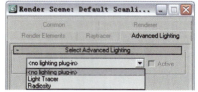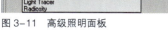

图 3-11　高级照明面板

70

Light Tracer（光跟踪器）为明亮场景（比如室外场景）提供柔和边缘的阴影和映色，效果见图 3-12。

与光能传递不同，光跟踪器并不试图创建物理上精确的模型，而且可以方便地对其进行设置，参数卷展栏见图 3-13。

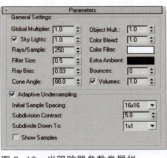

图 3-12　光跟踪器效果　　　　图 3-13　光跟踪器参数卷展栏

Radiosity（光能传递）是一种渲染技术，它可以真实地模拟灯光在环境中相互作用的方式，效果见图 3-14。

3ds Max 的光能传递技术在场景中生成更精确的照明光度学模拟。像间接照明、柔和阴影和曲面间的映色等效果可以生成自然逼真的图像，而这样真实的图像是无法用标准扫描线渲染得到的，参数卷展栏见图 3-15。

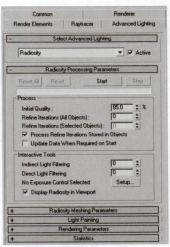

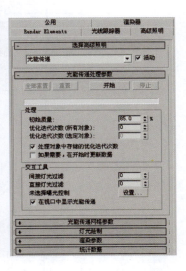

图 3-14　光能传递效果　　　　图 3-15　光能传递参数卷展栏

通过与光能传递技术相结合，3ds Max 也提供了真实世界的照明接口。灯光强度不指定为任意值，而是使用光度学单位（流明、坎迪拉等）来指定。通过使用真实世界的照明接口，可以直观地在场景中设置照明。可以将更多注意力集中在设计浏览上，而不是精确显示图像需要的计算机图形技术。

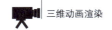

第三节　mental ray 渲染器

来自 mental images 的 mental ray 渲染器是一种通用渲染器，它可以生成灯光效果的物理校正模拟，包括光线跟踪反射和折射、焦散和全局照明。

在指定渲染器卷展栏可以指定 mental ray 渲染器，选择渲染器产品级的 ... 按钮，在弹出的"选择渲染器"对话框中指定选择 mental ray 渲染器，见图 3-16。

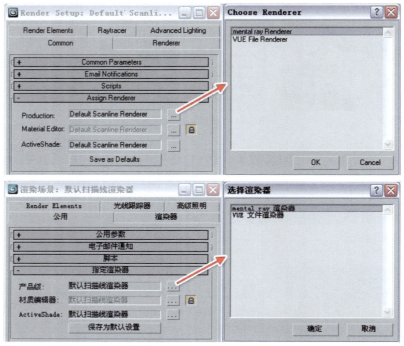

图 3-16　选择 mental ray 渲染器

一、采样质量卷展栏

Sampling Quality（采样质量）卷展栏中的控制影响 mental ray 渲染器如何执行采样，见图 3-17。

采样是一种抗锯齿技术，可以为每种渲染像素提供最有可能的颜色，直接控制渲染输出的质量，见图 3-18。

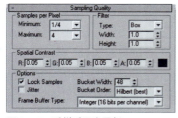
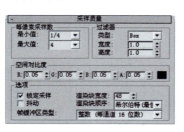

图 3-17　采样质量卷展栏

图 3-18　采样效果

二、渲染算法卷展栏

Rendering Algorithms（渲染算法）卷展栏上的控制用于选择是使用光线跟踪进行渲染，还是使用扫描线渲染进行渲染，或两者都使用，也可以选择用来加速光线跟踪的方法，跟踪深度控制限制每条光线被反射、折射或两者方式处理的次数，见图 3-19。

图 3-19　渲染算法卷展栏

三、摄影机效果卷展栏

Camera Effects（摄影机效果）卷展栏中的控件用来控制摄影效果，使用 mental ray 渲染器设置景深和运动模糊，以及轮廓着色并添加摄影机明暗器，见图 3-20。

四、阴影和置换卷展栏

Shadow & Displacement（阴影和置换）卷展栏上的控制影响光线跟踪生成阴影和位移着色与标准材质的位移贴图置换，见图 3-21。

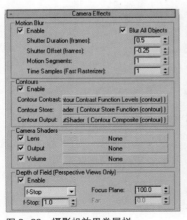

图 3-20　摄影机效果卷展栏　　　　　　　　　　　　　　图 3-21　阴影和置换卷展栏

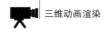

五、焦散和全局照明卷展栏

Caustice and Global Illumination（焦散和全局照明）卷展栏用来控制其他对象反射或折射之后投射在对象上所产生的焦散效果和全局照明，见图 3-22。

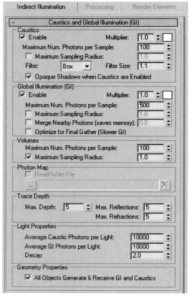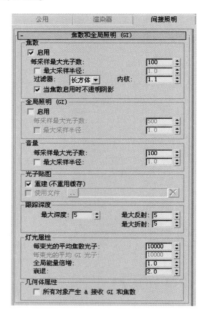

图 3-22　焦散和全局照明卷展栏

六、最终聚集卷展栏

Final Gather（最终聚集）卷展栏用来控制其他对象反射或折射之后投射在对象上所产生的焦散效果和全局照明，见图 3-23。

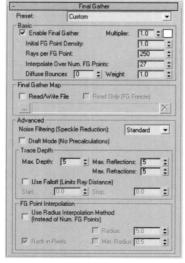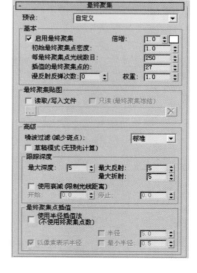

图 3-23　最终聚集卷展栏

七、转换器选项卷展栏

Translator Options（转换器选项）卷展栏主要设置将影响 mental ray 渲染器的常规操作，也控制 mental ray 转换器，此转换器可以保存到 .mi 文件中，见图 3-24。

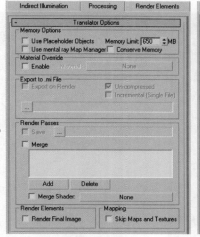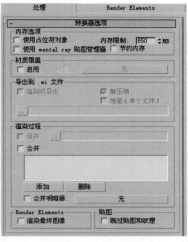

图 3-24　转换器选项卷展栏

八、诊断卷展栏

Diagnostice（诊断）卷展栏上的工具有助于了解 mental ray 渲染器以某种方式行为的原因，尤其是采样率工具有助于解释渲染器的性能。这些工具中的每一个工具都生成一个渲染器，该渲染器不是产生真实感的照片级别图像，而是生成一种功能性图解表示的渲染结果以供分析，见图 3-25。

九、分布式块状渲染卷展栏

Distributed Render（分布式块状渲染）卷展栏用于设置和管理分布式渲染块渲染。采用分布式渲染，多个联网的系统都可以在 mental ray 渲染时运行。当渲染块可用时将指定给系统，见图 3-26。

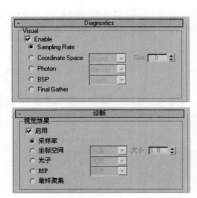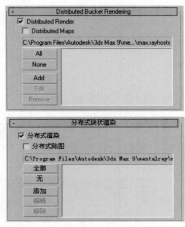

图 3-25　诊断卷展栏　　　　　　图 3-26　分布式块状渲染卷展栏

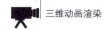

十、对象属性对话框

在选择的对象上单击鼠标右键，在弹出的四元菜单中选择属性，其中 mental ray 面板的参数主要控制焦散的发出和接受，以及全局光的发出和接受，见图 3-27。

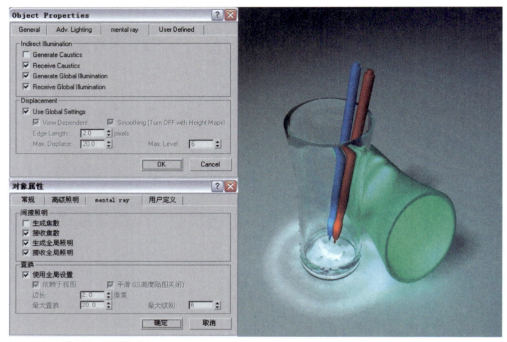

图 3-27　对象属性对话框及效果

第四节　VUE 文件渲染器

VUE 文件渲染器可以创建 .vue 文件，可编辑 ASCII 格式。VUE 文件包含要渲染的帧的序列。每帧都是用命令序列描述的，它以"帧"命令开头，并以视图命令结尾。前者用于指定帧号，后者用于指定要渲染的视图。在这两个命令之间，可能还存在着任意数目的"变换"、"灯光"和"聚光灯"命令。

一、VUE 文件渲染器界面

VUE 文件渲染器的界面相对简单，只提供了浏览文件和文件名项目。单击 ![按钮]（浏览）按钮可打开文件选择器对话框，然后指定要创建 VUE 文件的名称，见图 3-28。

图 3-28　VUE 文件渲染器界面

二、VUE 文件命令

VUE 文件对命令输入要求非常严格，正确的设置 VUE 文件将写入到磁盘中，会显示出渲染帧窗口，但不显示渲染图像。

VUE 文件命令如下所述：

- frame <n>
- transform <对象名称><变换矩阵>
- light <灯光名称> <x> <y> <z> <r> <g> <b>
- spotlight <灯光名称> <x> <y> <z> <tox> <toy> <toz> <r> <g> <b> <聚光角度><衰减角度><阴影标记>
- top <x> <y> <z> <宽度>
- bottom <x> <y> <z> <宽度>
- left <x> <y> <z> <宽度>
- right <x> <y> <z> <宽度>
- front <x> <y> <z> <宽度>
- back <x> <y> <z> <宽度>
- user <x> <y> <z> <水平><竖直><翻转><宽度>
- camera <x> <y> <z> <tox> <toy> <toz> <翻转><焦点>

第五节　VRay 渲染器

VRay 渲染器是第三方开发的插件系统，需要独立安装并开启后才会有 VRay 的相应材质、灯光、附件和渲染设置。在渲染菜单中打开渲染场景对话框，然后在 Assign Renderer（指定渲染器）卷展栏中添加产品级别的 VRay 渲染器。

一、授权卷展栏

V-Ray Authorization（授权）卷展栏中主要显示注册信息、计算机名称、地址等信息内容，还可以设置 License Server（许可证服务器）的支持服务和 License settings file（许可证文件设置）路径位置，见图 3-29。

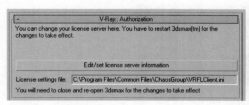

图 3-29　授权卷展栏

二、关于 VRay 卷展栏

About VRay（关于 VRay）卷展栏中可以查看 VRay 的 Logo、公司、网址和版本信息内容，没

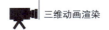

有实际的操作和具体作用，见图 3-30。

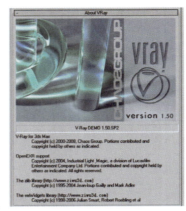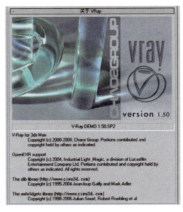

图 3-30 关于 VRay 卷展栏

三、帧缓冲器卷展栏

V-Ray Frame buffer（帧缓冲器）卷展栏用于设置使用 VRay 自身的图像帧序列窗口，设置输出尺寸并包含对图像文件进行存储等内容，见图 3-31。

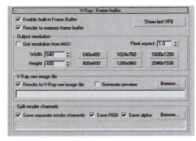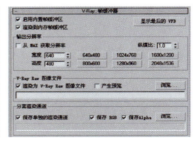

图 3-31 帧缓冲器卷展栏

勾选 Enable built-in Frame Buffer（启用内置帧缓冲器）将使用渲染器内置的帧缓冲器。当然，3ds Max 自身的帧缓冲器仍然存在，也可以被创建。不过，在这个选项勾选后，VRay 渲染器不会渲染任何数据到 3ds Max 自身的帧缓冲器窗口。为了防止过分占用系统内存，VRay 推荐把 3ds Max 的自身分辨率设为一个比较小的值，并且关闭虚拟帧缓冲器，见图 3-32。

图 3-32 使用帧缓冲器渲染效果

四、全局开关卷展栏

V-Ray Global switches（全局开关）卷展栏是 VRay 对几何体、灯光、间接照明、材质、光线跟踪的全局设置，比如对什么样的灯光进行渲染、间接照明的表现方式、材质反射 / 折射和纹理反射等调节，还可以对光线跟踪的偏移方式进行全局的设置管理，见图 3-33。

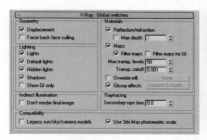 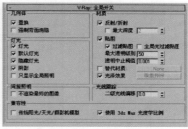

图 3-33　全局开关卷展栏

五、图像采样器卷展栏

V-Ray Image sampler（图像采样器）卷展栏主要负责图像的精确程度，使用不同的采样器会得到不同的图像质量，对纹理贴图使用系统内置的过滤器，可以进行抗锯齿处理，见图 3-34。

 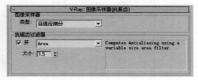

图 3-34　图像采样器卷展栏

六、自适应细分图像采样器卷展栏

V-Ray Adaptive subdivision image sampler（自适应细分图像采样器）卷展栏主要控制 VRay 渲染时细分图像的采样设置，见图 3-35。

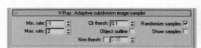 

图 3-35　自适应细分图像采样器卷展栏

七、环境卷展栏

V-Ray Environment（环境）卷展栏主要用来模拟周围的环境，比如天空效果和室外场景，其中可以开启全局照明环境（天光）覆盖、反射 / 折射环境覆盖、折射环境覆盖，见图 3-36。

图 3-36　环境卷展栏

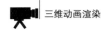

三维动画渲染

八、色彩映射卷展栏

V-Ray Color mapping（色彩映射）卷展栏通常被用于最终图像的色彩转换，其中的类型中提供了 Linear multiply（线性倍增）、Exponential（指数倍增）、HSV exponential（HSV 指数）、Gamma-correction（色彩贴图）等类型，见图 3-37。

图 3-37　色彩映射卷展栏

九、摄影机卷展栏

V-Ray Camera（摄影机）卷展栏主要控制将三维场景映射成二维平面的方式，在映射同时对景深效果和运动模糊效果的指定和调节，见图 3-38。

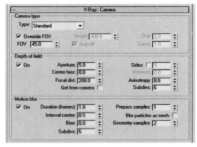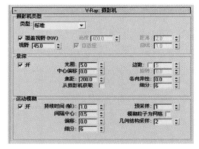

图 3-38　摄影机卷展栏

十、间接照明卷展栏

V-Ray Indirect illumination（间接照明）卷展栏主要控制是否使用全局光照，全局光照渲染引擎使用什么样的搭配方式，以及对间接照明强度的全局控制。此外，还可以对饱和度、对比度进行简单交接，见图 3-39。

图 3-39　间接照明卷展栏

十一、发光贴图卷展栏

V-Ray Irradiance map（发光贴图）卷展栏可以进行细致调节，比如品质的设置、基础参数的调节、普通选项、高级选项、渲染模式等内容的管理。既是 VRay 的默认渲染引擎，也是 VRay 中最好的间接照明渲染引擎，见图 3-40。

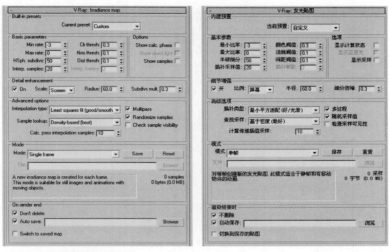

图 3-40　发光贴图卷展栏

十二、强力全局照明卷展栏

V-Ray Brute force GI（强力全局照明）卷展栏是 VRay 的第三个间接照明系统，其中的参数主要用来调节渲染图像的细分程度及反弹次数，见图 3-41。

图 3-41　强力全局照明卷展栏

十三、焦散卷展栏

V-Ray Caustics（焦散）卷展栏主要用来调节产生焦散的参数，调节方式非常简单，计算速度也非常迅速，见图 3-42。

图 3-42　焦散卷展栏

十四、DMC 采样器卷展栏

V-Ray DMC Sampler（DMC 采样器）卷展栏主要用来设置关于光线的多重采样追踪计算，对模糊反射、面光源、景深等效果的计算精度和速度进行调节，也可以对全局细分进行倍增处理，见图 3-43。

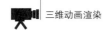

图 3-43　DMC 采样器卷展栏

十五、默认置换卷展栏

V-Ray Default displacement（默认置换）卷展栏主要针对在材质指定了置换贴图的物体上进行细致三角面置换处理，其置换方式仅在渲染时进行置换，比 3ds Max 的置换修改命令节省系统资源，见图 3-44。

图 3-44　默认置换卷展栏

十六、系统卷展栏

V-Ray System（系统）卷展栏是对 VRay 渲染器的全局控制,包括光线计算参数、渲染区域设置、分布式渲染、对象属性、灯光设置、内存使用、场景检测、水印使用等内容，见图 3-45。

 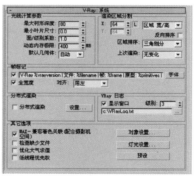

图 3-45　系统卷展栏

本章小结

本章讲解了 4 种三维渲染器、近 30 种卷展栏的功能和设置方法：包括扫描线渲染器的公用参数卷展栏、电子邮件通知卷展栏、脚本卷展栏、指定渲染器卷展栏、渲染器面板和高级照明面板；mental ray 渲染器的采样质量卷展栏、渲染算法卷展栏、摄影机效果卷展栏、阴影和置换卷展栏、焦散和全局照明卷展栏、最终聚集卷展栏、转换器选项卷展栏、诊断卷展栏、分布式块状渲染卷展栏、对象属性对话框；VUE 文件渲染器的界面和命令；VRay 渲染器的授权卷展栏、关于 VRay 卷展栏、帧缓冲器卷展栏、全局开关卷展栏、图像采样器卷展栏、自适应细分图像采样器卷展栏、环境卷展栏、色彩映射卷展栏、摄影机卷展栏、间接照明卷展栏、发光贴图卷展栏、强力全局照明卷展栏、焦散卷展栏、DMC 采样器卷展栏、默认置换卷展栏、系统卷展栏的设置。尽快熟悉和掌握它们的功能和设置方法，为实际创作打下基础。

本章作业

一、简答题

1. 如何切换 3ds Max 的渲染器？
2. 如何设置三维动画影片的渲染输出范围？
3. mental ray 渲染的参数设置有哪些？
4. VRay 渲染的参数设置有哪些？

二、填空题

1. 3ds Max 默认附带三种渲染器，分别是_____、_____和_____。
2. 渲染的_____中的预设提供了标准的电影和视频分辨率以及纵横比。
3. 渲染器的高级照明中提供了_____和_____两种渲染技术。

三、练习与实训

项目编号	实训名称	实训页码
实训 3-1	设置灯光《沙发椅》	见《动画渲染实训》P27
实训 3-2	设置 MR 渲染器《光子聚焦杯》	见《动画渲染实训》P31
实训 3-3	设置 HDR 渲染《翻斗车》	见《动画渲染实训》P35

*详细内容与要求请看配套练习册《动画渲染实训》。

4

动画角色渲染技法

关键知识点

- ● 动画角色渲染方法
- ● 动画角色渲染流程
- ● Unwrap UVW 命令
- ● 低多边模型制作

内容提要

本章由 5 节组成。主要讲解 3ds Max 角色渲染技法，配合《厨房苍蝇》《卡通鼠》和《变异生物》实际范例的渲染，细致讲解动画角色渲染的原则、流程、方法和实施步骤。最后是本章小结和本章作业。

本章教学环境：多媒体教室、软件平台 3ds Max
本章学时建议：32 学时（含 18 学时实践）

第一节　艺术指导原则

　　角色不只限于人物和动物，如果为石块、树木、汽车等赋予拟人化动作，拍出来的动画电影同样生动。一个设计精美并独特的动画角色形象不但给人们带来无尽的愉悦，还可能创造数以亿计的财富！哆啦A梦、史努比、瑞星的小狮子、蓝猫等一大批卡通形象就是成功的范例。

　　每个人都有自己喜欢的动画角色形象，例如机器猫、樱桃小丸子、蜘蛛侠、孙悟空等。通过欣赏、分析世界优秀的角色形象，了解角色形象的基本渲染方法，学习运用夸张、变形、幽默的设计手段，尝试临摹或创作一个自己喜欢的角色形象，见图4-1。

图4-1　动画角色形象设计范例

第二节　动画角色渲染技法

一、贴图绘制

　　三维软件模拟物体真实的效果主要靠材质来表现，而材质中有很多通道来储存纹理，这里的纹理就是贴图。一般有颜色通道、透明通道、凹凸通道、高光通道、反射通道和折射通道等，而法线只是运用到凹凸通道里的一种贴图，一个物体要模拟出真实效果，通道的组合越真实就会越好。

　　模型贴图步骤：先将模型在非透视图中显示，通过抓图或线框方式将三维模型输出，然后在Photoshop等平面设计软件中按照模型的结构和线框位置绘制平面贴图，最后再将平面贴图赋予给三维模型，完成弥补角色模型的效果，见图4-2。

　　局部模型贴图的方式是在建立模型时将每一元素单独制作，然后将单独的每一元素按照平面、柱体、球体、立方体等UVW贴图坐标进行处理，再为每一元素单独赋予局部贴图，见图4-3。

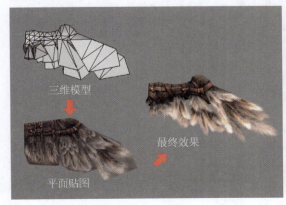

图4-2　模型贴图过程

图4-3　局部模型贴图过程

二、角色模型 UV

编辑模型的 UV 是很费功夫和精力的，但却十分重要。编辑的 UV 效果不理想的话，材质附到模型上就容易出现不平均分布的现象。编辑模型的 UV 时先把所有点平铺开，然后再把与模型面所对应的 UV 点进行调整，编辑到与贴图的位置满意为止。

通过将贴图坐标应用于对象，UVW Maps（贴图坐标）修改器是用于控制在对象曲面上如何显示贴图材质和程序材质，指定如何将位图投影到对象上。UVW 坐标系与 XYZ 坐标系相似，位图的 U 轴和 V 轴对应于 X 轴和 Y 轴，对应于 Z 轴的 W 轴一般仅用于程序贴图。可在材质编辑器中将位图坐标系切换到 VW 或 WU，见图 4-4。

Unwrap UVW（展开坐标）的功能可使在多个对象间贴图变得更加简单。只需进行选择，然后应用展开坐标命令即可。在打开编辑器时，可以看到所有包含修改器的选定对象的贴图坐标，编辑器会显示每个对象的线框颜色，这样就可以区分不同的对象，见图 4-5。

编辑 UVW 对话框中可以显示 UVW 面和 UVW 顶点组成的晶格，每个 UVW 面有三个或多个顶点，与网格中的面相对应。视图窗口中显示栅格上叠加的贴图和空间中的 UVW，与显示在图像空间中一样，即较粗的栅格线显示纹理贴图边界。在该窗口中，通过选择晶格顶点、边或面可操纵相对于贴图的 UVW 坐标并进行变换，见图 4-6。

图 4-4　应用 UVW 贴图坐标

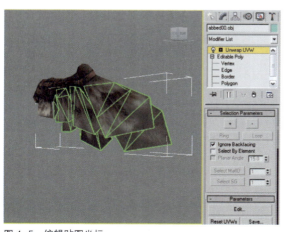

图 4-5　编辑贴图坐标

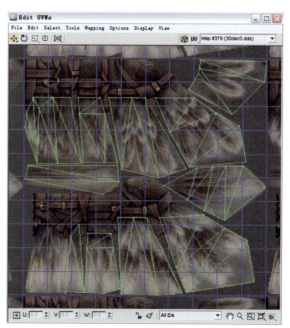

图 4-6　编辑 UVW 对话框

第三节 范例制作 4-1 渲染动画角色《厨房苍蝇》

一、范例简介

本例讲解如何利用灯光、材质和渲染器对动画角色《厨房苍蝇》模型进行渲染的流程、方法和实施步骤。范例制作中所需素材，位于本书配套光盘中的"范例文件 /4-1 厨房苍蝇"文件夹中。

二、范例预览

打开本书配套光盘中的范例文件 /4-1 厨房苍蝇 /4-1 厨房苍蝇 .JPG 文件。通过观看渲染效果图了解本节要讲的大致内容，见图 4-7。

图 4-7 渲染动画角色《厨房苍蝇》预览效果

三、渲染流程（步骤）及技巧分析

本例主要使用几何体进行堆砌组合，将厨房苍蝇模型逐渐完善，通过灯光、材质和渲染器的设置，重点突出了场景苍蝇真实的造型特点。渲染分为 6 部分：第 1 部分为制作场景模型；第 2 部分为控制摄影机取景；第 3 部分为调节场景灯光；第 4 部分为调节场景材质；第 5 部分为设置渲染器参数；第 6 部分为图像后期修饰。见图 4-8。

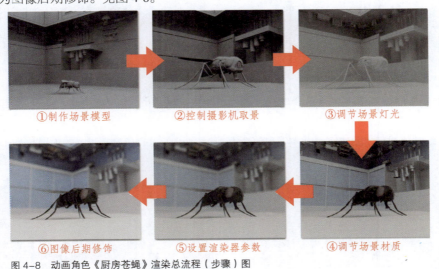

①制作场景模型 ②控制摄影机取景 ③调节场景灯光

⑥图像后期修饰 ⑤设置渲染器参数 ④调节场景材质

图 4-8 动画角色《厨房苍蝇》渲染总流程（步骤）图

四、具体操作

总流程 1 制作场景模型

渲染动画角色《厨房苍蝇》第一个流程（步骤）是制作场景模型，制作又分为 3 个流程：①搭建厨房场景模型、②搭建苍蝇模型、③厨房与苍蝇模型组合，见图 4-9。

①搭建厨房场景模型　②搭建苍蝇模型　③厨房与苍蝇模型组合

图4-9　制作场景模型流程图（总流程1）

步骤1　打开 Autodesk 3ds Max 软件，在 ◢（创建）面板 ◢（几何体）中选择标准基本体的 Box （长方体）命令，在场景中建立长方体模型，然后使用编辑多边形命令编辑产生厨房场景的四面墙壁模型效果，见图4-10。

步骤2　继续在 ◢（创建）面板 ◢（几何体）中选择标准基本体，结合编辑多边形命令，编辑产生厨房内的厨柜模型效果，见图4-11。

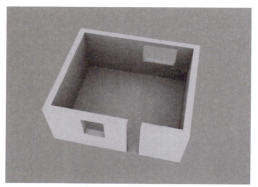

图4-10　建立场景模型

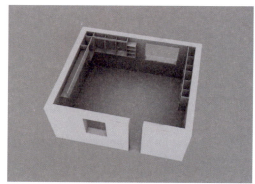

图4-11　添加厨柜模型

步骤3　再使用标准基本体并结合编辑多边形命令，编辑产生厨房内的灶台与餐桌模型效果，见图4-12。

步骤4　继续使用标准基本体和编辑多边形命令，编辑产生厨房内的厨具模型，完成最终的场景模型，见图4-13。

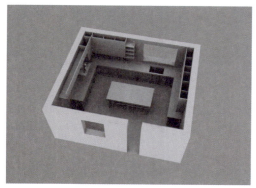

图4-12　添加灶台与餐桌模型

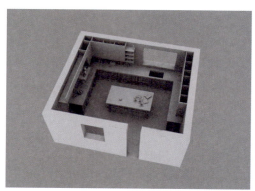

图4-13　最终场景模型效果

步骤5 在 🔧（创建）面板 ⊙（几何体）中选择标准基本体，然后结合编辑多边形命令，编辑产生苍蝇头部模型效果，见图4-14。

步骤6 继续在 🔧（创建）面板 ⊙（几何体）中选择标准基本体，然后结合编辑多边形命令，编辑产生苍蝇身体模型效果，见图4-15。

步骤7 在 🔧（创建）面板 ⊙（几何体）中选择标准基本体的 `Box`（长方体）命令，然后在场景中建立，再结合编辑多边形命令，编辑产生苍蝇翅膀模型效果，见图4-16。

图4-14 建立苍蝇头部模型

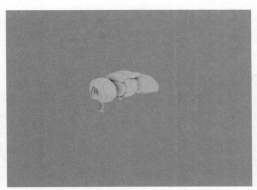

图4-15 建立苍蝇身体模型

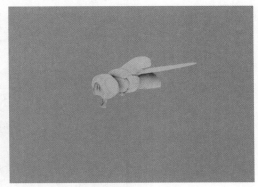

图4-16 建立苍蝇翅膀模型

步骤8 在场景中建立标准基本体的 `Box`（长方体），结合编辑多边形命令，编辑产生苍蝇腿部模型，完成最终苍蝇模型效果，见图4-17。

步骤9 调节"Perspective 透视图"角度，将编辑产生的苍蝇模型与场景模型进行合并，然后在主工具栏中选择 🔘 快速渲染按钮，渲染最终完成的厨房苍蝇场景模型效果，见图4-18。

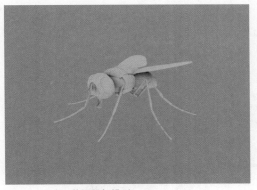

图4-17 建立苍蝇腿部模型

图4-18 最终厨房苍蝇模型效果

总流程2 控制摄影机取景

渲染动画角色《厨房苍蝇》第二个流程（步骤）是控制摄影机取景，制作又分为3个流程：①设置场景安全框、②建立并调节摄影机、③设置渲染区域，见图4-19。

①设置场景安全框　　②建立并调节摄影机　　③设置渲染区域

图4-19　控制摄影机取景流程图（总流程2）

步骤1　切换至"Perspective透视图"，在视图名称位置单击鼠标右键，在弹出菜单中选择Show Safe Frame（显示安全框）命令，在视图上显示安全框，以便更好地控制渲染区域，见图4-20。

> **贴心提示**
> 从视图创建摄影机可以直接使用快捷键"Ctrl+C"执行。

步骤2　在主菜单中选择【Views（视图）】→【Create Camera From View（从视图创建摄影机）】命令，创建摄影机并与当前视图的观察视角匹配，见图4-21。

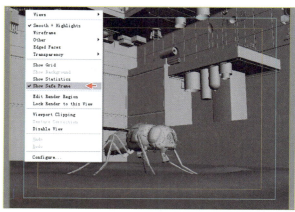

图4-20　显示安全框

图4-21　创建摄影机

步骤3　单击键盘上的"C"键进入摄影机视图，然后在（修改）面板中调节Lens（镜头）值为24，使视图产生更大的透视效果，见图4-22。

> **贴心提示**
> 摄影机的镜头设置对透视效果尤为突出，数值越小透视广角就越大，数值越大透视长焦则越小。

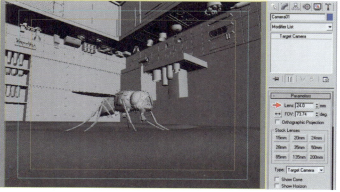

图4-22　调节透视效果

步骤 4 在主工具栏中选择 ![icon]（渲染设置）按钮，打开渲染场景对话框，在 Common Parameters（公用参数）卷展栏中设置 Output Size（输出大小）中的 Width（宽度）值为 600、Height（高度）值为 300，固定图像渲染时的尺寸，见图 4-23。

步骤 5 在主工具栏中选择 ![icon]（快速渲染）按钮，渲染厨房苍蝇的摄影机取景效果，见图 4-24。

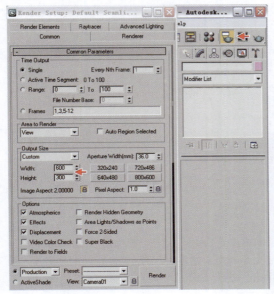

图 4-23 设置渲染尺寸

图 4-24 渲染摄影机取景效果

总流程 3 调节场景灯光

渲染动画角色《厨房苍蝇》第三个流程（步骤）是调节场景灯光，制作又分为 3 个流程：①设置场景主光源、②设置场景辅助光源、③设置渲染器照明，见图 4-25。

①设置场景主光源 ②设置场景辅助光源 ③设置渲染器照明

图 4-25 调节场景灯光流程图（总流程 3）

步骤 1 在 ![icon]（创建）面板 ![icon]（灯光）中选择 VRay 的 VRayLight （VRay 灯光）命令，然后在"Front 前视图"中建立灯光，制作场景中的主要光源，见图 4-26。

贴心提示

场景中的主要光源需考虑到受光面和阴影位置，主要是控制场景照明的方向。

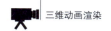三维动画渲染

贴心提示

Half-length（灯光长度）用于控制光源的 U 向尺寸。Half-width（灯光宽度）用于控制光源的 V 向尺寸。

步骤2 切换至"Perspective 透视图"，在 ✎（修改）面板中设置 Color（颜色）为蓝灰色、Multiplier（倍增器）值为 3.5、Half-length（灯光长度）值为 95、Half-width（灯光宽度）值为 40，然后再勾选 Invisible（不可见），设置主要光源的照射参数，见图 4-27。

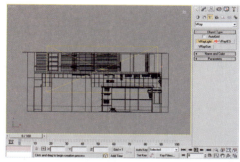

图 4-26　建立主光源

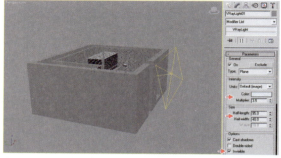

图 4-27　设置灯光参数

贴心提示

当 VRay 灯光为平面光源时，Double-sided（双面）选项控制光线是否从面光源的两个面发射出来。

步骤3 在 ➘（创建）面板 ✦（灯光）中选择 VRay 的 `VRayLight`（VRay 灯光）命令，然后在 "Top 顶视图" 中建立灯光，制作场景中的辅助光源，见图 4-28。

步骤4 在 ✎（修改）面板中设置 Color（颜色）为浅黄色、Multiplier（倍增器）值为 3.5、Half-length（灯光长度）值为 98、Half-width（灯光宽度）值为 85，然后再勾选 Double-sided（双面）与 Invisible（不可见），见图 4-29。

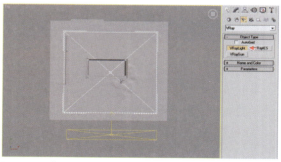

图 4-28　建立辅助光源

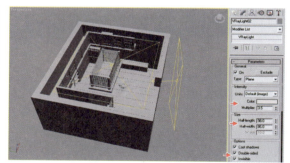

图 4-29　设置灯光参数

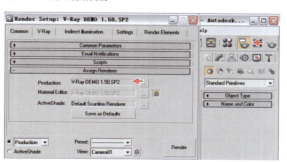

图 4-30　设置渲染器

步骤5 在主工具栏中选择 ☜（渲染设置）按钮，打开渲染场景对话框，然后在 Assign Renderer（指定渲染器）卷展栏中，将 Production（产品级别）设置为 VRay 渲染器，见图 4-30。

步骤6 展开 V-Ray Global switches（全局开关）卷展栏，取消 Default lights（默认灯光）项目将场景灯光关闭，然后为 Override mtl（材质覆盖）赋予 VRayMtl（VRay 材质），见图 4-31。

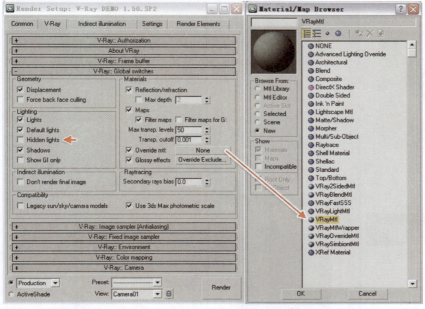

图 4-31　调节渲染器

步骤7　在主工具栏中单击 按钮，然后使用鼠标左键将 Override mtl（材质覆盖）的材质拖拽到材质球上，在弹出的对话框中以 Instance（实例）方式复制，见图 4-32。

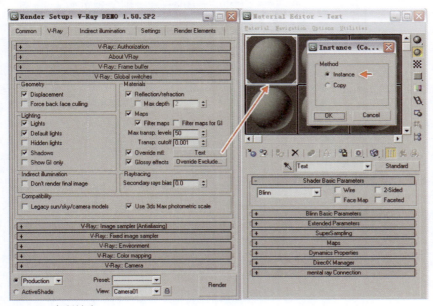

图 4-32　复制材质

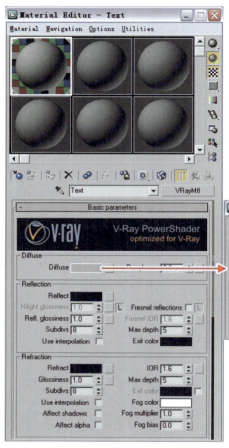

图 4-33 设置漫反射颜色

步骤 8 展开 VRayMtl（VRay 材质）的材质参数，在 Basic parameters（基本参数）卷展栏设置 Diffuse（漫反射）颜色的 Red（红色）、Green（绿色）与 Blue（蓝色）的值均为 180，调节出材质球的漫反射颜色，见图 4-33。

步骤 9 再展开渲染设置中的 Image sampler（图像采样器）卷展栏，设置 Image sampler（图像采样器）的 Type（类型）为 Fixed（固定）、Antialiasing（抗锯齿）为 Area（区域），然后展开 Fixed image sampler（固定比图像采样器）卷展栏，设置 Subdivs（细分）值为 2，再展开 Color mapping（颜色贴图）卷展栏，设置 Type（类型）为 Reinhard（混合）、Burn value（灯纯度）值为 0.35，见图 4-34。

图 4-34 设置渲染器

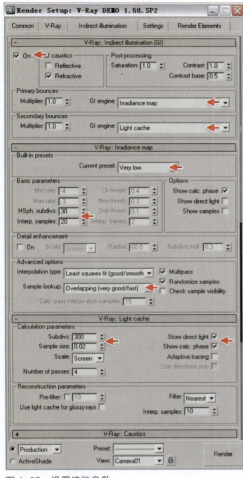

图 4-35　设置渲染参数

步骤 10　继续在渲染器中设置 Indirect illumination（间接照明）、Irradiance map（发光贴图渲染引擎）和 Light cache（灯光缓存）的属性，使渲染器在渲染时产生更好的照明效果，见图 4-35。

步骤 11　在主工具栏中选择 👁（快速渲染）按钮，渲染厨房苍蝇的灯光效果，见图 4-36。

贴心提示

Indirect illumination（间接照明）卷展栏主要控制是否使用全局光照，全局光照渲染引擎使用什么样的搭配方式，以及对间接照明强度的全局控制。此外还可以对饱和度、对比度进行简单控制。

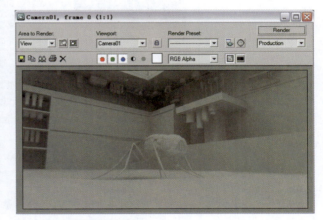

图 4-36　渲染场景灯光效果

总流程 4　调节场景材质

渲染动画角色《厨房苍蝇》第四个流程（步骤）是调节场景材质，制作又分为 3 个流程：①设置厨房基础材质、②设置厨房辅助材质、③设置苍蝇材质，见图 4-37。

①设置厨房基础材质　　②设置厨房辅勋材质　　③设置苍蝇材质

图 4-37　调节场景材质流程图（总流程 4）

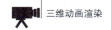 三维动画渲染

步骤1 在主工具栏中单击 🎨（材质编辑器）按钮，弹出材质编辑器对话框，单击 Standard （标准）按钮，然后在弹出的材质类型对话框中选择 VRayMtl（VRay 材质）类型，制作墙壁的材质，见图 4-38。

步骤2 更改材质类型后展开 Basic parameters（基本参数）卷展栏，然后设置 Diffuse（漫反射）颜色为白色，制作场景中的白色墙壁材质，见图 4-39。

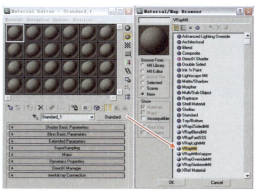

图 4-38　选择材质类型

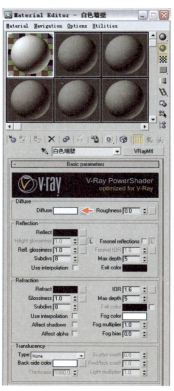

图 4-39　设置墙壁材质

贴心提示

在设置橱柜材质时，要按照真实世界中的物体颜色设置，不可随意分配颜色，造成缺乏真实感的三维效果。

贴心提示

VRay Mtl Wrapper（包裹材质）类型主要控制材质的全局光照、焦散和不可见等特殊内容。其中材质实际上是对系统卷展栏中物体属性的演变材质，不同的是物体属性中是单独对某物体的全局光照、焦散和不可见的控制，而包裹材质是对使用这种材质的所有物体进行全局光照、焦散和不可见控制。

步骤3 选择另一个材质球并将类型更改为 VRayMtl（VRay 材质）类型，设置 Diffuse（漫反射）颜色为白色、Reflect（反射）颜色为深灰色、Refl glossiness（反射光泽度）值为 0.75，制作白色橱柜材质效果，见图 4-40。

步骤4 选择新的材质球并将类型更改为 VRayMtl（VRay 材质）类型，设置 Diffuse（漫反射）颜色为蓝色、Reflect（反射）颜色为深灰色、Refl glossiness（反射光泽度）值为 0.85，制作蓝色橱柜材质效果，见图 4-41。

步骤5 重新选择材质球并将类型更改为 VRayMtl（VRay 材质）类型，设置 Diffuse（漫反射）颜色为深灰色、Reflect（反射）颜色为灰色、Refl glossiness（反射光泽度）值为 0.85，制作场景中的金属材质效果，见图 4-42。

步骤6 在主工具栏中选择 🎨（快速渲染）按钮，渲染厨房的材质效果，见图 4-43。

步骤7 选择材质球并更改类型为 VrayMtlWrapper（包裹材质）类型，然后为 Base material（基础材质）赋予 VRayMtl（VRay 材质）类型，再设置 Generate GI（产生 GI）与 Receive GI（收到 GI）值为 0.8，再展开 VRayMtl（VRay 材质）调节参数，设置 Basic parameters（基本参数）卷展栏下的属性，制作场景中的玻璃杯材质，见图 4-44。

96

步骤8 选择材质球并更改类型为VRayMtl（VRay材质），设置Diffuse（漫反射）颜色为深灰色、Reflect（反射）颜色为灰色、Refl glossiness（反射光泽度）值为0.8、Subdivs（细分）值为9，制作场景中打磨金属材质，见图4-45。

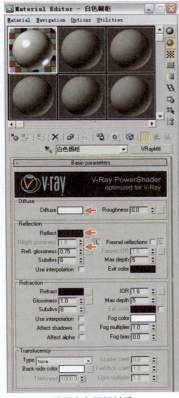
图 4-40 设置白色橱柜材质

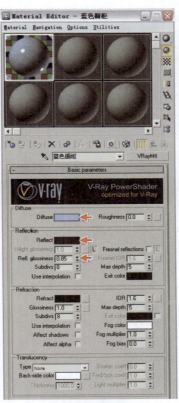
图 4-41 设置蓝色橱柜材质

图 4-42 设置金属材质

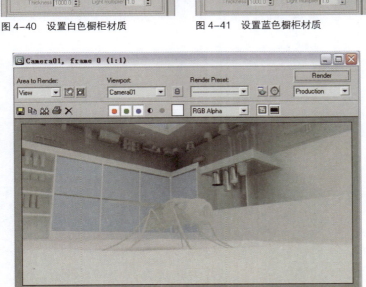
图 4-43 渲染材质效果

贴心提示

Subdivs（细分）用于控制模糊反射的品质，较高的取值范围可以得到较平滑的效果。

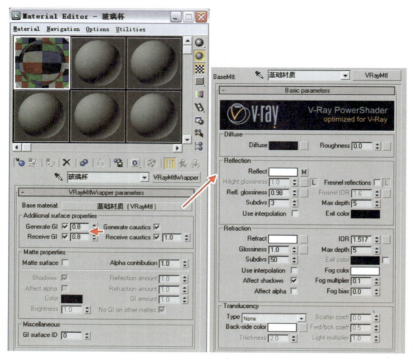

图 4-44　设置玻璃材质

图 4-45　设置打磨金属材质

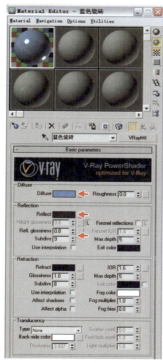

图 4-46　设置蓝色瓷砖材质

步骤 9　选择材质球并更改类型为 VRayMtl（VRay 材质），设置 Diffuse（漫反射）颜色为蓝色、Reflect（反射）颜色为深灰色、Refl glossiness（反射光泽度）值为 0.8、Subdivs（细分）值为 9，制作场景中蓝色瓷砖材质，见图 4-46。

步骤 10　在主工具栏中选择 （快速渲染）按钮，渲染制作完成的材质效果，见图 4-47。

图 4-47　渲染材质效果

步骤 11　在材质编辑器对话框中选择材质球，并更改类型为 VRayMtl（VRay 材质）类型，设置 Diffuse（漫反射）颜色为深灰色、Reflect（反射）颜色为灰色、Refl glossiness（反射光泽度）值为 0.9、Subdivs（细分）值为 7，制作厨具金属材质，见图 4-48。

步骤 12　选择另一个材质球并更改类型为 VRayMtl（VRay 材质）类型，设置 Diffuse（漫反射）颜色为深灰色、Reflect（反射）颜色为灰色、Refl glossiness（反射光泽度）值为 0.82、Subdivs（细分）值为 10，制作厨房台面金属材质，见图 4-49。

步骤 13　选择新的材质球并更改类型为 VRayMtl（VRay 材质）类型，设置 Diffuse（漫反射）颜色为黑色、Reflect（反射）颜色为深灰色、Refl glossiness（反射光泽度）值为 0.85、Subdivs（细分）值为 5，制作厨房台面边缘塑料材质，见图 4-50。

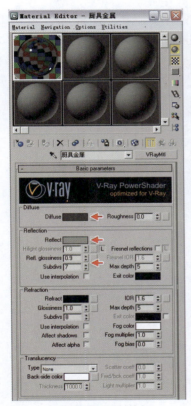 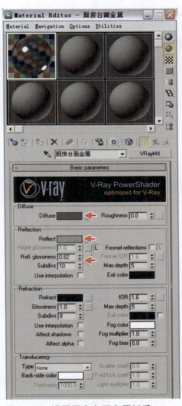 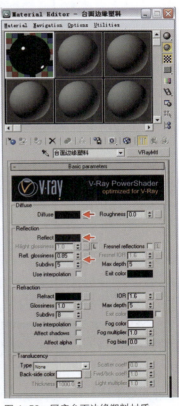

图 4-48　设置厨具金属材质　　　　图 4-49　设置厨房台面金属材质　　　　图 4-50　厨房台面边缘塑料材质

步骤 14　在主工具栏中选择 ⊙（快速渲染）按钮，渲染制作完成的材质效果，见图 4-51。

步骤 15　在材质编辑器对话框中选择新的材质球，并更改类型为 VRayMtl（VRay 材质）类型，为 Diffuse（漫反射）赋予本书配套光盘中的"木板 .JPG"贴图，然后设置 Reflect（反射）颜色为深灰色、Refl glossiness（反射光泽度）值为 1，制作场景中的菜板材质，见图 4-52。

步骤 16　选择新的材质球并更改类型为 VRayMtl（VRay 材质）类型，设置 Diffuse（漫反射）颜色为深灰色、Reflect（反射）颜色为灰色、Refl glossiness（反射光泽度）值为 0.85，再展开 BRDF（双向反射分布）卷展栏，设置 Anisotropy（各向异性）值为 0.75，制作场景中拉丝金属材质，见图 4-53。

三维动画渲染

贴心提示

设置金属材质中的
Reflect（反射）主要
调节反射色块的灰度
颜色，即可得到当前
材质的反射效果。

步骤 17 在主工具栏中选择 （快速渲染）按钮，渲染制作完成的材质效果，见图4-54。

图4-51　渲染材质效果

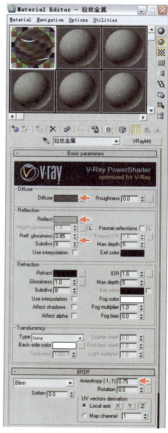

图4-53　设置拉丝金属材质

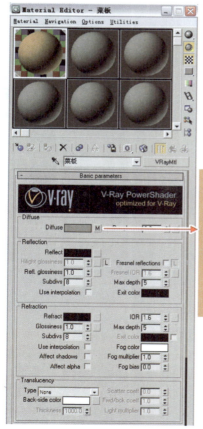

图4-52　设置菜板材质

图4-54　渲染材质效果

步骤 18 选择新的材质球并更改类型为 VRayMtl（VRay 材质）类型，设置 Diffuse（漫反射）颜色为红色、Reflect（反射）颜色为深灰色、Refl glossiness（反射光泽度）值为 0.85，制作场景中红色水杯材质，见图 4-55。

步骤 19 选择新的材质球并更改类型为 VRayMtl（VRay 材质）类型，设置 Diffuse（漫反射）颜色为白色、Reflect（反射）颜色为深灰色、Refl glossiness（反射光泽度）值为 0.8，制作场景中白色水杯材质，见图 4-56。

步骤 20 选择新的材质球并更改类型为 VRayMtl（VRay 材质）类型，设置 Diffuse（漫反射）颜色为黑色、Reflect（反射）颜色为深灰色、Hilight glossiness（高光光泽度）值为 0.7、Refl glossiness（反射光泽度）值为 0.8、Subdivs（细分）值为 4，制作场景中黑色塑料材质，见图 4-57。

贴心提示

Reflect（反射）主要调节反射色块的灰度颜色，即可得到当前材质的反射效果。

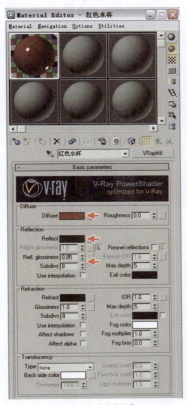 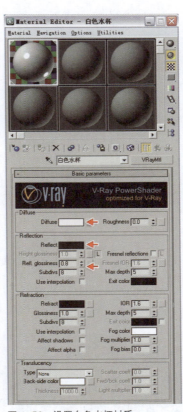 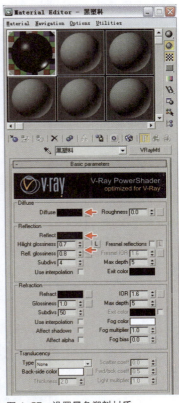

图 4-55　设置红色水杯材质　　图 4-56　设置白色水杯材质　　图 4-57　设置黑色塑料材质

步骤 21 选择新的材质球并更改类型为 VRayMtl（VRay 材质）类型，设置 Diffuse（漫反射）颜色为深灰色、Reflect（反射）颜色为灰色、Refl glossiness（反射光泽度）值为 0.9、Subdivs（细分）值为 7，制作厨房内的金属刀刃材质，见图 4-58。

步骤 22 选择新的材质球并更改类型为 VRayMtl（VRay 材质）类型，设置 Diffuse（漫反射）颜色为黑色、Reflect（反射）颜色为深灰色、Refl glossiness（反射光泽度）值为 0.7，制作场景中的刀把橡胶材质，见图 4-59。

贴心提示

Refl glossiness（反射光泽度）用于控制反射的光泽程度，数值越小光泽效果越为强烈。

 三维动画渲染

步骤 23 选择新的材质球并更改类型为 VRayMtl（VRay 材质）类型，设置 Diffuse（漫反射）颜色为蓝色、Reflect（反射）颜色为深灰色、Refl glossiness（反射光泽度）值为 0.75，制作厨房中的蓝色餐盒材质，见图 4-60。

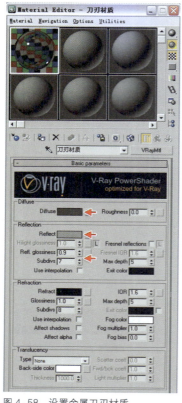
图 4-58 设置金属刀刃材质

图 4-59 设置刀把橡胶材质

图 4-60 设置蓝色餐盒材质

步骤 24 在主工具栏中选择 （快速渲染）按钮，渲染制作完成的厨房材质效果，见图 4-61。

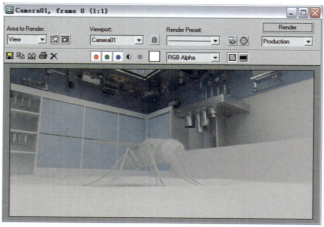
图 4-61 渲染厨房材质效果

步骤 25　选择新的材质球并更改类型为 VRayMtl（VRay 材质）类型，设置 Diffuse（漫反射）颜色为深棕色、Reflect（反射）颜色为深灰色、Refl glossiness（反射光泽度）值为 0.65、Subdivs（细分）值为 16，再设置 BRDF（双向反射分布）卷展栏中表面反射特性为 Ward（沃德）类型，然后展开 Maps（贴图）卷展栏，为 Bump（凹凸）与 Displace（置换）赋予本书配套光盘中的"杂点贴图 .jpg"，制作苍蝇眼睛模型材质，见图 4-62。

步骤 26　展开 Maps（贴图）卷展栏，为 Environment（环境）赋予 VRayHDRI（高动态范围贴图）纹理，为苍蝇眼睛材质增加环境纹理，见图 4-63。

> **贴心提示**
>
> Bump（凹凸）与 Displace（置换）项目会以贴图的黑白颜色进行模型处理，黑色的区域将产生凹陷效果，白色的区域将产生凸出效果。

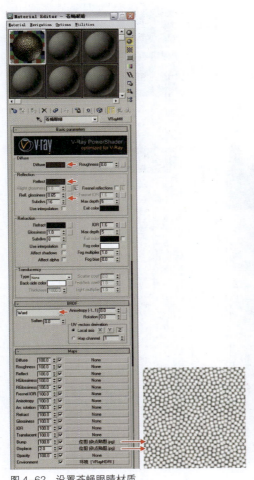

图 4-62　设置苍蝇眼睛材质

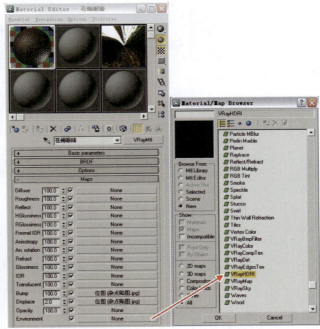

图 4-63　增加环境纹理

步骤 27　展开 VRayHDRI（高动态范围贴图）参数卷展栏，为 HDR map（HDR 贴图）赋予本书配套光盘中的"环境 .hdr"贴图，然后设置 Overall mult（倍增）值为 0.25，再勾选 Angular map（角度贴图）项目，调节苍蝇眼睛环境效果，见图 4-64。

> **贴心提示**
>
> Environment（环境）贴图可以产生模拟真实的效果影响，建议选择效果对比强烈的图像。

步骤28 在主工具栏中选择 （快速渲染）按钮，渲染制作完成的苍蝇眼睛材质，见图4-65。

步骤29 选择新的材质球并更改类型为VRayMtl（VRay材质）类型，设置Diffuse（漫反射）颜色为深灰色、Reflect（反射）颜色为深灰色、Refl glossiness（反射光泽度）值为0.99、Subdivs（细分）值为16，再设置BRDF（双向反射分布）卷展栏中表面反射特性为Ward（沃德）类型，制作苍蝇身体材质，见图4-66。

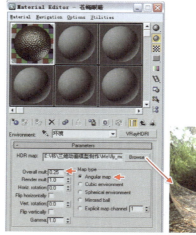

图4-64 调节苍蝇眼睛环境

图4-65 渲染苍蝇眼睛材质

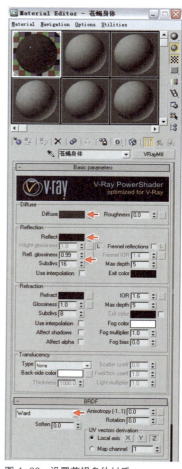

图4-66 设置苍蝇身体材质

步骤30 展开Maps（贴图）卷展栏，为Diffuse（漫反射）赋予Falloff（衰减）纹理，然后再为Falloff（衰减）纹理增加Noise（噪波）纹理，设置Falloff Type（衰减类型）为Fresnel（菲涅尔）类型、Index of Refraction（折射率）值为1.6，见图4-67。

步骤31 同样为Reflect（反射）赋予Falloff（衰减）纹理，然后设置Falloff Type（衰减类型）为Shadow/Light（阴影/灯光）类型，见图4-68。

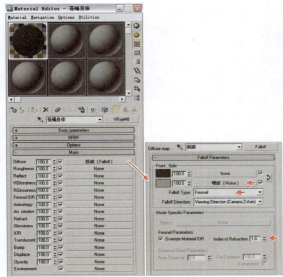
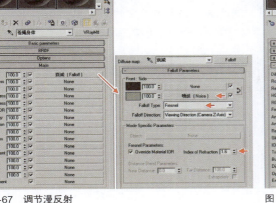

图 4-67　调节漫反射

图 4-68　调节反射

步骤 32　再为 Bump（凹凸）赋予 Falloff（衰减）纹理，然后为 Falloff Type（衰减类型）纹理增加 Noise（噪波）纹理，并对噪波纹理进行调节，产生苍蝇身体表面的凸凹效果，见图 4-69。

步骤 33　最后为 Environment（环境）赋予 VRayHDRI（高动态范围贴图）纹理并展开参数，为 HDR map（HDR 贴图）赋予本书配套光盘中的环境贴图，然后设置 Overall mult（倍增）值为 0.25，再勾选 Angular map（角度贴图）类型，制作完成苍蝇身体材质，见图 4-70。

> **贴心提示**
> 环境贴图中的 Overall mult（倍增）值可以控制图像的亮度。

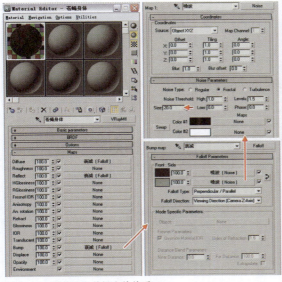

图 4-69　调节凹凸苍蝇身体体质

图 4-70　完成苍蝇身体材质

 三维动画渲染

贴心提示

Opacity（透明）贴图会根据图像的黑白颜色进行透明化处理，黑色区域为透明，白色区域为实体。

步骤 34 选择新的材质球并更改类型为 VRayMtl（VRay 材质）类型，设置 Reflection（反射）中的 Reflect（反射）颜色为深灰色、Refl glossiness（反射光泽度）值为 0.99、Subdivs（细分）值为 16，再设置 Refraction（折射）中的 Refract（折射）颜色为深灰色、Glossiness（光泽度）值为 0.99、Subdivs（细分）值为 16，然后展开 Maps（贴图）卷展栏，为 Diffuse（漫反射）与 Opacity（透明）赋予本书配套光盘中的"翅膀.bmp"贴图，再为 Environment（环境）赋予 VRayHDRI（高动态范围贴图）纹理，完成苍蝇翅膀材质制作，见图 4-71。

步骤 35 在主工具栏中选择 👁 （快速渲染）按钮，渲染最终完成的厨房苍蝇材质效果，见图 4-72。

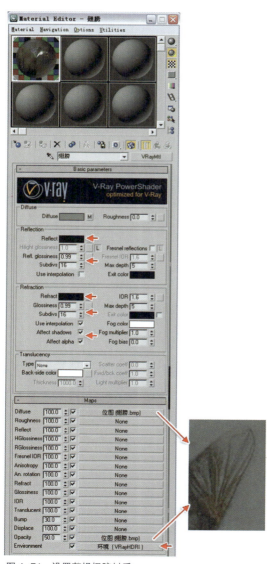

图 4-71 设置苍蝇翅膀材质

图 4-72 渲染最终苍蝇材质效果

总流程 5　设置渲染器参数

渲染动画角色《厨房苍蝇》第五个流程（步骤）是设置渲染器参数，制作又分为 3 个流程：①设置场景景深、②设置渲染器采样、③设置渲染器间接照明，见图 4-73。

①设置场景景深　　②设置渲染器采样　　③设置渲染器间接照明

图 4-73　设置渲染器参数流程图（总流程 5）

步骤 1　在主工具栏中选择📷（渲染设置）按钮，打开渲染场景对话框，展开 Camera（摄影机）卷展栏，勾选 Depth of field（景深）效果，然后设置 Aperture（光圈）值为 0.35、Focal dist（焦点距离）值为 26，见图 4-74。

步骤 2　在主工具栏中选择👁（快速渲染）按钮，渲染厨房苍蝇场景的景深效果，见图 4-75。

贴心提示

景深是指在摄影机镜头或其他成像器前沿着能够取得清晰图像的成像器轴线所测定的物体距离范围，也就是我们常说的前实后虚。

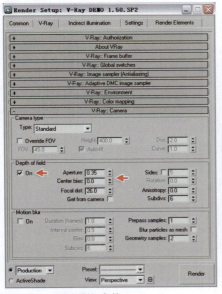

图 4-74　设置摄影机参数

图 4-75　渲染景深效果

步骤 3　再展开 Image sampler（图像采样器）卷展栏，设置 Image sampler（图像采样器）的 Type（类型）为 Adaptive DMC（适应 DMC）类型、Antialiasing filter（抗锯齿过滤器）为 Mitchell-Netravali（米切尔）类

型，然后在 Adaptive DMC image sampler（适应 DMC 图像采样器）卷展栏中设置 Min subdivs（最小细分）值为 2、Max subdivs（最大细分）值为 4，见图 4-76。

步骤 4　继续在渲染器中设置 Indirect illumination（间接照明）、Irradiance map（发光贴图渲染引擎）和 Light cache（灯光缓存）的属性，使渲染器在渲染时产生更好的照明效果，见图 4-77。

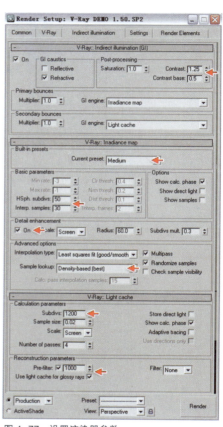

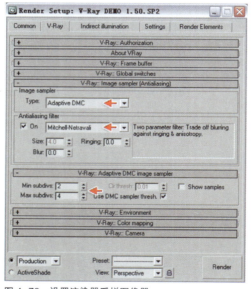

图 4-76　设置渲染器采样图像器

图 4-77　设置渲染器参数

步骤 5　再展开 DMC Sampler（DMC 采样器）卷展栏，设置 Adaptive amount（适应数量）值为 0.85、Noise threshold（噪波极限）值为 0.006、Min samples（最小样本数）值为 10、Global subdivs multiplier（全局细分倍增）值为 2，然后展开 System（系统）卷展栏，设置 Dynamic memory limit（动态存储限制）值为 700、Default geometry（默认几何体）为 Static（静态）、Render region division（渲染区域）的 X 值为 16、Region sequence（区域顺序）为 Checker（棋盘格）类型，完成渲染器的参数设置，见图 4-78。

步骤 6　在主工具栏中选择 ◎（快速渲染）按钮，渲染最终完成的厨房苍蝇效果，见图 4-79。

贴心提示

System（系统）卷展栏是对 VRay 渲染器的全局控制，包括光线计算参数、渲染区域设置、分布式渲染、对象属性、灯光属性、内存使用、场景检测、水印使用等内容。

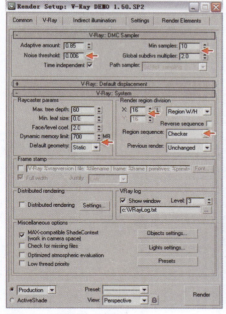

图 4-78 设置渲染器参数

图 4-79 渲染最终完成效果

总流程6 图像后期修饰

渲染动画角色《厨房苍蝇》第六个流程（步骤）是图像后期修饰，制作又分为 3 个流程：①渲染图像饱和度修饰、②调节渲染图像曲线、③设置渲染图像色彩平衡，见图 4-80。

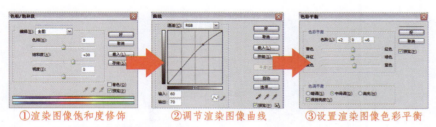

①渲染图像饱和度修饰　　②调节渲染图像曲线　　③设置渲染图像色彩平衡

图 4-80 图像后期修饰流程图（总流程6）

步骤 1 打开 Adobe Photoshop 软件，将渲染完的厨房苍蝇静帧打开，然后在菜单中为厨房苍蝇静帧图层添加"色相/饱和度"效果，设置饱和度值为 30，使厨房苍蝇图像的颜色更加丰富，见图 4-81。

步骤 2 在菜单中为厨房苍蝇图层添加"曲线"效果，然后在曲线调节图上增加新的颜色调节点，设置输入值为 165、输出值为 190，提高厨房苍蝇图层亮部区域，见图 4-82。

> **贴心提示**
> 曲线调节可以直观地控制图像暗调、中间调和高光效果。曲线的左侧可以控制亮区效果，右侧可以控制暗区效果。

图4-81 增加色相饱和度

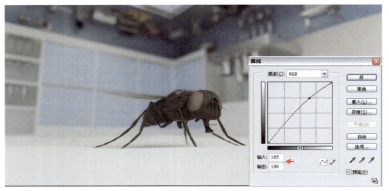

图4-82 增加曲线

步骤3 在曲线调节图上继续增加新的颜色调节点，设置输入值为60、输出值为70，使厨房苍蝇图层亮部区域产生更自然的过渡效果，见图4-83。

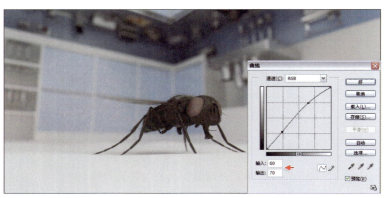

图4-83 调节曲线

步骤4 在菜单中为图层添加"色彩平衡"效果，设置青色与红色的色阶值为2、黄色与蓝色的色阶值为6，使整体颜色偏向紫色，见图4-84。

步骤5 色彩平衡调节完成后，对厨房苍蝇图层进行输出，最终渲染完成效果见图4-85。

图 4-84　增加色彩平衡　　　　　　　　　　　　图 4-85　动画角色《厨房苍蝇》最终渲染效果

第四节　范例制作 4-2　渲染动画角色《卡通鼠》

一、范例简介

　　本例介绍如何通过灯光和渲染设置使动画角色《卡通鼠》造型更具效果的流程、方法和实施步骤。范例制作中所需素材，位于本书配套光盘中的"范例文件/4-2 卡通鼠"文件夹中。

二、范例预览

　　打开本书配套光盘中的范例文件/4-2 卡通鼠/4-2 卡通鼠.JPG 文件。通过观看渲染效果图了解本节要讲的大致内容，见图 4-86。

图 4-86　渲染动画角色《卡通鼠》预览效果

三、渲染流程（步骤）及技巧分析

　　本例主要使用几何体和编辑多边形制作卡通角色，然后通过贴图突出卡通鼠的头部细节，再通过灯光和渲染设置使造型更具效果。渲染分为 6 部分：第 1 部分为制作角色模型；第 2 部分为绘制角色贴图；第 3 部分为设置主体材质；第 4 部分为设置辅助材质；第 5 部分为添加摄影机与天光；第 6 部分为设置灯光与渲染，见图 4-87。

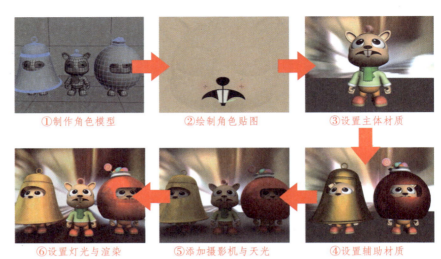

①制作角色模型　　②绘制角色贴图　　③设置主体材质

⑥设置灯光与渲染　　⑤添加摄影机与天光　　④设置辅助材质

图4-87　动画角色《卡通鼠》渲染总流程（步骤）图

四、具体操作

总流程1　制作角色模型

渲染动画角色《卡通鼠》第一个流程（步骤）是制作角色模型，制作又分为3个流程：①制作角色头部模型、②制作角色身体模型、③制作其他角色模型，见图4-88。

①制作角色头部模型　　②制作角色身体模型　　③制作其他角色模型

图4-88　制作角色模型流程图（总流程1）

步骤1　在 （创建）面板 （几何体）中选择标准基本体的 Sphere （球体）命令，然后在"Perspective 透视图"建立球体，设置 Radius（半径）值为50、Segments（段数）值为24，作为卡通鼠的头部模型。切换至"Front 前视图"，在 （修改）面板中为头部模型增加 FFD 4×4×4（自由变形）命令，然后将自由变形命令中间的可控点向下移动，使头部模型产生三角形效果，见图4-89。

步骤2　切换至"Perspective 透视图"，在 （修改）面板中继续为头部模型增加 Edit Poly（编辑多边形）命令，然后在编辑多边形命令下选择 Vertex（顶点）模式，调节出眼睛的轮廓效果，见图4-90。

贴心提示

自由变形修改命令在使用时应先将命令激活，然后再调节控制点的位置，使模型达到变形效果。

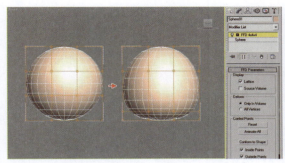

图 4-89　增加自由变形命令

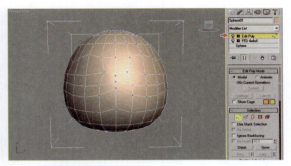

图 4-90　调节眼睛轮廓

步骤 3　将编辑多边形命令切换至 ■Polygon（多边形）模式，使用 `Extrude □`（挤出）工具对眼睛位置的面进行操作，产生眼睛向内凹进去的效果，见图 4-91。

步骤 4　继续在 ◢（修改）面板中为头部模型增加 Mesh Smooth（网格平滑）命令，设置 Iterations（迭代次数）值为 2，使卡通鼠头部表面产生平滑效果，见图 4-92。

贴心提示

网格平滑命令的 Iterations（迭代次数）其实就是光滑的级别，数值越大将越平滑，但计算也就越慢。

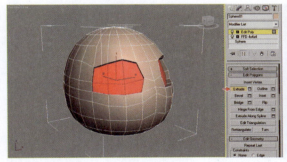

图 4-91　挤出操作

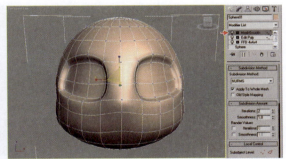

图 4-92　平滑头部模型

步骤 5　在 ◣（创建）面板 ◉（几何体）中选择标准基本体的 `Sphere`（球体）命令，然后在"Perspective 透视图"建立两个球体，调节所创建球体的位置、方向与大小，制作卡通鼠的眼睛模型效果，见图 4-93。

步骤 6　在 ◣（创建）面板 ◉（几何体）中选择标准基本体的 `Box`（长方体）命令，然后在"Front 前视图"建立长方体，设置 Length（长度）值为 30、Width（宽度）值为 20、Height（高度）值为 5，作为卡通鼠的耳朵模型。在建立的长方体上单击鼠标右键，在弹出四元菜单中选择【Convert To（转换到）】→【Convert to Editable Poly（转换到可编辑多边形）】命令，将长方体转换成可编辑多边形，再将可编辑多边形切换至 ┈Vertex（顶点）模式，调节出卡通鼠耳朵的轮廓效果，见图 4-94。

贴心提示

建立球体的初始视图对模型布线尤其重要，在哪一个视图中建立，球体的中心就在哪个视图中显示。

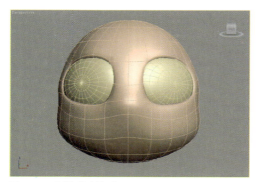

图 4-93　制作眼睛模型

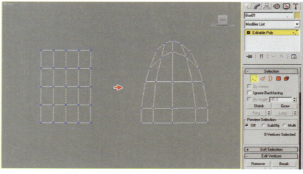

图 4-94　调节耳朵轮廓

步骤 7　切换至 "Perspective 透视图"，在可编辑多边形命令下选择 ■ Polygon（多边形）模式，然后使用 Extrude ■（挤出）工具对耳朵内部的面进行操作，产生耳朵向内凹进去的效果，见图 4-95。

步骤 8　切换至四视图的显示方式，在 ✎（修改）面板中为头部模型增加 Mesh Smooth（网格平滑）命令，然后使用键盘上的 "Shift" 键结合 ↻（旋转）工具复制产生另一侧的耳朵模型，完成卡通鼠头部模型效果，见图 4-96。

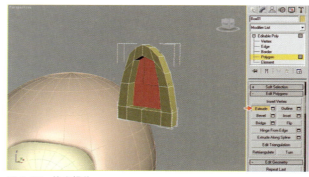

图 4-95　挤出操作

步骤 9　在 ◤（创建）面板 ○（几何体）中选择标准基本体的 Cylinder（圆柱体）命令，然后在 "Top 顶视图" 建立圆柱体，设置 Radius（半径）值为 30、Height（高度）值为 60、Height Segments（高度段数）值为 4、Sides（边数）值为 14，作为卡通鼠的身体模型，见图 4-97。

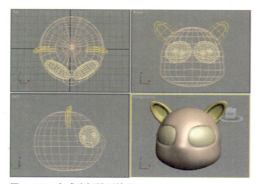

图 4-96　完成头部模型效果

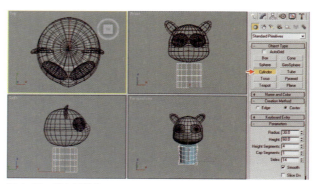

图 4-97　建立圆柱体

步骤 10　切换至 "Perspective 透视图"，将所创建的圆柱体转换为可编辑多边形，然后在可编辑多边形命令下选择 ■ Polygon（多边形）模式，使用 Extrude ■（挤出）工具对圆柱体进行操作，产生卡通鼠身体与手臂效果，见图 4-98。

步骤 11　选择手臂与身体边缘处的面，使用 `Extrude ▢`（挤出）工具进行操作，设置 Extrusion Type（挤出类型）为 Local Normal（局部法线）类型、Extrusion Height（挤出高度）值为 2，产生袖口与衣服边缘凸起效果，见图 4-99。

> **贴心提示**
>
> 挤出的 Local Normal（局部法线）类型可以控制挤压的面按自身方向进行。

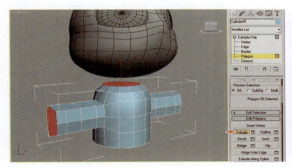

图 4-98　挤出操作

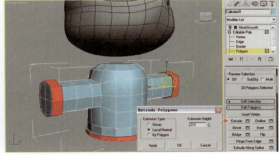

图 4-99　挤出操作

步骤 12　使用 🖰（创建）面板 ○（几何体）中的标准基本体，结合编辑多边形命令下的工具，制作出围巾与手模型，完成卡通鼠的上半身模型，见图 4-100。

步骤 13　继续使用 🖰（创建）面板中的标准几何体，结合编辑多边形命令，制作出卡通鼠的下半身模型，见图 4-101。

步骤 14　调节 "Perspective 透视图" 角度，观察最终完成的卡通鼠模型，见图 4-102。

步骤 15　使用键盘上的 "Shift" 键结合 ✥（移动）工具对卡通鼠模型进行复制，产生另外两只卡通鼠模型，然后再使用标准基本体中的平面体制作出背景模型，见图 4-103。

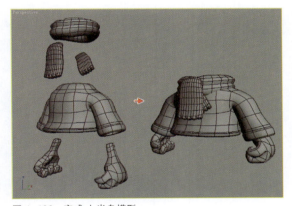

图 4-100　完成上半身模型

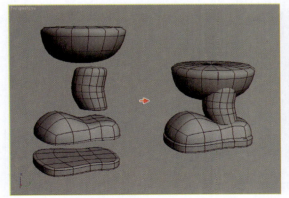

图 4-101　制作下半身模型

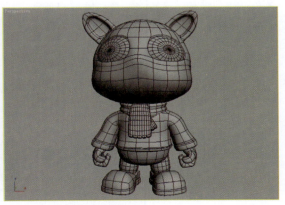

图 4-102　角色模型完成效果

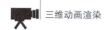

步骤 16 调节"Perspective 透视图"角度,使用标准基本体中的球体,制作卡通鼠头顶模型效果,继续使用标准基本体结合编辑多边形命令,制作出两侧卡通鼠的包裹模型,见图 4-104。

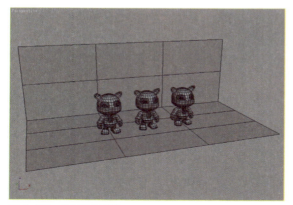 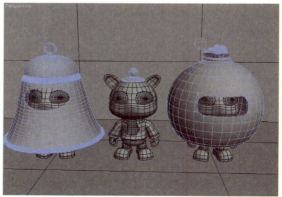

图 4-103 复制角色模型　　　　　　　　　　图 4-104 制作包裹模型

总流程 2　绘制角色贴图

渲染动画角色《卡通鼠》第二个流程(步骤)是绘制角色贴图,制作又分为 3 个流程:①设定贴图主体位置、②绘制嘴巴贴图、③绘制脸蛋贴图,见图 4-105。

①设定贴图主体位置　　②绘制嘴巴贴图　　③绘制脸蛋贴图

图 4-105 绘制角色贴图流程图(总流程 2)

步骤 1 在"Front 前视图"中对卡通鼠头部模型进行渲染输出,然后使用 Adobe Photoshop 软件进行打开操作,作为角色头部贴图的参考,见图 4-106。

步骤 2 调节卡通鼠图层的不透明度值为 30,作为材质绘制时的五官参照,然后创建两个新的图层,为其中的一个图层赋予土黄色,并移动到卡通鼠图层的底部,再为另一个图层绘制卡通鼠嘴的形状,并移动到卡通鼠图层上面,见图 4-107。

步骤 3 新建图层,绘制卡通鼠的鼻子形状,然后将卡通鼠图层进行隐藏,见图 4-108。

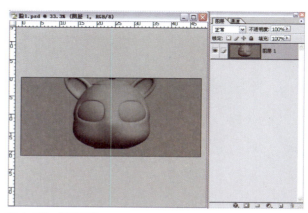

图 4-106 打开图像

116

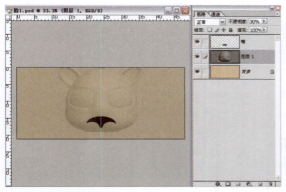

图 4-107　绘制嘴巴图层

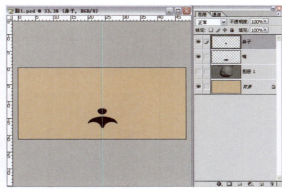

图 4-108　绘制鼻子图层

步骤 4　重新建立图层，然后在新创建的图层上绘制出角色的牙齿形状，见图 4-109。

步骤 5　继续建立图层，使用红色在新创建的图层上进行绘制，产生卡通鼠脸部红色效果，见图 4-110。

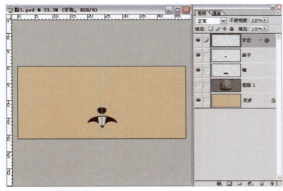

图 4-109　绘制牙齿图层

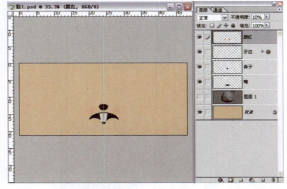

图 4-110　绘制腮红图层

步骤 6　再建立一个新的图层，使用画笔在新创建的图层上绘制，产生脸部的斑点效果，完成卡通鼠贴图制作，见图 4-111。

贴心提示

3ds Max 2009 支持 PSD 未合层文件，从而方便再次调节贴图的细节。

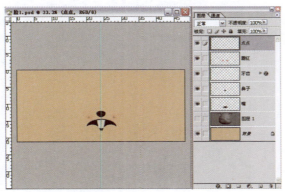

图 4-111　绘制斑点图层

总流程 3　设置主体材质

　　渲染动画角色《卡通鼠》第三个流程（步骤）是设置主体材质，制作又分为 3 个流程：①设置头部贴图与 UV、②设置身体 ID 与贴图、③设置其他贴图，见图 4-112。

①设置头部贴图与 UV　　②设置身体 ID 与贴图　　③设置其他贴图

图 4-112　设置主体材质流程图（总流程 3）

　　步骤 1　在主工具栏中单击 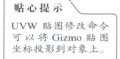（材质编辑器）按钮，打开材质编辑器并选择材质球，设置材质球的名称为"脸"，然后设置 Specular Level（高光级别）值为 10、Glossiness（光泽度）值为 20，再展开 Maps（贴图）卷展栏，为 Diffuse Color（漫反射颜色）与 Specular Color（高光反射颜色）赋予在 Adobe Photoshop 软件中完成的卡通鼠脸部贴图，见图 4-113。

　　步骤 2　将调节完的材质赋予给卡通鼠头部模型，选择卡通鼠头部模型，在 ☑（修改）面板中增加 UVW Map（UVW 贴图）修改命令，然后调节 Mapping（贴图）方式为 Cylindrical（圆柱），使贴图与角色模型相匹配，见图 4-114。

> **贴心提示**
>
> UVW 贴图修改命令可以将 Gizmo 贴图坐标投影到对象上。

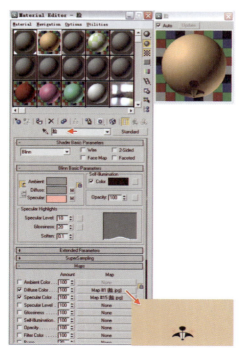

图 4-113　设置脸部材质

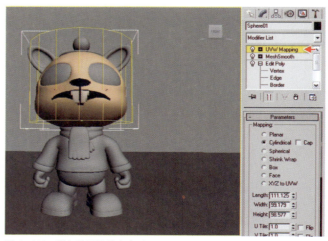

图 4-114　增加贴图修改命令

步骤3 在材质编辑器中选择新的材质球，设置材质球的名称为"眼睛"，然后设置 Specular Level（高光级别）值为36、Glossiness（光泽度）值为20，再展开 Maps（贴图）卷展栏为 Diffuse Color（漫反射颜色）赋予本书配套光盘中的"眼睛.jpg"贴图，制作卡通鼠眼睛材质，见图4-115。

步骤4 将调节完的材质赋予给卡通鼠眼睛模型，然后在 （修改）面板中为眼睛模型增加 UVW Map（UVW贴图）修改命令，调节 Mapping（贴图）方式为 Planar（平面），使贴图与眼睛模型相匹配，见图4-116。

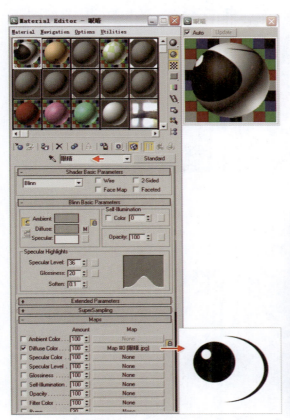

图4-115 设置眼睛材质

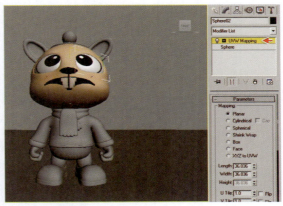

图4-116 增加贴图修改命令

步骤5 在材质编辑器中选择材质球，设置材质球的名称为"身体"，然后设置 Diffuse（漫反射）颜色为米黄色、Specular（高光）颜色为粉色、Specular Level（高光级别）值为35、Glossiness（光泽度）值为20，最后再设置 Self-Illumination（自发光）的颜色，制作卡通鼠的身体模型的材质效果，见图4-117。

步骤6 选择卡通鼠身体模型，然后在可编辑多边形命令下选择 Polygon（多边形）模式，选择身体上的面，在 Polygon Material IDs（多边形材质属性）卷展栏中设置 Set ID（设置ID）值为1，见图4-118。

贴心提示
模型的 ID 设置必须对应材质中的 ID 号码才会产生效果。

119

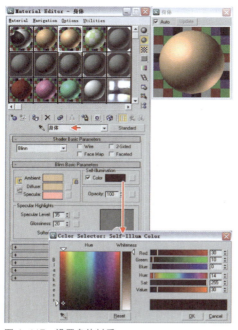

图 4-117　设置身体材质

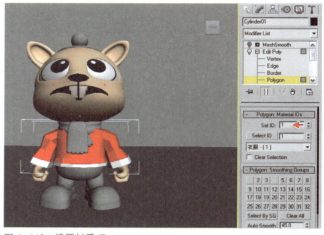

图 4-118　设置材质 ID

步骤 7　继续在可编辑多边形命令下的 ■ Polygon（多边形）模式，选择衣服与袖子边缘处的面，在 Polygon Material IDs（多边形材质属性）卷展栏中设置 Set ID（设置 ID）值为 2，见图 4-119。

图 4-119　设置材质 ID

步骤 8　在材质编辑器中选择材质球，设置材质球的名称为"身体"，然后单击 Standard （标准）按钮，在弹出的材质类型对话框中选择 Multi/Sub-Object（多维／子对象材质）类型并设置 Set Number（设置数量）值为 2，再为 ID 为 1 的材质设置名称为"衣服"，为 ID 为 2 的材质设置名称为"边缘"，制作卡通鼠的衣服材质，见图 4-120。

步骤9 展开多维/子对象材质中的衣服材质，设置 ID1 的 Diffuse（漫反射）颜色为淡绿色、Specular（高光）颜色为白色、Specular Level（高光级别）值为 10、Glossiness（光泽度）值为 10，展开 Maps（贴图）卷展栏为 Bump（凹凸）赋予 Cellular（细胞）纹理，然后设置 ID2 的 Diffuse（漫反射）颜色为白色、Specular Level（高光级别）值为 10、Glossiness（光泽度）值为 10，设置 Self-Illumination（自发光）值为 10，见图 4-121。

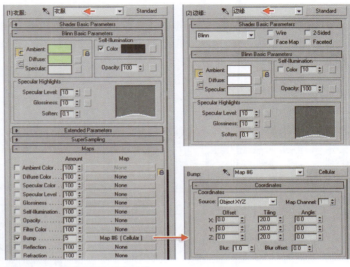

图 4-120 更改材质类型　　　　　　　　　图 4-121 设置衣服和边缘材质

步骤10 将材质赋予给卡通鼠身体模型，然后在主工具栏中选择 （快速渲染）按钮，渲染卡通鼠的衣服材质效果，见图 4-122。

步骤11 在材质编辑器中选择材质球，设置材质球的名称为"鞋子底"，然后设置 Diffuse（漫反射）颜色为米黄色、Specular（高光）颜色为白色、Specular Level（高光级别）值为 20、Glossiness（光泽度）值为 20，制作卡通鼠鞋子底部模型的材质，见图 4-123。

图 4-122 渲染衣服材质效果　　　　　　　图 4-123 设置鞋子底材质

贴心提示

Raytrace（光线跟踪）纹理可以模拟表面反射效果。

步骤 12 在材质编辑器中选择材质球，设置材质球的名称为"鞋子顶"，然后设置 Diffuse（漫反射）颜色为红色、Specular（高光）颜色为米黄色、Specular Level（高光级别）值为 40、Glossiness（光泽度）值为 30，然后展开 Maps（贴图）卷展栏，为 Reflection（反射）赋予 Raytrace（光线跟踪）纹理，并调节 Reflection（反射）值为 10，制作鞋子顶部的材质，见图 4-124。

贴心提示

Self-Illumination（自发光）可以在自身材质的基础上，增加亮度效果。

步骤 13 在材质编辑器中选择材质球，设置材质球的名称为"裤子"，然后设置 Diffuse（漫反射）颜色为桔黄色、Specular（高光）颜色为白色，最后设置 Self-Illumination（自发光）中 Color（颜色）的 Red（红）值为 25、Green（绿）值为 18、Blue（蓝）值为 0，制作卡通鼠裤子模型的材质，见图 4-125。

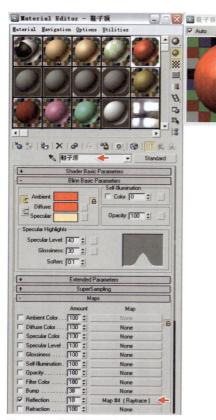

图 4-124 设置鞋子顶材质

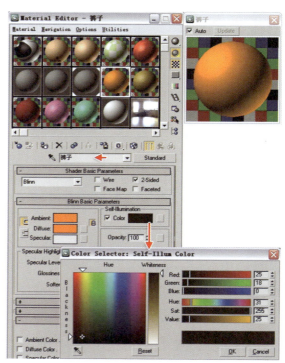

图 4-125 设置裤子材质

步骤 14 在材质编辑器中选择材质球，设置材质球的名称为"围脖"，然后设置 Diffuse（漫反射）颜色为绿色、Specular（高光）颜色为白色、Specular Level（高光级别）值为 15、Glossiness（光泽度）值为 15，再展开 Maps（贴图）卷展栏，为 Bump（凹凸）赋予 Cellular（细胞）纹理并调节 Tiling（平铺）值为 20，见图 4-126。

步骤 15 在主工具栏中选择 （快速渲染）按钮，渲染制作完成的卡通鼠材质效果，见图 4-127。

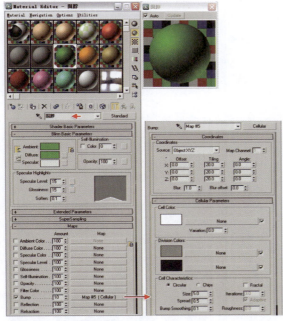

图 4-126 设置围脖材质

图 4-127 渲染角色材质效果

步骤 16 选择卡通鼠头顶的球体，在 （修改）面板中为选择模型增加 Hair and Fur（头发和毛发）命令，然后使用 Presets（预设值）下 Load （加载）工具打开头发预设对话框，选择 redstraight.shp（红色整齐）的毛发样式，见图 4-128。

图 4-128 增加毛发命令

贴心提示

加载工具可以打开头发预设对话框，其中包含采用命名样本格式的预设列表，要加载预设值，可双击其样本。

步骤 17　在 Hair and Fur（头发和毛发）命令中展开 General Parameters（常规参数）卷展栏，设置 Hair Count（头发数量）值为 20000、Root Thick（根厚度）值为 30，再展开 Material Parameters（材质参数）卷展栏设置 Specular（高光）值为 50，调节毛发的参数，见图 4-129。

步骤 18　在主工具栏中选择 ◉（快速渲染）按钮，渲染卡通鼠增加毛发后的效果，见图 4-130。

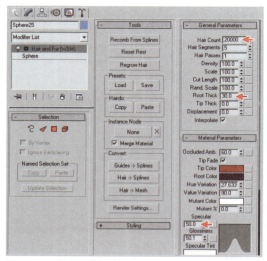

图 4-129　调节毛发参数

图 4-130　渲染毛发效果

步骤 19　在主菜单中选择【Rendering（渲染）】→【Environment（环境）】命令，然后在弹出的环境调节对话框中为 Environment Map（环境贴图）赋予本书配套光盘中的"hdr01.hdr"贴图，制作虚拟的环境背景，见图 4-131。

贴心提示

HDRI 是用于高动态范围图像的文件格式。大部分摄影机不具有捕获真实世界所表现的动态范围的能力，但是可以通过使用不同的曝光设置获取同一物体的一系列照片，然后将这些照片合并到一个图像文件中来还原物体的动态范围。

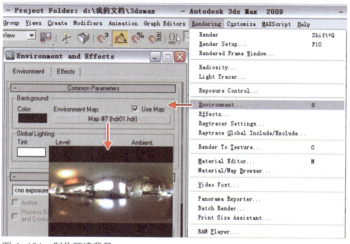

图 4-131　制作环境背景

步骤20 使用鼠标左键将赋予完贴图的 Environment Map（环境贴图）拖拽到材质编辑器中的材质球上，然后在 Coordinates（坐标）卷展栏中设置当前贴图的坐标为 Environ（环境）方式，再设置 Mapping（贴图）方式为 Spherical Environment（球形环境）方式，见图 4-132。

步骤21 在主工具栏中选择 （快速渲染）按钮，渲染制作完成的环境效果，见图 4-133。

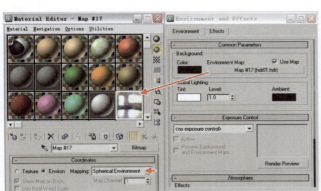

图 4-132　调节环境贴图　　　　　　　　　　　　　图 4-133　渲染环境效果

总流程4　设置辅助材质

渲染动画角色《卡通鼠》第四个流程（步骤）是设置辅助材质，制作又分为 3 个流程：①设置棒棒糖材质、②设置糖果材质、③设置包裹物材质，见图 4-134。

①设置棒棒糖材质　　　　　②设置糖果材质　　　　　③设置包裹物材质

图 4-134　设置辅助材质流程图（总流程 4）

步骤1 选择材质球并设置材质球的名称为"棒棒糖"，然后设置 Specular Level（高光级别）值为 20、Glossiness（光泽度）值为 20，再展开 Maps（贴图）卷展栏，为 Diffuse Color（漫反射颜色）与 Bump（凹凸）赋予本书配套光盘中的"棒棒糖.jpg"贴图，调节 Bump（凹凸）值为 60，制作角色头部装饰模型的材质，见图 4-135。

步骤2 选择棒棒糖模型，在 （修改）面板中为选择模型增加 UVW Map（UVW 贴图）修改命令，然后调节 Mapping（贴图）方式为 Planar（平面），使贴图的纹理与模型相匹配，见图 4-136。

步骤3 设置"糖 1"粉色材质和"糖 2"绿色材质，作为角色头顶的装饰糖果的材质，见图 4-137。

步骤4 在主工具栏中选择 （快速渲染）按钮，渲染制作完成的装饰材质效果，见图 4-138。

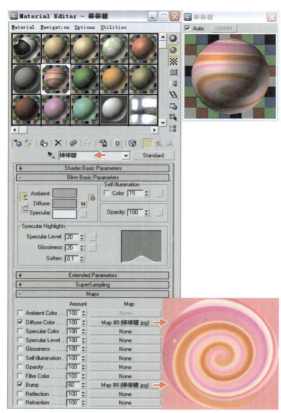

图4-135　设置棒棒糖材质

图4-136　增加贴图修改命令

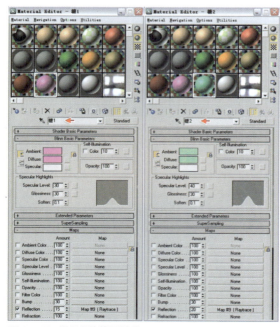

图4-137　设置装饰糖果材质

图4-138　渲染装饰材质效果

步骤5 继续设置"红包裹"和"黄包裹"材质，作为卡通鼠外侧的包裹模型材质，见图4-139。

步骤6 在主工具栏中选择 ◉（快速渲染）按钮，渲染制作完成的包裹模型材质效果，见图4-140。

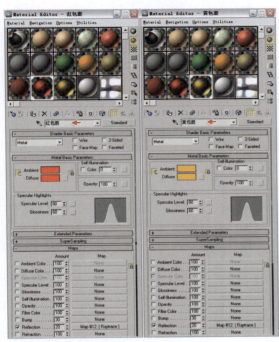

图4-139 设置包裹材质

图4-140 渲染包裹材质效果

总流程5 添加摄影机与天光

渲染动画角色《卡通鼠》第五个流程（步骤）是添加摄影机与天光，制作又分为3个流程：①设置场景摄影机、②建立场景天光、③设置照明跟踪，见图4-141。

①设置场景摄影机 ②建立场景天光 ③设置照明跟踪

图4-141 添加摄影机与天光流程图（总流程5）

步骤1 切换至四视图的显示方式，在 ▦（创建）面板 ▦（摄影机）中选择标准的 Target （目标）命令，然后在"Left 左视图"建立目标摄影机，并设置Lens（镜头）值为28，产生新的观察视角，见图4-142。

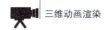

三维动画渲染

贴心提示

目标摄影机具有自身位置和拍摄目标位置两个控制内容可供调节。

图4-142　建立摄影机

贴心提示

安全框的设置，可以在视图中直接显示与渲染相同比例的区域。

步骤2　在主菜单中选择【Views（视图）】→【Create Camera From View（从视图创建摄影机）】命令，使新建的摄影机与当前视图的观察视角匹配，见图4-143。

步骤3　切换至"Perspective 透视图"，在视图名称上单击鼠标右键，在弹出菜单中选择 Show Safe Frame（显示安全框）命令，以便更好地控制渲染区域，见图4-144。

图4-143　匹配视角

图4-144　显示安全框

步骤4　在视图名称上单击鼠标右键，在弹出菜单中选择【Views（视图）】→【Camera01（摄影机01）】命令，将视图转换为摄影机视图，见图4-145。

步骤5　在主工具栏中选择 （快速渲染）按钮，渲染摄影机视角中的模型效果，见图4-146。

图 4-145　转换观察视图

图 4-146　渲染摄影机视图

步骤 6　切换至四视图的显示方式，在 （创建）面板 （灯光）中选择标准的 Skylight （天光）命令，然后在 "Perspective 透视图" 中建立天光，设置 Multiplier（倍增）值为 0.7，见图 4-147。

步骤 7　在主工具栏中选择 （快速渲染）按钮，渲染天光的效果，见图 4-148。

图 4-147　建立天光

图 4-148　渲染天光效果

步骤 8　在主工具栏中选择 （渲染设置）按钮，打开渲染场景对话框并展开 Advanced Lighting（高级照明）面板，然后在 Select Advanced Lighting（选择高级照明）卷展栏设置照明类型为 Light Tracer（照明跟踪），在 Parameters（参数）卷展栏设置 Rays/Sample（光线 / 采样数）值为 50，使用低质量的照明跟踪对场景进行渲染，见图 4-149。

步骤 9　在主工具栏中选择 （快速渲染）按钮，渲染天光效果，见图 4-150。

> **贴心提示**
>
> 照明跟踪提供柔和边缘的阴影和映色的效果，主要模拟天空影响对象的效果。

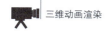
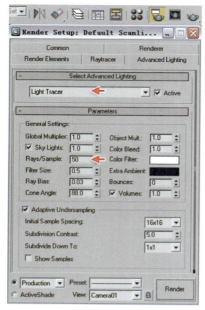

图 4-149 设置高级照明

图 4-150 渲染天光效果

总流程 6 设置灯光与渲染

渲染动画角色《卡通鼠》第六个流程（步骤）是设置灯光与渲染，制作又分为 3 个流程：①设置场景灯光、②设置场景补光、③设置渲染采样，见图 4-151。

①设置场景灯光　　②设置场景补光　　③设置渲染采样

图 4-151 设置灯光与渲染流程图（总流程 6）

步骤 1 切换至四视图的显示方式，在 ▧（创建）面板 ▨（灯光）中选择标准的 `Target Spot`（目标聚光灯）命令，在 "Left 左视图" 中建立灯光，然后在灯光的 General Parameters（常规参数）卷展栏中将 Shadows（阴影）中的 On（开启）勾选，再展开强度 / 颜色 / 衰减卷展栏设置 Multiplier（倍增）值为 0.3、颜色为浅粉色，制作场景中主要光源效果，见图 4-152。

步骤 2 在主工具栏中选择 ◉（快速渲染）按钮，渲染主光源效果，见图 4-153。

贴心提示

天光可以快速地将场景照亮，但缺少主光源的方向性。

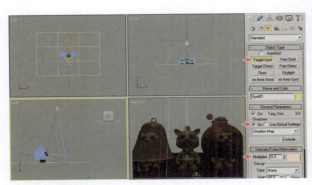

图 4-152 建立灯光

图 4-153 渲染主光效果

步骤3 在材质编辑器中选择材质球，更改类型为 Matte/Shadow（无光 / 阴影）类型，然后设置材质球的名称为"底板"，赋予给场景中的底板模型，见图 4-154。

步骤4 在主工具栏中选择（快速渲染）按钮，渲染底板赋予完成材质的效果，见图 4-155。

> **贴心提示**
>
> Matte/Shadow（无光 / 阴影）类型材质可以只接受灯光投射的阴影区域，而其他区域将全部进行透明处理，一般进行图像的合成使用。

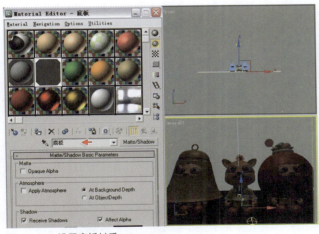

图 4-154 设置底板材质

图 4-155 渲染底板材质效果

步骤5 在（修改）面板中展开目标聚光灯的调节参数，在强度 / 颜色 / 衰减卷展栏中设置 Multiplier（倍增）值为 3、颜色为浅粉色，再设置 Directional Parameters（平行光参数）卷展栏中 Hotspot/Beam（聚光区 / 光束）值为 2、Falloff/Field（衰减区 / 区域）值为 45，最后在 Shadow Map Params（阴影贴图参数）卷展栏中设置 Sample Range（采样范围）值为 12，见图 4-156。

步骤6 在主工具栏中选择 ◎（快速渲染）按钮，渲染调节完参数的主光源照射效果，见图4-157。

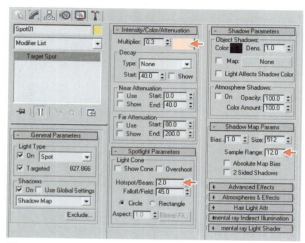

图4-156 调节主光参数

图4-157 渲染主光效果

步骤7 切换至四视图的显示方式，在 ◎（创建）面板 ▼（灯光）中选择标准的 Target Spot（目标聚光灯）命令，然后在"Left左视图"中建立灯光，在灯光的强度/颜色/衰减卷展栏中设置Multiplier（倍增）值为0.3、颜色为浅粉色，制作卡通鼠前方的辅助光源效果，见图4-158。

步骤8 切换至四视图的显示方式，在 ◎（创建）面板 ▼（灯光）中选择标准的 Target Spot（目标聚光灯）命令，然后在"Top顶视图"中建立灯光，在灯光的强度/颜色/衰减卷展栏中设置Multiplier（倍增）值为0.2、颜色为桔黄色，制作卡通鼠右侧的辅助光源，见图4-159。

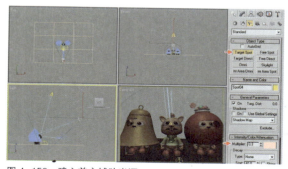

图4-158 建立前方辅助光源

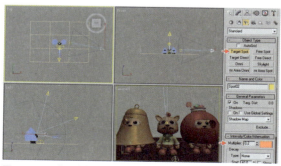

图4-159 建立右侧辅助光源

贴心提示

暖光与冷光的左右对比布光，可以使照明效果更加丰富。

步骤9 继续在 ◎（创建）面板 ▼（灯光）中选择标准的 Target Spot（目标聚光灯）命令，然后在"Top顶视图"中建立灯光，在灯光的强度/颜色/衰减卷展栏中设置Multiplier（倍增）值为0.2、颜色为蓝色，制作卡通鼠左侧的辅助光源，见图4-160。

步骤 10 在主工具栏中选择 ◉（快速渲染）按钮，渲染场景中的光源照射效果，见图 4-161。

图 4-160 建立左侧辅助光源

图 4-161 渲染光源照射效果

步骤 11 在 ◣（创建）面板 ◥（灯光）中选择标准的 ▭ Omni ▭（泛光灯）命令，然后在"Top 顶视图"中建立灯光，在灯光的强度 / 颜色 / 衰减卷展栏中设置 Multiplier（倍增）值为 0.2、颜色为桔黄色，为卡通鼠前方增加新的辅助光源，见图 4-162。

步骤 12 在主工具栏中选择 ◉（快速渲染）按钮，渲染完成灯光后的卡通鼠场景效果，见图 4-163。

图 4-162 建立泛光灯

图 4-163 渲染场景光源效果

步骤 13 在主工具栏中选择 ◳（渲染设置）按钮，打开渲染场景对话框，展开 Parameters（参数）卷展栏，设置 Rays/Sample（光线 / 采样数）值为 600，提高渲染时的光线采样值，见图 4-164。

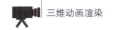
三维动画渲染

步骤 14　在主工具栏中选择 ◉（快速渲染）按钮，渲染最终完成的卡通鼠效果，见图 4-165。

<table>
<tr><td>

> **贴心提示**
>
> Rays/Sample（光线 / 采样数）主要控制每个采样（或像素）投影的光线数目。增大该值可以增加效果的平滑度，但同时也会增加渲染时间。减小该值会导致颗粒状效果更明显，但是渲染可以进行得更快。

图 4-164　设置光线采样参数

图 4-165　动画角色《卡通鼠》最终渲染效果

第五节　范例制作 4-3　渲染动画角色《变异生物》

一、范例简介

本例介绍如何通过灯光系统对动画角色《变异生物》进行渲染设置的流程、方法和实施步骤。范例制作中所需素材，位于本书配套光盘中的"范例文件 /4-3 变异生物"文件夹中。

二、范例预览

打开本书配套光盘中的范例文件 /4-3 变异生物 /4-3 变异生物 .JPG 文件。通过观看渲染效果图了解本节要讲的大致内容，见图 4-166。

图 4-166　渲染动画角色《变异生物》预览效果

三、渲染流程（步骤）及技巧分析

本例主要讲解赋予低多边形模型的材质与贴图，再使用灯光系统对场景进行照明，重点要突出游戏场景的氛围。渲染分为 6 部分：第 1 部分为搭建场景模型；第 2 部分为设置角色材质；第 3 部分为设置场景材质；第 4 部分为建立场景摄影机；第 5 部分为设置场景灯光；第 6 部分为设置天光渲染，见图 4-167。

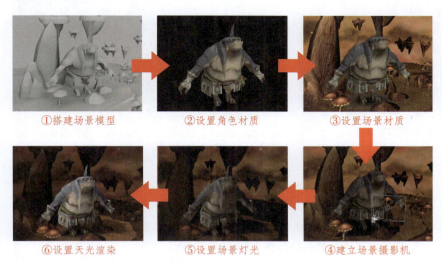

①搭建场景模型　②设置角色材质　③设置场景材质

⑥设置天光渲染　⑤设置场景灯光　④建立场景摄影机

图 4-167　动画角色《变异生物》渲染总流程（步骤）图

四、具体操作

总流程 1　搭建场景模型

渲染动画角色《变异生物》第一个流程（步骤）是搭建场景模型，制作又分为 3 个流程：①制作角色模型、②制作地面场景模型、③制作场景辅助模型，见图 4-168。

①制作角色模型　②制作地面场景模型　③制作场景辅助模型

图 4-168　搭建场景模型流程图（总流程 1）

步骤 1　在 （创建）面板建立几何体，然后通过 Edit Poly（编辑多边形）命令制作变异生物角色的低多边形身体模型，见图 4-169。

> **贴心提示**
>
> 低多边形就是利用很少的多边形控制三维模型结构和造型，还可以简单理解为不需要进行光滑处理的模型，并制作出接近逼真的画面效果，从而节省计算机硬件的运行质量和速度。

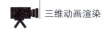

步骤 2　为变异生物角色添加腰带、护具、牙齿和爪子模型，见图 4-170。

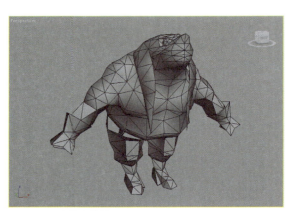

图 4-169　制作身体模型

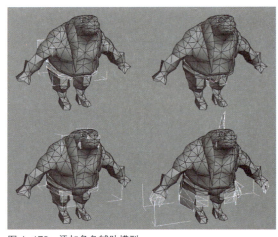

图 4-170　添加角色辅助模型

　　步骤 3　选择所有的模型零件，然后在菜单中选择 Group（组）命令，方便场景模型文件的管理，见图 4-171。

　　步骤 4　在 ▸（创建）面板建立几何体，然后通过 Edit Poly（编辑多边形）命令编辑地面模型，见图 4-172。

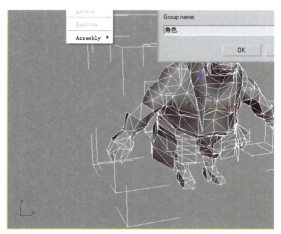

图 4-171　模型组操作

图 4-172　编辑地面模型

> **贴心提示**
>
> 游戏模型中的多边形数量，一直以来都因为硬件的限制而被束缚着，然而正是这种束缚使得三维游戏领域中形成了一种低多边形的艺术风格。

　　步骤 5　在地面模型上添加蘑菇、石头、浮岛等辅助模型，提升游戏场景的模型效果，见图 4-173。

　　步骤 6　在主工具栏中选择 ◔（快速渲染）按钮，渲染游戏场景的模型效果，见图 4-174。

图 4-173　添加辅助模型

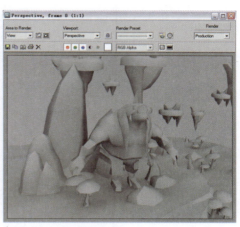

图 4-174　渲染模型效果

总流程2　设置角色材质

　　渲染动画角色《变异生物》第二个流程（步骤）是设置角色材质，制作又分为 3 个流程：①设置角色身体材质、②角色身体 UV 编辑、③设置角色其他材质，见图 4-175。

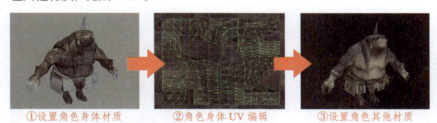

①设置角色身体材质　　　②角色身体 UV 编辑　　　③设置角色其他材质

图 4-175　设置角色材质流程图（总流程2）

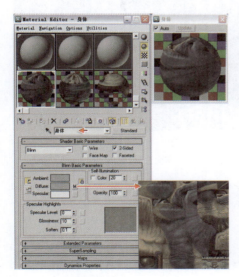

图 4-176　设置身体材质

　　步骤1　在主工具栏中单击 ![icon]（材质编辑器）按钮，在弹出的材质编辑器中选择一个空白材质球，赋予身体模型后，再为 Diffuse（漫反射）项目赋予配套光盘中的"some text-21d080.dds"身体贴图，见图 4-176。

　　步骤2　为身体模型赋予贴图后，在视图中可以看到贴图坐标产生的错误显示，见图 4-177。

　　步骤3　在 ![icon]（修改）面板中为角色身体模型增加 UVW Map（UVW 贴图）和 Unwrap UVW（展开 UVW）命令，控制模型与贴图的严谨性，见图 4-178。

> **贴心提示**
>
> 被编辑过的几何体，在默认状态时显示的贴图会出现错误，通过 UVW Map（UVW 贴图）命令可以修正贴图与模型之间的匹配。

图 4-177　贴图坐标错误显示

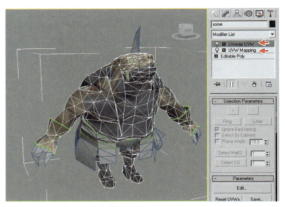

图 4-178　增加修改命令

贴心提示

通过 Unwrap UVW（展开 UVW）修改命令可以为子对象选择指定贴图坐标，并可以编辑这些选择的 UVW 坐标，还可以展开和编辑对象上已有的 UVW 坐标。

步骤 4　在 Unwrap UVW（展开 UVW）命令中单击 ▢Edit...▢（编辑）按钮，在弹出的对话框中将模型的 UV 点调节至相应贴图位置，见图 4-179。

步骤 5　在主工具栏中选择 👁（快速渲染）按钮，渲染角色身体的模型效果，见图 4-180。

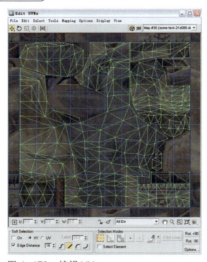

图 4-179　编辑 UV

图 4-180　渲染身体效果

步骤 6　在主工具栏中单击 ▣（材质编辑器）按钮，在弹出的材质编辑器中选择一个空白材质球，然后赋予爪子、牙齿和触角模型后，再为 Diffuse（漫反射）项目赋予配套光盘中的"some text-102babc0.dds"爪尖贴图，见图 4-181。

步骤 7　在材质编辑器中选择一个空白材质球，然后赋予腰带模型后，再为 Diffuse（漫反射）项目赋予配套光盘中的"some text-10326b60.dds"腰带贴图，见图 4-182。

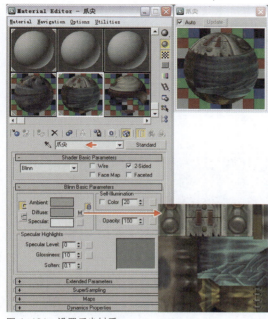

图 4-181　设置爪尖材质

图 4-182　设置腰带材质

　　步骤 8　在材质编辑器中选择一个空白材质球，然后赋予身体和腰带的交接模型后，再为 Diffuse（漫反射）项目赋予配套光盘中的 "some text-97f6640.dds" 腰带的交接贴图，见图 4-183。

　　步骤 9　在材质编辑器中选择一个空白材质球，然后赋予腰带的卡扣模型，再为 Diffuse（漫反射）项目赋予本配套光盘中的 "some text-986dee0.dds" 卡扣贴图，见图 4-184。

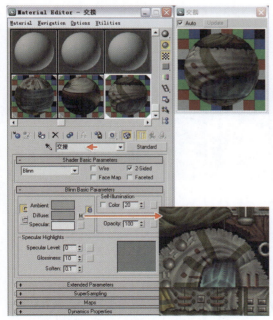

图 4-183　设置腰带交接材质

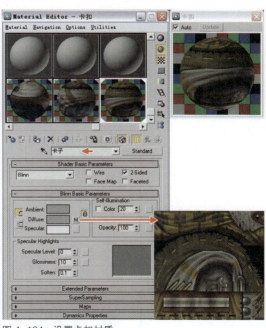

图 4-184　设置卡扣材质

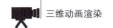
步骤 10 为角色的辅助模型增加 UVW Map（UVW 贴图）和 Unwrap UVW（展开 UVW）命令，控制模型与贴图的 UV 位置，得到正确的贴图显示，见图 4-185。

步骤 11 在主工具栏中选择 👁 （快速渲染）按钮，渲染游戏角色的模型效果，见图 4-186。

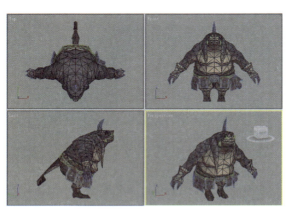

图 4-185　贴图正确显示

图 4-186　渲染角色模型效果

贴心提示

UVW 贴图的坐标应该与模型样式相对应，可以选择平面、球形、柱形等样式。另外平面、球形、圆柱形等贴图坐标表示的对象并不相同，平面贴图坐标中的黄色短线指示贴图的顶部，绿色边表示贴图右侧；而在球形或圆柱形贴图上，绿色边是表示左右边的接合处。

总流程 3　设置场景材质

渲染动画角色《变异生物》第三个流程（步骤）是设置场景材质，制作又分为 3 个流程：①设置场景蘑菇材质、②设置场景岛屿材质、③场景材质组合，见图 4-187。

①设置场景蘑菇材质　　　②设置场景岛屿材质　　　③场景材质组合

图 4-187　设置场景材质流程图（总流程 3）

贴心提示

调节 UV 点的位置时应避免相互重叠，使贴图可以舒展地赋予在模型上。

步骤 1 选择场景中的蘑菇顶部模型，在 ✏ （修改）面板中为模型增加 UVW Map（UVW 贴图）和 Unwrap UVW（展开 UVW）命令，控制模型与贴图的匹配性，见图 4-188。

步骤 2 在 Unwrap UVW（展开 UVW）命令中单击 Edit... （编辑）按钮，在弹出的对话框中调节顶部模型的 UV 点位置，见图 4-189。

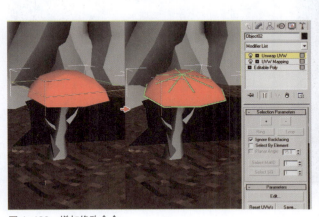

图 4-188　增加修改命令

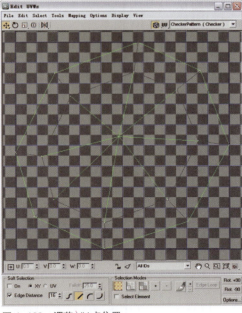

图 4-189　调节 UV 点位置

步骤 3　为场景的蘑菇模型赋予配套光盘中的"MushroomTree.TGA"贴图，再调节模型 UV 点与材质的对应位置，见图 4-190。

步骤 4　在主工具栏中选择 ◉（快速渲染）按钮，渲染场景的蘑菇材质效果，见图 4-191。

贴心提示

游戏模型贴图有明确的绘制要求，长宽必须是 2 倍数的任意组合。

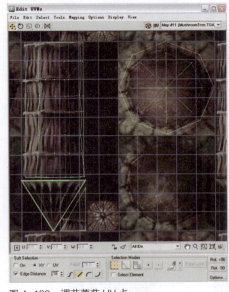

图 4-190　调节蘑菇 UV 点

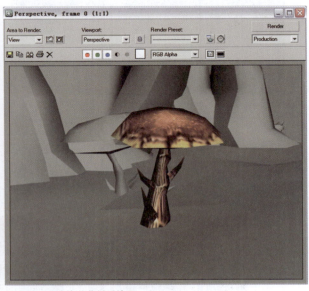

图 4-191　渲染蘑菇材质效果

步骤 5　为场景中的浮岛模型赋予配套光盘中的"chunktop.TGA"和"Rockscene.TGA"材质贴图，见图 4-192。

步骤 6 为场景中的地面模型赋予配套光盘中的"OutlandGround1b.TGA"和"OutlandGround2B.TGA"材质贴图，见图 4-193。

步骤 7 继续为场景中的其他石头模型赋予配套光盘中的"Rock.TGA"材质贴图，见图 4-194。

步骤 8 在主工具栏中选择 ◉（快速渲染）按钮，渲染游戏场景的材质效果，见图 4-195。

图 4-192　赋予浮岛材质

图 4-193　赋予地面材质

图 4-194　赋予石头材质

图 4-195　渲染场景材质效果

总流程 4　建立场景摄影机

渲染动画角色《变异生物》第四个流程（步骤）是建立场景摄影机，制作又分为 3 个流程：①建立摄影机、②摄影机视图匹配、③设置场景安全框，见图 4-196。

①建立摄影机　　　　②摄影机视图匹配　　　　③设置场景安全框

图 4-196　建立场景摄影机流程图（总流程 4）

步骤1 切换视图至四视图，在 ▢（创建）面板 ▦（摄影机）中选择 ▢ Target （目标摄影机）命令，然后在"Perspective透视图"中建立，见图4-197。

步骤2 在菜单中选择【Views（视图）】→【Create Camera From View（匹配摄影机视图）】命令，从视图的角度匹配创建摄影机，见图4-198。

贴心提示

匹配摄影机视图命令可以将摄影机自动调节到当前视图的角度位置，节省了调节摄影机取景的时间。

图4-197 建立摄影机

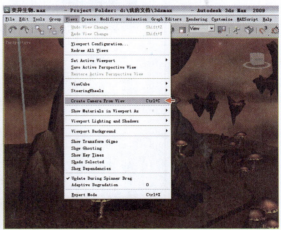

图4-198 从视图匹配创建摄影机

步骤3 在"Perspective透视图"的提示文字上单击鼠标右键，在弹出的菜单中选择【Views（视图）】→【Camera01（摄影机01）】命令，使透视图转换为摄影机视图，见图4-199。

步骤4 在摄影机视图的提示文字上单击鼠标右键，在弹出的菜单中选择Show Safe Frame（显示安全框）命令，见图4-200。

图4-199 转换为摄影机视图

图4-200 显示安全框

总流程5 设置场景灯光

渲染动画角色《变异生物》第五个流程（步骤）是设置场景灯光，制作又分为3个流程：①设置场景主灯光、②设置场景辅助补光、③设置场景环境光，图4-201。

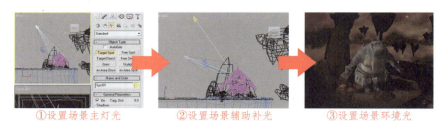

①设置场景主灯光　　②设置场景辅助补光　　③设置场景环境光

图 4-201　设置场景灯光流程图（总流程 5）

步骤 1　在 ■（创建）面板 ▲（灯光）中选择 Target Spot （自由聚光灯）命令，然后在"Front 前视图"中建立灯光，作为场景的主光源照明，见图 4-202。

步骤 2　在主工具栏中选择 ●（快速渲染）按钮，渲染场景的主光源效果，见图 4-203。

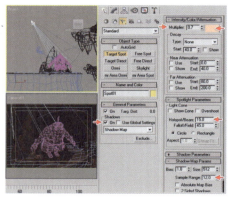

图 4-202　建立主光源

图 4-203　渲染主光源效果

贴心提示

设置暗部区域的补光颜色时，应考虑到对整体效果的影响。冷色系与暖色系的对比，可以直接表现出场景的照明取向。

步骤 3　在 ■（创建）面板 ▲（灯光）中选择 Target Spot （自由聚光灯）命令，然后在"Front 前视图"中建立灯光，作为场景的辅助照明，再设置 Multiplier（倍增）值为 0.5、天光颜色为淡黄，见图 4-204。

步骤 4　在主工具栏中选择 ●（快速渲染）按钮，渲染场景的辅助照明效果，见图 4-205。

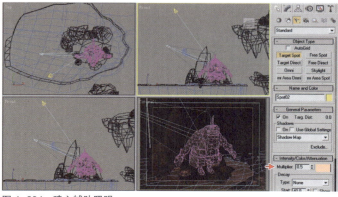

图 4-204　建立辅助照明

图 4-205　渲染辅助照明效果

步骤 5 在 (创建) 面板 (灯光) 中选择 Omni (泛光灯) 命令，然后在 "Top 顶视图" 建立灯光，作为暗部区域的补光，再设置 Multiplier (倍增) 值为 0.5、泛光灯颜色为天蓝，见图 4-206。

步骤 6 在主工具栏中选择 (快速渲染) 按钮，渲染场景暗部区域的补光效果，见图 4-207。

图 4-206 建立暗部补光

图 4-207 渲染暗部补光效果

总流程 6 设置天光渲染

渲染动画角色《变异生物》第六个流程 (步骤) 是设置天光渲染，制作又分为 3 个流程：①设置场景天光、②设置照明跟踪、③场景最终设置，见图 4-208。

①设置场景天光　　　　　②设置照明跟踪　　　　　③场景最终设置

图 4-208 设置天光渲染流程图 (总流程 6)

步骤 1 在 (创建) 面板 (灯光) 中选择 Skylight (天光) 命令，然后在 "Camera01 摄影视图" 建立灯光，再设置 Multiplier (倍增) 值为 0.7、天光颜色为淡蓝，见图 4-209。

图 4-209 建立天光

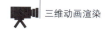
 三维动画渲染

步骤 2 单击 （渲染设置）按钮，在弹出的对话框中选择 Advanced Lighting（高级灯光）下的 Light Tracer（光跟踪器）命令，然后设置 Light Tracer（光跟踪器）参数下 Rays/Sample（光线 / 采样数）的值为 20，这样会降低渲染质量来提高渲染速度，见图 4-210。

步骤 3 在主工具栏中选择 （快速渲染）按钮，渲染场景的低质量天光照明效果，见图 4-211。

步骤 4 提升 Rays/Sample（光线 / 采样数）的值并渲染场景效果，然后再使用 Photoshop 平面设计软件进行颜色和层次的调节，最终效果见图 4-212。

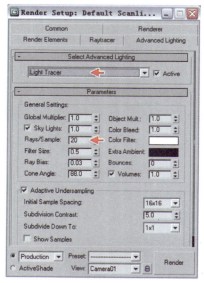

图 4-210　设置光跟踪器

图 4-211　渲染低质量天光效果

图 4-212　动画角色《变异生物》最终渲染效果

本章小结

　　本章介绍了动画角色形象设计中的一些优秀范例，以及角色贴图绘制和角色模型 UV 技术，配合渲染范例《厨房苍蝇》、《卡通鼠》和《变异生物》，全面讲解动画角色渲染的创作流程、方法和实施步骤。

本章作业

一、举一反三

　　通过对本章的基础知识和范例的学习，要求读者参考范例制作流程和方法动手制作多种类别的角色效果，比如"超人"、"怪兽"、"蜜蜂"、"生物"等，并充分理解和掌握本章的内容。

二、练习与实训

项目编号	实训名称	实训页码
实训 4-1	渲染角色《点头人》	见《动画渲染实训》P39
实训 4-2	渲染角色《卡丁宝宝》	见《动画渲染实训》P42
实训 4-3	渲染角色《漂泊者》	见《动画渲染实训》P45
实训 4-4	渲染角色《魔兽角色》	见《动画渲染实训》P48
实训 4-5	渲染角色《战士劳拉》	见《动画渲染实训》P51

　　＊详细内容与要求请看配套练习册《动画渲染实训》。

5

动画道具渲染技法

关键知识点
- 动画道具渲染方法
- 动画道具渲染流程

内容提要

本章由 4 节组成。主要讲解 3ds Max 渲染动画道具的基础知识和基本方法。最后是本章小结和本章作业。

本章教学环境：多媒体教室、软件平台 3ds Max
本章学时建议：26 学时（含 18 学时实践）

第一节　艺术指导原则

　　在动画电影当中，道具就是泛指场景中任何装饰、布置用的可移动物件。道具往往能对整个影片的气氛和人物性格起到很重要的刻画和烘托作用，所以道具在整部影片中同样占据着重要的地位。

　　在动画电影《怪物史莱克2》中，很有学问的魔法师手中拿着的厚厚书籍、傲慢驴子发言时的辅助话筒、穿靴子猫的服装与佩剑、青蛙国王头顶的皇冠等，对整个影片的故事连接和交代线索都起着重要作用，见图5-1。

图5-1　动画电影《怪物史莱克2》中的道具效果

第二节　动画道具渲染技法

　　三维动画的道具展示还需要靠灯光来提升效果，在3ds Max中主要有三点布光、阵列布光和天光三种布光方式，也可以根据个人需要进行灯光的建立。

一、三点布光

　　一个复杂的场景由多名灯光师分别来布光会有多种不同的方案与效果，但是布光的几个原则是大家都会遵守的，著名而经典的布光理论就是三点照明。三点布光又称为区域照明，一般用于较小范围的场景照明。如果场景很大，可以把它拆分成若干个较小的区域进行布光。一般建立三盏灯即可，分别为主体光、辅助光与背景光，见图5-2。

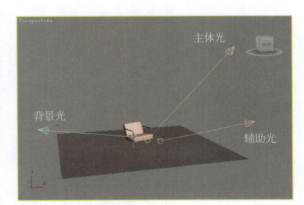

图5-2　三点布光方式效果

- 主体光：用于照亮场景中的主要对象与其周围区域，并且担任给主体对象投影的功能。主要的明暗关系由主体光决定，也包括投影的方向。主体光的任务根据需要也可以用几盏灯共同完成。主光灯一般在15度至30度的位置上称为顺光，在45度至90度的位置上称为侧光，在90度至120度的位置上成为侧逆光。

- 辅助光：又称为补光，用一个聚光灯照射扇形反射面，以形成一种均匀的、非直射性的柔和光源。用它来填充阴影区和被主体光遗漏的场景区域，以及调和明暗区域之间的反差，同时能形成景深与层次，而且这种广泛均匀布光的特性使它为场景打了一层底色，定义了场景的基调。由于要达到柔和照明的效果，通常辅助光的亮度只有主体光的50%至80%。

- 背景光：用于增加背景的亮度，从而衬托主体，并使主体对象与背景相分离。一般使用泛光灯，亮度宜暗不可太亮。

布光的顺序是先定主体光的位置与强度，然后决定辅助光的强度与角度，再分配背景光与装饰光，这样产生的布光效果应该能达到主次分明、互相补充。如果要模拟自然光的效果，就必须对自然光源有足够深刻的理解，可以多看些摄影用光的资料，从而达到逼真的效果。

灯光要体现场景的明暗分布，要有层次性，切不可把所有灯光一概处理。根据需要选用不同种类的灯光，比如选用聚光灯还是泛光灯，还要根据需要决定灯光是否投影，以及阴影的浓度。如果要达到更真实的效果，一定要在灯光衰减方面下一番功夫，可以利用暂时关闭某些灯光的方法排除干扰，再对其他的灯光进行更好地设置。

二、阵列布光

阵列布光方式主要使用多盏微弱的灯光，按照包裹模型的方式将灯光复制，然后再根据需要设置个别灯光的信息，得到照明均衡并细腻的效果，见图5-3。

三、天光

天光方式主要模拟日光照明的效果，但必须与光跟踪器一起使用，还可以设置天空的颜色或为其指定贴图，为场景模拟出圆弧状的顶，得到日光照射产生的边缘的阴影和映色效果，见图5-4。

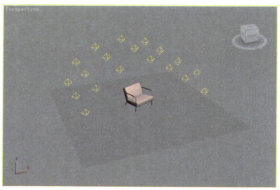

图5-3　阵列布光方式效果　　　　　　　　图5-4　天光方式效果

要快速获得天光和光跟踪器产生效果的预览，可以通过降低光线采样数和过滤器大小的值来实现，这样获得的结果将是实际效果的颗粒状版本。如果使用天光并采用纹理贴图，则应在使用贴图之前，使用图像处理软件彻底地模糊贴图，这样可以帮助减少光跟踪所需的光线变化和数目，可以模糊无法识别的贴图，当贴图用于重聚集间接照明时看起来仍然正确。

四、模型展示

场景模型的建立主要为衬托主体三维模型，可以使用平面图形中的Line（线）命令，在侧视图中绘制有弧度的线形，目的是背景板的圆滑转折不会产生阴影。为绘制的弧度线形增加Extrude（挤出）修改命令，使线形转换为三维模型板，可以完整地从背部和底部包裹主体模型，见图5-5。

为场景建立照明的灯光，使场景产生亮度和阴影效果，更理想地展示主体三维模型，见图5-6。

图 5-5　挤出线形效果

图 5-6　建立灯光效果

五、建立环境背景

环境背景的模型展示方式，需要先对场景建立平面底板，从而接受灯光的阴影信息，然后为平面底板增加 Matte/Shadow（无光／投影）材质类型，此材质专门用于将对象变为无光对象时使用。这样将可以隐藏当前的环境贴图，而在场景中又看不到虚拟对象，但是却能在其他对象上看到其投影效果，见图 5-7。

将环境的颜色设置为灰色，再为场景建立照明的灯光，渲染后将不会显示平面底板模型，但会留下模型产生的阴影效果，见图 5-8。

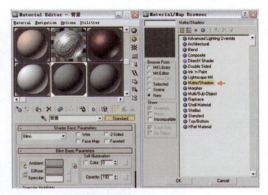

图 5-7　无光／投影材质类型

如果没有直观地预览到模型和阴影效果，还可以在渲染帧窗口中单击 ◐（显示 Alpha 通道）按钮，Alpha 将出现 32 位图像的显示数据，主要用于向图像中的像素指定透明度信息。需注意的是存储格式必须为 Alpha 兼容的格式进行保存，比如 TIFF 或 Targa 格式，见图 5-9。

图 5-8　渲染效果

图 5-9　通道显示效果

第三节 范例制作 5-1 渲染动画道具《沙发》

一、范例简介

本例介绍如何通过灯光与渲染器对动画道具模型《沙发》进行渲染的流程、方法和实施步骤。范例制作中所需素材，位于本书配套光盘中的"范例文件/5-1 沙发"文件夹中。

二、范例预览

打开本书配套光盘中的范例文件/5-1 沙发/5-1 沙发.JPG 文件。通过观看渲染效果图了解本节要讲的大致内容，见图 5-10。

图 5-10 渲染动画道具《沙发》预览效果

三、渲染流程（步骤）及技巧分析

本例主要使用几何体搭建组合模型，将道具模型进行渲染展示，重点要突出灯光与渲染器对沙发的效果表现。渲染分为 6 部分：第 1 部分为制作场景模型；第 2 部分为控制摄影机取景；第 3 部分为调节场景灯光；第 4 部分为调节场景材质；第 5 部分为设置渲染器参数；第 6 部分为图像后期修饰。见图 5-11。

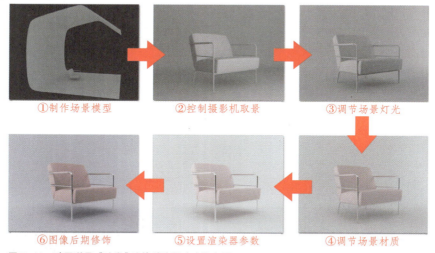

①制作场景模型　　②控制摄影机取景　　③调节场景灯光

⑥图像后期修饰　　⑤设置渲染器参数　　④调节场景材质

图 5-11 动画道具《沙发》渲染总流程（步骤）图

四、具体操作

总流程 1 制作场景模型

渲染动画道具《沙发》第一个流程（步骤）是制作场景模型，制作又分为 3 个流程：①制作沙发坐垫模型、②制作沙发铁架模型、③制作背景衬板模型，见图 5-12。

①制作沙发坐垫模型　　②制作沙发铁架模型　　③制作背景衬板模型

图 5-12　制作场景模型流程图（总流程 1）

　　步骤 1　打开 Autodesk 3ds Max 软件，在　（创建）面板　（几何体）中选择标准基本体的　Box　（长方体）命令，在场景中建立长方体模型，然后使用编辑多边形命令编辑产生沙发模型效果，见图 5-13。

　　步骤 2　在　（创建）面板　（平面图形）中选择　Line　（线）命令，在场景中绘制出沙发腿部模型效果，然后在曲线的 Rendering（渲染）卷展栏中将 Enable In Renderer（在渲染中启用）开启，产生沙发腿部模型效果，见图 5-14。

> **贴心提示**
>
> 平面图形创建的模型不是纯粹的三维模型，所以会比直接使用几何体建立模型提高运算效率。

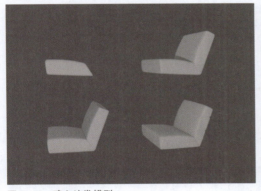

图 5-13　建立沙发模型

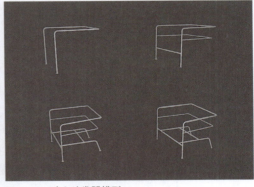

图 5-14　建立沙发腿模型

　　步骤 3　调节"Perspective 透视图"的角度，观察最终完成后的沙发模型效果，见图 5-15。

　　步骤 4　在　（创建）面板　（平面图形）中选择　Line　（线）命令，然后在"Left 左视图"绘制出环境轮廓曲线，作为沙发静帧模型的背景，见图 5-16。

图 5-15　沙发模型完成效果

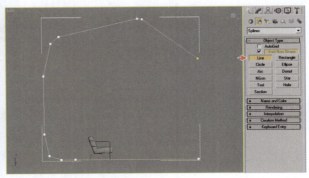

图 5-16　绘制环境轮廓曲线

贴心提示

所有的三维物体默认只显示单面，如需要观看另一面的效果，可以通过 Normal（法线）命令翻转到需要观看的一面。

步骤5 切换至"Perspective 透视图"，在 （修改）面板中为环境轮廓曲线增加 Extrude（挤出）命令，然后设置 Amount（数量）值为 250、Segments（段数）值为 3，挤出环境衬板的模型效果，见图 5-17。

步骤6 继续在 （修改）面板中为挤出的环境模型增加 Normal（法线）命令，将环境模型面的法线进行翻转，见图 5-18。

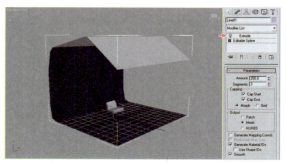

图 5-17 挤出操作

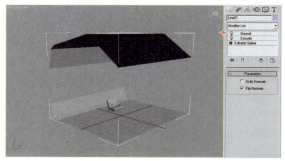

图 5-18 增加法线命令

贴心提示

TurboSmooth（涡轮平滑）会比网格平滑命令更快，并更有效率地利用内存。

步骤7 在 （修改）面板中为环境模型继续增加 TurboSmooth（涡轮平滑）命令，设置 Iteration（迭代）值为 2，使环境模型表面产生平滑效果，见图 5-19。

步骤8 调节"Perspective 透视图"的角度，观察制作完的场景模型效果，见图 5-20。

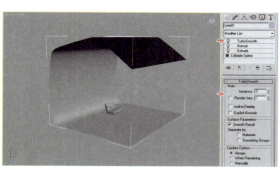

图 5-19 增加平滑命令

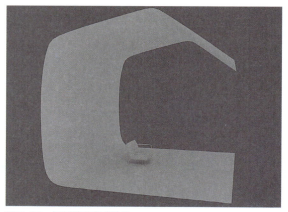

图 5-20 场景模型完成效果

总流程2 控制摄影机取景

渲染动画道具《沙发》第二个流程（步骤）是控制摄影机取景，制作又分为 3 个流程：①建立场景摄影机、②设置视图匹配与安全框、③渲染器基本设置，见图 5-21。

①建立场景摄像机　②设置视图匹配与安全框　③渲染器基本设置

图 5-21　控制摄影机取景流程图（总流程 2）

步骤 1　在 （创建）面板 （摄影机）中选择标准的 Target （目标摄像机）命令，然后在"Top 顶视图"建立目标摄影机，产生新的观察视角，见图 5-22。

步骤 2　切换至四视图的显示方式，使用 （移动）工具调节摄影机的位置，见图 5-23。

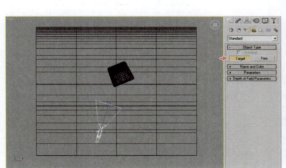

图 5-22　建立摄影机

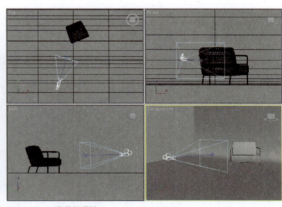

图 5-23　调节摄影机

步骤 3　切换至"Perspective 透视图"，在视图名称上单击鼠标右键，在弹出菜单中选择【Views（视图）】→【Camera01（摄影机 01）】命令，将视图转换为摄影机视图，见图 5-24。

步骤 4　切换到摄影机视图，在视图名称上单击鼠标右键，在弹出菜单中选择 Show Safe Frame（显示安全框）命令，在视图上显示安全框，以便更好地控制渲染区域，见图 5-25。

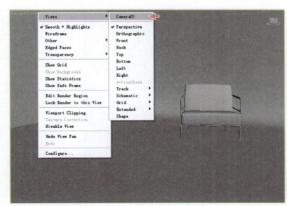

图 5-24　转换视图

图 5-25　显示安全框

三维动画渲染

步骤 5 在主工具栏中选择 （渲染设置）按钮，打开渲染场景对话框，然后在 Assign Renderer（指定渲染器）卷展栏中，将 Production（产品级别）设置为 VRay 渲染器，见图 5-26。

步骤 6 再切换至 VRay 渲染器模块中，将 Global switches（全局开关）卷展栏中的 Default lights（默认灯光）取消，然后将 V-Ray Image sampler（图像采样器）卷展栏中的 Type（类型）设置为 Fixed（固定）类型，再将 V-Ray Color mapping（颜色贴图）卷展栏中的 Type（类型）设置为 Exponential（指数倍增）类型，见图 5-27。

> **贴心提示**
>
> Default lights（默认灯光）可以控制是否使用 3ds Max 的默认灯光。

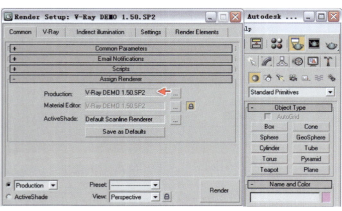

图 5-26 设置渲染器

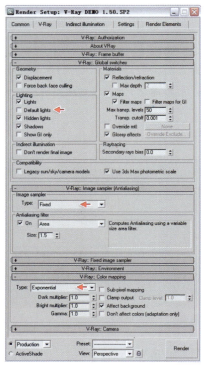

图 5-27 设置渲染参数

步骤 7 在主工具栏中选择 （快速渲染）按钮，渲染沙发模型效果，见图 5-28。

图 5-28 渲染模型效果

156

总流程3 调节场景灯光

渲染动画道具《沙发》第三个流程（步骤）是调节场景灯光，制作又分为3个流程：①设置场景主灯光、②设置场景辅助灯光、③设置间接照明，见图5-29。

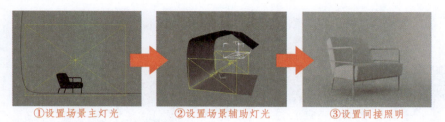

①设置场景主灯光   ②设置场景辅助灯光   ③设置间接照明

图5-29 调节场景灯光流程图（总流程3）

步骤1 在 ■（创建）面板 ■（灯光）中选择 VRay 的 VRayLight（VRay 灯光）命令，然后在"Left 左视图"中建立灯光，制作场景中主要光源效果，见图5-30。

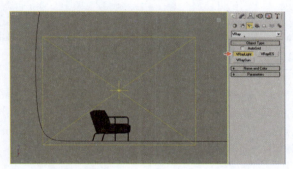

图5-30 建立主光

步骤2 切换至四视图的显示方式，在 ■（修改）面板中设置 Multiplier（倍增器）值为6、Half-length（灯光长度）值为45、Half-width（灯光宽度）值为30，调节灯光的照射参数，见图5-31。

步骤3 切换至摄影机视图，在主工具栏中选择 ■（快速渲染）按钮，渲染灯光照射效果，见图5-32。

> **贴心提示**
>
> Half-length（灯光长度）可以控制所建立灯光的准确长度值，也就是光源的 U 向尺寸。

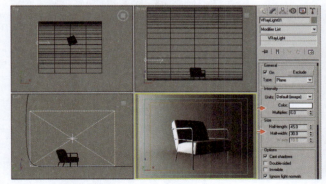

图5-31 调节灯光参数

图5-32 渲染灯光效果

贴心提示

Half-width（灯光宽度）可以控制所建立灯光的准确宽度值，也就是光源的 V 向尺寸。

步骤 4 切换至四视图的显示方式，在 （创建）面板 （灯光）中选择 VRay 的 VRayLight（VRay 灯光）命令，然后在"Perspective 透视图"中建立灯光，设置 Multiplier（倍增器）值为 4、Half-length（灯光长度）值为 45、Half-width（灯光宽度）值为 30，调节灯光到沙发模型的另一侧，制作场景中辅助光源效果，见图 5-33。

步骤 5 在主工具栏中选择 （快速渲染）按钮，渲染辅助灯光照射效果，见图 5-34。

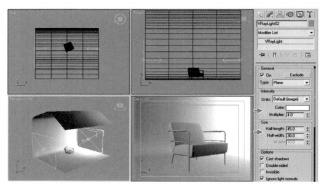

图 5-33 制作辅助灯光

图 5-34 渲染辅助灯光效果

贴心提示

Invisible（不可见）可以控制最终渲染时是否显示 VRay Light 灯光的形状。

步骤 6 切换至四视图的显示方式，继续在"Perspective 透视图"中建立 VRayLight（VRay 灯光），设置 Multiplier（倍增器）值为 12、Half-length（灯光长度）值为 50、Half-width（灯光宽度）值为 18，再勾选 Invisible（不可见）项目，然后调节灯光到沙发模型顶部位置，见图 5-35。

步骤 7 切换至摄影机视图，在主工具栏中选择 （快速渲染）按钮，渲染灯光照射效果，见图 5-36。

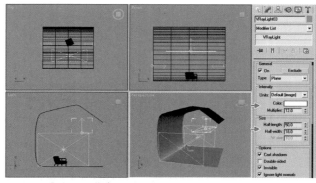

图 5-35 制作辅助灯光

图 5-36 渲染场景灯光效果

步骤 8 在主工具栏中选择 （渲染设置）按钮，打开渲染场景对话框，然后在 Indirect illumination（间接照明）卷展栏中勾选 On（开启）间接照明效果，然后设置 Primary bounces（初级计算）的 GI engine（全局光引擎）为

Irradiance map（发光贴图）、Primary bounces（次级计算）的 GI engine（全局光引擎）为 Light cache（灯光缓存），见图 5-37。

步骤 9 在主工具栏中选择 （快速渲染）按钮，渲染沙发模型的灯光照射效果，见图 5-38。

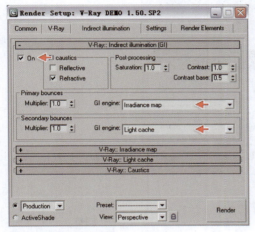

图 5-37 调节间接照明

图 5-38 渲染间接照明效果

总流程 4 调节场景材质

渲染动画道具《沙发》第四个流程（步骤）是调节场景材质，制作又分为 3 个流程：①切换材质类型、②设置沙发坐垫材质、③设置沙发铁架材质，见图 5-39。

①切换材质类型　　　②设置沙发坐垫材质　　　③设置沙发铁架材质

图 5-39 调节场景材质流程图（总流程 4）

步骤 1 在主工具栏中单击 ☷（材质编辑器）按钮，弹出材质编辑器对话框，单击 `Standard`（标准）按钮，然后在弹出的材质类型对话框中选择 VRayMtl（VRay 材质）类型，制作沙发坐垫表面材质，见图 5-40。

步骤 2 更改完材质类型后，设置 Diffuse（漫反射）颜色为暗粉色、Reflect（反射）颜色为灰色、Hilight glossiness（高光光泽度）值为 0.75、Refl glossiness（反射光泽度）值为 0.75、勾选 Fresnel reflections（菲涅尔反射），然后为 Bump（凹凸）增加 Noise（噪波）纹理，设置 Noise Type（噪波类型）为 Fractal（分形）类型、Size（大小）值为 0.15，制作沙发坐垫的颗粒效果，见图 5-41。

> **贴心提示**
>
> Fresnel IOR（菲涅尔反射）控制使用菲涅尔反射后的反射强度。

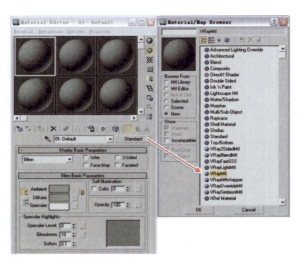

图 5-40　切换材质类型

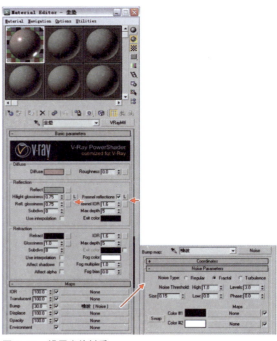

图 5-41　设置坐垫材质

步骤 3　将调节完的材质赋予给沙发模型，在主工具栏中选择 🔘（快速渲染）按钮，渲染沙发模型的材质效果，见图 5-42。

图 5-42　渲染沙发材质效果

步骤 4　选择新的材质球，将类型更改为 VRayMtl（VRay 材质）类型，设置 Diffuse（漫反射）颜色为黑色、Reflect（反射）颜色为灰色、Refl glossiness（反射光泽度）值为 0.8，制作沙发腿的材质效果，见图 5-43。

步骤 5　选择另一个材质球，将类型更改为 VRayMtl（VRay 材质）类型，设置 Diffuse（漫反射）颜色为暗粉色、Reflect（反射）颜色为深灰色、Hilight glossiness（高光光泽）值为 0.65、Refl glossiness（反射光泽度）值为 0.77，制作沙发扶手材质效果，见图 5-44。

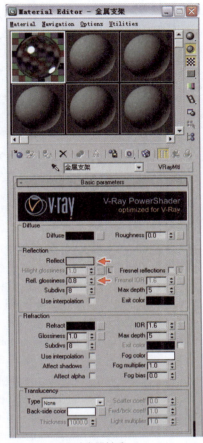

图 5-43　设置沙发腿材质

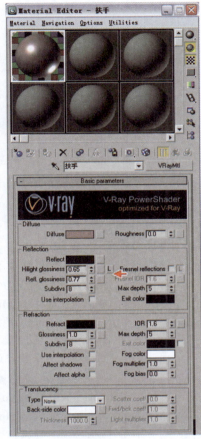

图 5-44　设置扶手材质

步骤 6　选择另一个材质球，分别设置 Diffuse（漫反射）颜色的 Red（红色）、Green（绿色）、Blue（蓝色）值为 176，制作环境材质效果，见图 5-45。

步骤 7　在主工具栏中选择 🔘（快速渲染）按钮，渲染调节完材质的沙发模型效果，见图 5-46。

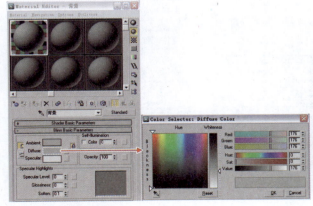

图 5-45　设置环境材质

图 5-46　渲染沙发模型效果

总流程 5　设置渲染器参数

　　渲染动画道具《沙发》第五个流程（步骤）是设置渲染器参数，制作又分为 3 个流程：①设置渲染图像采样、②设置渲染发光贴图、③设置渲染采样，见图 5-47。

①设置渲染图像采样　　　　②设置渲染发光贴图　　　　③设置渲染采样

图 5-47　设置渲染器参数流程图（总流程 5）

　　步骤 1　在主工具栏中选择 （渲染设置）按钮，打开渲染场景对话框，在 Image sampler（图像采样器）卷展栏中设置 Image sampler（图像采样器）的 Type（类型）为 Adaptive DMC（适应 DMC）类型、Antialiasing filter（抗锯齿过滤器）为 Mitchell-Netravali（米切尔）类型，然后在 Adaptive DMC image sampler（适应 DMC 图像采样器）卷展栏中设置 Min subdivs（最小细分）值为 2、Max subdivs（最大细分）值为 4，最后在 Color mapping（颜色贴图）卷展栏中设置 Dark multiplier（暗的倍增）值为 1.7，见图 5-48。

　　步骤 2　在渲染设置对话框中的 Irradiance map（发光贴图渲染引擎）卷展栏中设置 Current preset（当前预设模式）为 Low（低）、HSph subdivs（半球细分）值为 55、Interp samples（插值的样本）值为 30、勾选提高细节 On（开启），开启细节提高效果，见图 5-49。

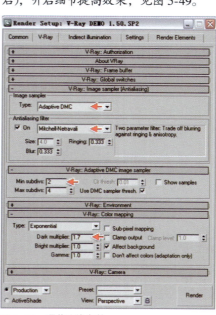

图 5-48　调节渲染参数

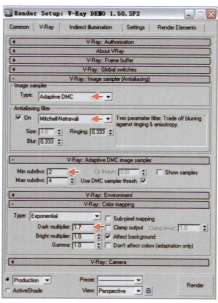

图 5-49　调节发光贴图渲染引擎

步骤3 在 Light cache（灯光缓存）卷展栏中设置 Subdivs（细分）值为 850、Pre-filter（过滤）值为 1000、Filter（过滤）方式为 None（无），见图 5-50。

步骤4 继续在 DMC Sampler（DMC 采样器）卷展栏中设置 Noise threshold（噪波阈值）值为 0.006、Global subdivs multiplier（全局细分倍增）值为 4，然后在 V-Ray System（系统）卷展栏中设置 Dynamic memory limit（动力学储存限制）值为 600、Default geometry（默认几何学）类型为 Dynamic（动力学）、Render region division（渲染区域分界）中的 X 值为 32，见图 5-51。

<table>
<tr><td>

贴心提示

Noise threshold（噪波阈值）主要控制 VRay 对模糊结果的噪波敏感度。噪波阈值的值越低噪点越少，渲出的图像品质越好，但会增加渲染时间。
</td></tr>
</table>

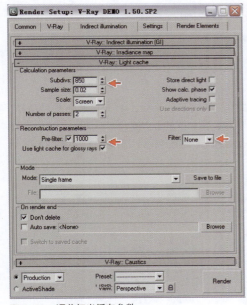

图 5-50 调节灯光缓存参数

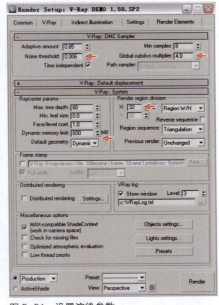

图 5-51 设置渲染参数

步骤5 在主工具栏中选择 ⬡（快速渲染）按钮，渲染制作完成的沙发静帧效果，见图 5-52。

图 5-52 渲染完成效果

图 5-56　渲染通道效果

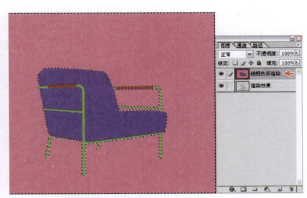

图 5-57　选择背景区域

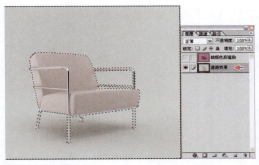

图 5-58　创建选区

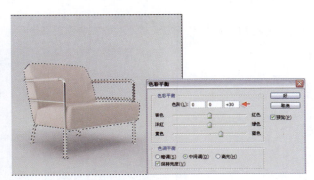

图 5-59　增加色彩平衡

步骤 7　显示颜色通道图层，并切换至颜色通道图层，使用 ⚲（魔棒）工具选择沙发区域，见图 5-60。

步骤 8　关闭颜色通道图层的 👁（显示），回到沙发静帧图层，沙发静帧图层上的沙发区域被选中，见图 5-61。

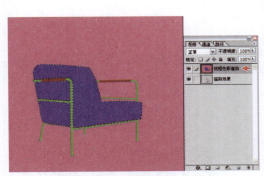

图 5-60　选择沙发区域

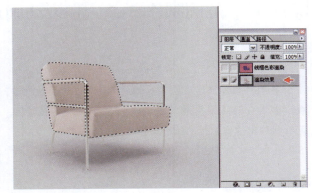

图 5-61　创建选区

步骤 9　在菜单中为选择的沙发区域添加色相 / 饱和度效果，设置饱和度值为 25，使沙发颜色偏暖，见图 5-62。

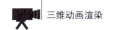

步骤 10 取消选区，直接为沙发静帧图层增加色阶效果，调节输入色阶值为 0、0.55、255，产生较重的颜色对比效果，见图 5-63。

图 5-62　增加色相 / 饱和度

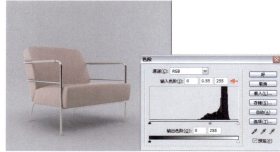

图 5-63　增加色阶

步骤 11 色阶调节完成后，对沙发静帧图层进行输出，最终完成效果见图 5-64。

图 5-64　动画道具《沙发》最终渲染效果

第四节　范例制作 5-2　渲染动画道具《汽车》

一、范例简介

本例介绍如何通过渲染器的设置使动画道具《汽车》展示出华贵的商务气质效果的流程、方法和实施步骤。范例制作中所需素材，位于本书配套光盘中的"范例文件 /5-2 汽车"文件夹中。

二、范例预览

打开本书配套光盘中的范例文件 /5-2 汽车 /5-2 汽车 .JPG 文件。通过观看渲染效果图了解本节要讲的大致内容，见图 5-65。

图 5-65　渲染动画道具《汽车》预览效果

三、渲染流程（步骤）及技巧分析

本例主要使用几何体搭建组合汽车展示的场景模型，重点突出灯光与渲染器对汽车道具模型起到衬托作用，使汽车展示出华贵的商务气质效果。渲染分为6部分：第1部分为制作场景模型；第2部分为控制摄影机取景；第3部分为调节场景灯光；第4部分为调节场景材质；第5部分为设置图像采样；第6部分为图像后期修饰，见图5-66。

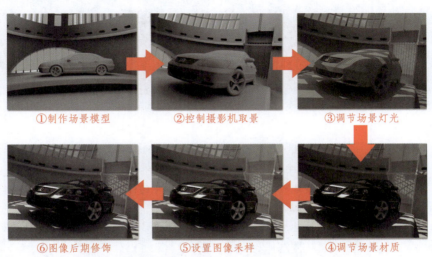

①制作场景模型　　②控制摄影机取景　　③调节场景灯光

⑥图像后期修饰　　⑤设置图像采样　　④调节场景材质

图5-66　动画道具《汽车》渲染总流程（步骤）图

四、具体操作

总流程1　制作场景模型

渲染动画道具《汽车》第一个流程（步骤）是制作场景模型，制作又分为3个流程：①制作汽车道具模型、②搭建场景模型、③组合汽车与场景模型，见图5-67。

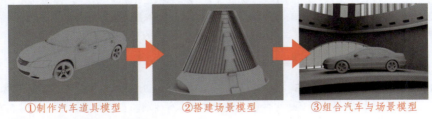

①制作汽车道具模型　　②搭建场景模型　　③组合汽车与场景模型

图5-67　制作场景模型流程图（总流程1）

步骤1　在 ![icon]（创建）面板 ![icon]（几何体）中使用标准基本体，结合编辑多边形命令编辑产生汽车的外壳模型效果，见图5-68。

步骤2　继续在 ![icon]（创建）面板 ![icon]（几何体）中使用标准基本体结合编辑多边形命令，编辑汽车的车门模型，见图5-69。

图 5-68 创建汽车外壳模型

图 5-69 添加车门模型

步骤 3 再使用 ◎（几何体）中的标准基本体命令结合编辑多边形命令，编辑产生汽车内部的座椅与车灯模型效果，见图 5-70。

步骤 4 继续使用 ◎（几何体）中的标准基本体命令结合编辑多边形命令，制作汽车轮胎模型效果，见图 5-71。

图 5-70 添加座椅与车灯模型

图 5-71 添加汽车轮胎模型

贴心提示

为了提高制作效率和渲染速度，可以简化渲染看不到的模型部分，避免渲染时间过长。

步骤 5 在 ◎（创建）面板 ◎（几何体）中使用标准基本体命令，结合使用编辑多边形命令，编辑产生车窗玻璃与车灯玻璃模型，见图 5-72。

步骤 6 继续在 ◎（创建）面板 ◎（几何体）中选择标准基本体命令，然后使用编辑多边形命令编辑产生场景的基础模型效果，见图 5-73。

步骤 7 继续使用标准基本体命令，结合编辑多边形命令编辑产生场景模型的顶部基础模型效果，见图 5-74。

步骤 8 继续使用标准基本体命令，结合编辑多边形命令编辑产生场景模型的顶部辅助模型效果，使场景模型的顶部更加地丰富，见图 5-75。

图 5-72　添加汽车玻璃模型

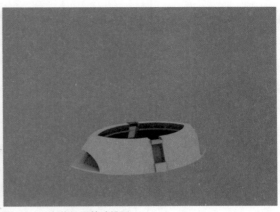

图 5-73　制作场景基础模型

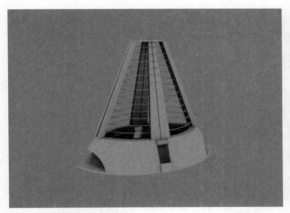

图 5-74　制作场景顶部模型

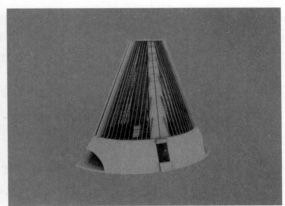

图 5-75　增加场景顶部辅助模型

步骤 9　继续为场景模型增加细节，最终完成场景模型的制作，见图 5-76。

步骤 10　调节场景视图角度和模型间的位置，然后在主工具栏中选择 (快速渲染)按钮，渲染制作完成的汽车展示模型效果，见图 5-77。

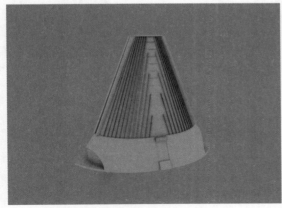

图 5-76　完成场景模型效果

图 5-77　渲染汽车模型效果

总流程2 控制摄影机取景

渲染动画道具《汽车》第二个流程（步骤）是控制摄影机取景，制作
又分为3个流程：①建立场景摄影机、②设置场景安全框、③调节场景构
图，见图5-78。

①建立场景摄影机　　②设置场景安全框　　③调节场景构图

图5-78　控制摄影机取景流程图（总流程2）

步骤1　在 ![]（创建）面板 ![]（摄影机）中选择标准的 Target （目标）
命令，然后在"Perspective 透视图"建立目标摄影机，产生新的观察视角，见
图5-79。

步骤2　切换至四视图显示方式，调节"Perspective 透视图"角度，然后
在主菜单中选择【Views（视图）】→【Create Camera From View（从视图创建
摄影机）】命令，使摄影机与视图的观察视角匹配，见图5-80。

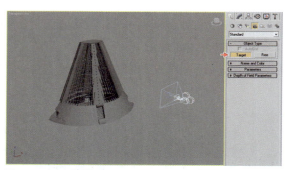

图5-79　建立摄影机

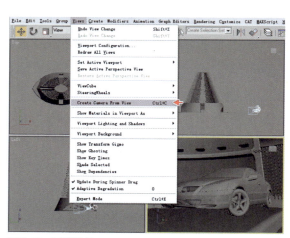

图5-80　匹配视角

贴心提示

除了选择命令以外，
也可以直接使用快
捷键"C"切换至摄
影机视图。

步骤3　切换至"Perspective 透视图"，在视图中单击鼠标右键，在弹出
的菜单中选择 Camera View（摄影机视图）命令，将当前视图切换至摄影机
视图，见图5-81。

步骤4　在视图名称上单击鼠标右键，在弹出菜单中选择 Show Safe
Frame（显示安全框）命令，在视图上显示安全框，以便更好地控制渲染区域，
见图5-82。

图 5-81　切换视图

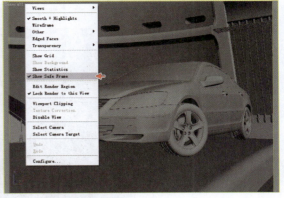

图 5-82　显示安全框

步骤 5　选择摄影机，在 🖌（修改）面板中调节 Lens（镜头）值为 24，使摄影机产生更大的透视角度，见图 5-83。

图 5-83　调节镜头

> **贴心提示**
> 当摄影机视图处于活动状态时，推拉工具将代替缩放按钮，主要可以控制沿着摄影机的主轴移动摄影机或目标，以及移向或移离摄影机所指的方向。

步骤 6　使用 ⬆（推拉摄影机）工具调节摄影机视图的位置，使汽车与观察角度距离拉近，见图 5-84。

步骤 7　然后使用 ⟳（侧滚摄影机）工具，将摄影机视图进行倾斜，产生更好的观察效果，见图 5-85。

> **贴心提示**
> 调节摄影机的侧滚角度可以增强视觉的力度，使汽车道具产生向前冲的动势。

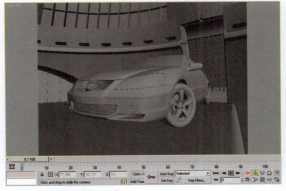

图 5-84　调节摄影机距离

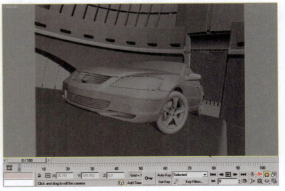

图 5-85　调节摄影机角度

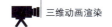

步骤 8 在主工具栏中选择 👁（快速渲染）按钮，渲染完成后的摄影机取景效果，见图 5-86。

图 5-86　渲染摄影机效果

总流程 3　调节场景灯光

渲染动画道具《汽车》第三个流程（步骤）是调节场景灯光，制作又分为 3 个流程：①设置渲染器照明、②设置天空照明、③设置辅助照明，见图 5-87。

①设置渲染器照明　②设置天空照明　③设置辅助照明

图 5-87　调节场景灯光流程图（总流程 3）

步骤 1 在主工具栏中选择 🖥（渲染设置）按钮，打开渲染场景对话框，然后在 Assign Renderer（指定渲染器）卷展栏中，将 Production（产品级别）设置为 VRay 渲染器，见图 5-88。

图 5-88　设置渲染器

步骤2 展开 Global switches（全局开关）卷展栏，取消 Default lights（默认灯光）项目，然后为 Override mtl（材质覆盖）赋予 VRayMtl（VRay 材质），见图 5-89。

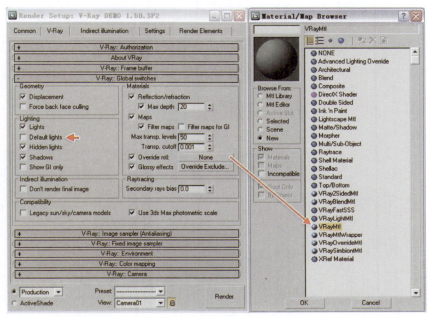

图 5-89 调节渲染器

步骤3 在主工具栏中单击 （材质编辑器）按钮，弹出材质编辑器对话框，然后使用鼠标左键将 Override mtl（材质覆盖）的材质拖拽到材质球上，在弹出的对话框中以 Instance（实例）方式复制，见图 5-90。

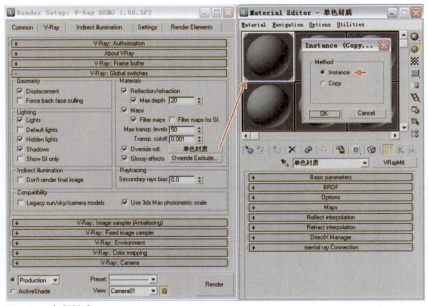

图 5-90 复制材质

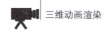

步骤4 展开 VRayMtl（VRay 材质）的材质参数，在 Basic parameters（基本参数）卷展栏设置 Diffuse（漫反射）颜色的 Red（红色）、Green（绿色）与 Blue（蓝色）的值分别为 185，调节材质球的漫反射颜色，见图 5-91。

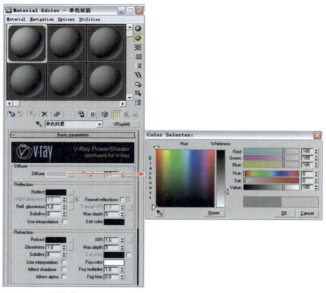

图 5-91　调节漫反射颜色

贴心提示

图像采样的质量将直接控制图像效果和渲染速度，所以在预览时没必要设置过高。

步骤5 再展开渲染设置中的 Image sampler（图像采样器）卷展栏，设置 Image sampler（图像采样器）的 Type（类型）为 Fixed（固定）、Antialiasing（抗锯齿）为 Area（区域），然后展开 Fixed image sampler（像素图像采样器）卷展栏，设置 Subdivs（细分）值为 2，见图 5-92。

步骤6 展开 Environment（环境）卷展栏，在 GI Environment skylight override（GI 环境天空光装置）中勾选 On（开启），然后设置颜色为白色并赋予 VRayHDRI（高动态范围贴图）纹理，见图 5-93。

贴心提示

Environment（环境）卷展栏主要用来模拟场景周围的环境，比如天空效果和室外场景，从而增强场景的照明系统。

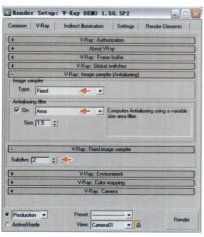

图 5-92　设置图像采样参数

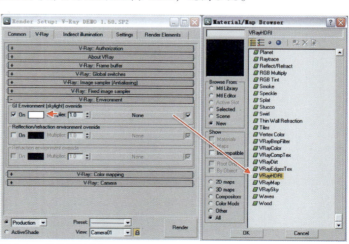

图 5-93　设置环境属性

步骤 7　使用鼠标左键将 VRayHDRI（高动态范围贴图）纹理拖拽到材质球上，在弹出的对话框中以 Instance（实例）方式复制，见图 5-94。

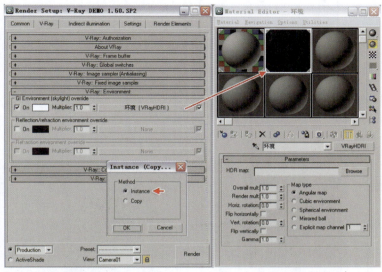

图 5-94　复制材质

步骤 8　展开 VRayHDRI（高动态范围贴图）纹理参数，为 HDR map（HDR 贴图）赋予本书配套光盘中"白色产品照明环境 .hdr"贴图，然后勾选 Spherical environment（球形环境），制作环境效果，见图 5-95。

步骤 9　在 Environment（环境）卷展栏中勾选 Reflection/refraction environment override（反射 / 折射环境装置）中的 On（开启），然后使用鼠标左键以 Instance（实例）方式将 VRayHDRI（高动态范围贴图）纹理拖拽到 Reflection/refraction environment override（反射 / 折射环境装置）上，见图 5-96。

> **贴心提示**
> 3ds Max 中所有贴图效果都可以进行复制操作，没必要逐一进行设置。

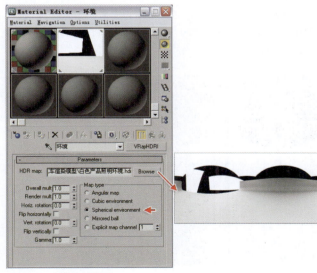

图 5-95　制作环境材质

图 5-96　设置环境参数

步骤 10 继续在渲染器中设置 Indirect illumination（间接照明）、Irradiance map（发光贴图渲染引擎）和 Light cache（灯光缓存）的属性，使渲染器在渲染时产生更好的照明效果，见图 5-97。

步骤 11 在场景中可以选择辅助的装饰模型，然后在显示面板中单击隐藏按钮，将选择的装饰模型进行隐藏，这样可以提高渲染速度，方便观察渲染效果，见图 5-98。

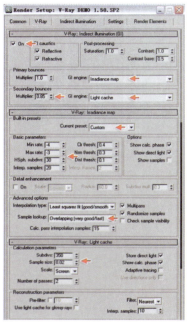

图 5-97 设置渲染参数

图 5-98 隐藏装饰模型

步骤 12 在主工具栏中选择 （快速渲染）按钮，渲染汽车展示场景效果，见图 5-99。

步骤 13 切换至四视图的显示方式，在 （创建）面板 （灯光）中选择 VRay 中的 VRaySun （VRay 阳光）命令，在"Top 顶视图"中建立灯光，在弹出的 VRaySun（VRay 阳光）对话框中单击 是(Y) 按钮，然后设置 intensity multiplier（强度倍增）值为 0.01、size multiplier（大小倍增）值为 0.1、shadow subdivs（阴影细分）值为 8，制作场景中主要光源效果，见图 5-100。

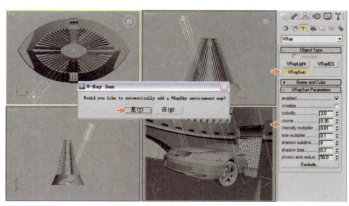

图 5-99 渲染场景模型

图 5-100 设置太阳光参数

步骤 14 在主菜单中选择【Rendering（渲染）】→【Environment（环境）】命令，准备设置场景外的环境效果，见图 5-101。

步骤 15 在弹出的环境调节对话框中为 Environment Map（环境贴图）赋予 VRaySky（VRay 天空）纹理，然后使用鼠标左键以 Instance（实例）的方式将赋予完的纹理拖拽到材质球上，见图 5-102。

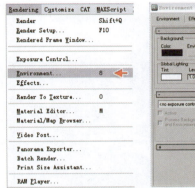
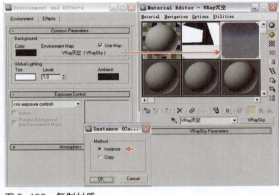

图 5-101　打开环境设置　　图 5-102　复制材质

步骤 16 展开 VRaySky（VRay 天空）纹理调节参数，勾选 manual sun node（手动阳光目标）项目，然后使用 sun node（阳光目标）拾取场景中的 VRaySun（VRay 阳光）灯光，设置 sun turbidity（阳光混浊）值为 2、sun ozone（阳光臭氧层）值为 0.35、sun intensity multiplier（阳光强度倍增）值为 0.01、sun invisible（阳光不可见）值为 0.1，见图 5-103。

步骤 17 在主工具栏中选择 （快速渲染）按钮，渲染汽车展示场景效果，见图 5-104。

> **贴心提示**
>
> sun invisible（阳光不可见）是对环境或灯光以外的区域增加照明辅助效果。

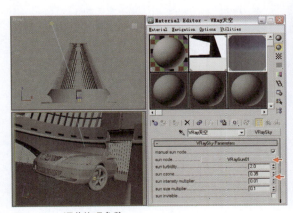
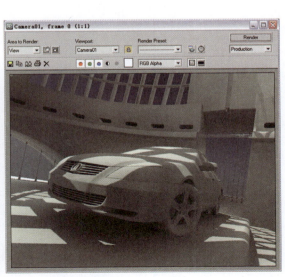

图 5-103　调节纹理参数　　　　　　　　图 5-104　渲染场景效果

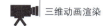

步骤 18 在 ✎（创建）面板 ❀（灯光）中选择 VRay 中的 VRayLight （VRay 灯光）命令，在 "Top 顶视图" 中建立灯光，然后在 General（常规）中设置 Type（类型）为 Sphere（球形）、Intensity（强度）的 multiplier（倍增）值为 85、Size（大小）的 Radius（半径）值为 35，制作场景中辅助光源效果，见图 5-105。

步骤 19 在主工具栏中选择 ◉（快速渲染）按钮，渲染汽车展示场景的灯光效果，见图 5-106。

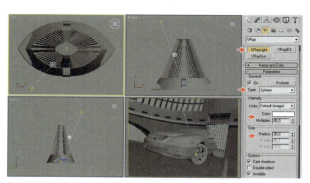

图 5-105　建立辅助灯光

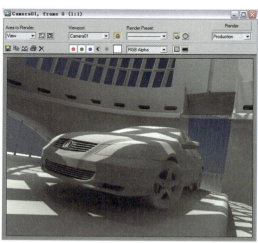

图 5-106　渲染场景灯光效果

> **贴心提示**
>
> Color mapping（颜色贴图）卷展栏通常被用于最终图像的色彩转换。

步骤 20 在渲染器中展开 Color mapping（颜色贴图）卷展栏，设置 Type（类型）为 Exponential（指数倍增）、Dark multiplier（暗的倍增）值为 1.5，使渲染器在渲染时产生更好的颜色效果，见图 5-107。

步骤 21 在主工具栏中选择 ◉（快速渲染）按钮，渲染完成的汽车展示场景灯光效果，见图 5-108。

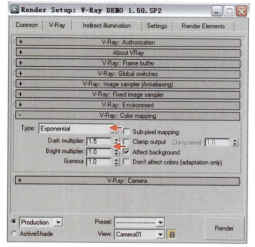

图 5-107　设置渲染参数

图 5-108　渲染场景灯光效果

总流程 4   调节场景材质

渲染动画道具《汽车》第四个流程（步骤）是调节场景材质，制作又分为 3 个流程：①设置场景材质、②设置主体汽车材质、③设置辅助汽车材质，见图 5-109。

①设置场景材质　②设置主体汽车材质　③设置辅助汽车材质

图 5-109　调节场景材质流程图（总流程 4）

步骤 1　在主工具栏中单击 ![icon]（材质编辑器）按钮，弹出材质编辑器对话框，选择材质球并更改材质类型为 VRayMtl（VRay 材质），然后展开 Maps（贴图）卷展栏，为 Diffuse（漫反射）与 Bump（凹凸）赋予本书配套光盘中的"颗粒纹理素材 .bmp"贴图，制作大楼主体支架材质，见图 5-110。

步骤 2　选择另一个材质球并更改材质类型为 VRayMtl（VRay 材质），然后设置 Diffuse（漫反射）的颜色为白色，制作楼梯内部中心支柱材质，见图 5-111。

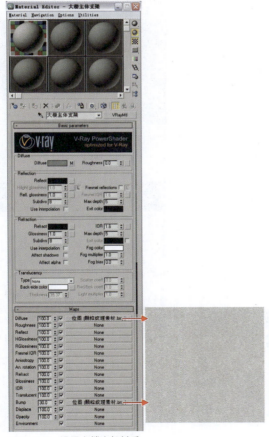

图 5-110　设置大楼支架材质

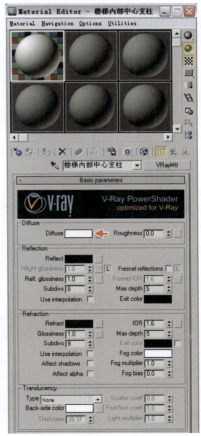

图 5-111　设置支柱材质

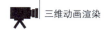

步骤 3 再选择材质球并更改材质类型为 VRayMtl（VRay 材质），设置 Diffuse（漫反射）的颜色为灰色，然后展开 Maps（贴图）卷展栏，为 Bump（凹凸）赋予本书配套光盘中的"地面纹理 .bmp"贴图，并调节凹凸值为 50，制作大楼的地面材质，见图 5-112。

步骤 4 重新选择材质球并更改材质类型为 VRayMtl（VRay 材质），设置 Diffuse（漫反射）的颜色为浅灰色，然后设置 Reflection（反射）与 Refraction（折射）参数，制作场景中的楼梯玻璃材质，见图 5-113。

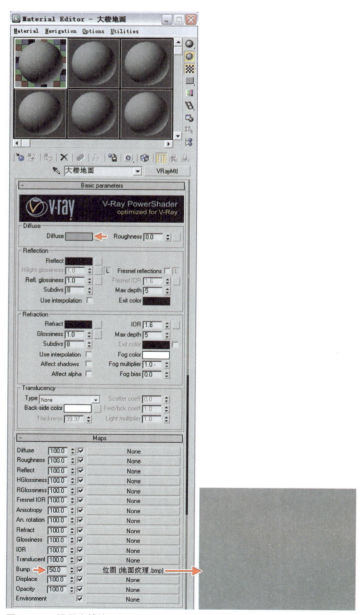

图 5-112 设置大楼地面材质

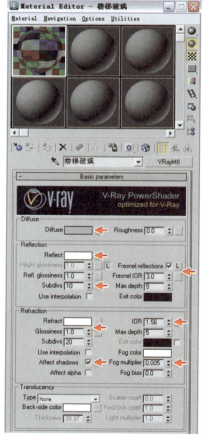

图 5-113 设置楼梯玻璃材质

步骤 5 选择材质球并更改材质类型为 VRayMtl（VRay 材质），然后展开 Maps（贴图）卷展栏，为 Diffuse（漫反射）与 Bump（凹凸）赋予本书配套光盘中的"地面纹理 .bmp"贴图，并调节凹凸值为 25，制作楼梯底座主体材质，见图 5-114。

步骤 6 打开渲染设置对话框，然后在 Global switches（全局开关）卷展栏中取消 Override mtl（材质覆盖）的勾选，见图 5-115。

步骤 7 在主工具栏中选择 ⊙（快速渲染）按钮，渲染汽车展示场景的材质效果，见图 5-116。

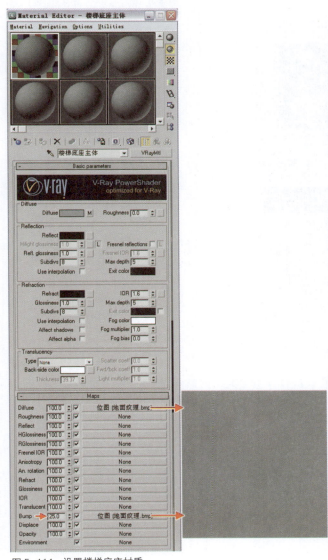

图 5-114 设置楼梯底座材质

图 5-115 取消材质覆盖

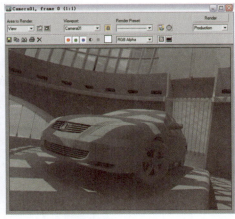

图 5-116 渲染材质效果

步骤 8 选择材质球并更改材质类型为 VRayBlendMtl（VRay 混合材质），并为 Base material（基础材质）赋予 VRayMtl（VRay 材质）材质，再为 Coat materials（表层材质）赋予表层材质，制作汽车的表面车漆材质，见图 5-117。

步骤 9 展开基础材质的调节参数，设置 Diffuse（漫反射）颜色为墨绿色，然后设置 Reflection（反射）中的 Reflect（反射）颜色为深灰色、Refl glossiness（反射光泽度）值为 0.75、Subdivs（细分）值为 25，制作车漆的基础材质，见图 5-118。

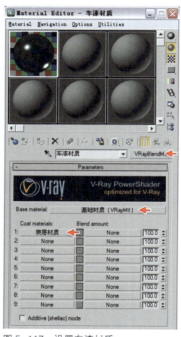

图 5-117 设置车漆材质

图 5-118 设置车漆基础材质

步骤 10 展开表层材质的调节参数，设置 Diffuse（漫反射）颜色为墨绿色，再设置 Reflection（反射）中的 Reflect（反射）颜色为白色、Refl glossiness（反射光泽度）值为 0.98，然后勾选 Fresnel reflections（菲涅尔反射），再设置 Fresnel IOR（菲涅尔反射率）值为 2.5，制作车漆的表层材质，见图 5-119。

步骤 11 选择材质球并更改材质类型为 VRayMtl（VRay 材质），设置 Diffuse（漫反射）颜色为浅灰色，然后设置 Reflection（反射）中的 Reflect（反射）颜色为白色、Hilight glossiness（高光光泽度）值为 0.6、Refl glossiness（反射光泽度）值为 0.98、Subdivs（细分）值为 20、Max depth（最大深度）值为 20，再设置 BRDF（双向反射分布）卷展栏中表面反射特性为 Ward（沃德）类型，使材质表面产生细腻的过渡，制作汽车标志与边缘金属材质，见图 5-120。

步骤 12 在主工具栏中选择 👁（快速渲染）按钮，渲染汽车的车漆与金属材质效果，见图 5-121。

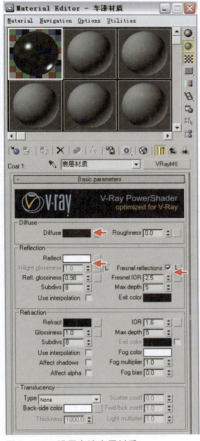

图 5-119 设置车漆表层材质

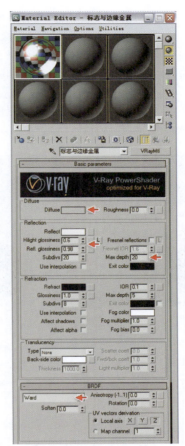

图 5-120 设置材质与金属材质

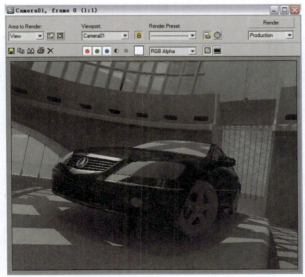

图 5-121 渲染材质效果

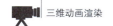 三维动画渲染

贴心提示

Multi/Sub-Object（多维/子对象）材质可以将一个材质球分解出多个不同的材质，从而控制一个或多个模型的材质效果，方便材质的管理操作。

步骤 13 选择汽车风档模型，然后在可编辑多边形命令下选择 ■ Polygon（多边形）模式，选择风档内部位置的面，在 Polygon：Material IDs（多边形材质属性）卷展栏中设置 Set ID（设置 ID）值为 1，分配模型的材质 ID，见图 5-122。

步骤 14 继续在可编辑多边形命令下的 ■ Polygon（多边形）模式选择风档边缘处的面，在 Polygon：Material IDs（多边形材质属性）卷展栏中设置 Set ID（设置 ID）值为 2，分配模型的材质 ID，见图 5-123。

图 5-122　分配材质 ID

图 5-123　分配材质 ID

步骤 15 在材质编辑器中选择材质球，单击 Standard （标准）按钮，在弹出的材质类型对话框中选择 Multi/Sub-Object（多维/子对象）材质，制作风档材质，见图 5-124。

步骤 16 设置 Set Number（设置数量）值为 2，再为 ID 为 1 的材质命名为"风档内部"，为 ID 为 2 的材质命名为"风档边缘"，制作汽车风档材质，见图 5-125。

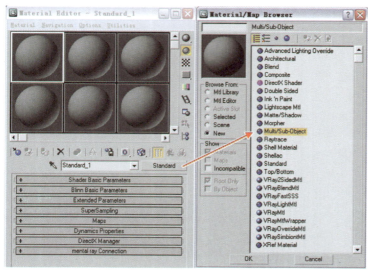

图 5-124　更改材质类型

图 5-125　设置材质数量

　　步骤 17　展开"风档内部"材质调节参数，设置 Diffuse（漫反射）颜色为黑色，再勾选 Fresnel reflections（菲涅尔反射），然后展开 Maps（贴图）卷展栏为 Reflect（反射）与 Opacity（不透明度）赋予本书配套光盘中的"反射与透明贴图 .bmp"贴图，制作风档内部玻璃材质，见图 5-126。

　　步骤 18　再展开"风档边缘"材质调节参数，设置 Diffuse（漫反射）颜色为黑色，Reflection（反射）中的 Reflect（反射）颜色为白色，再勾选 Fresnel reflections（菲涅尔反射），制作风档边缘材质效果，见图 5-127。

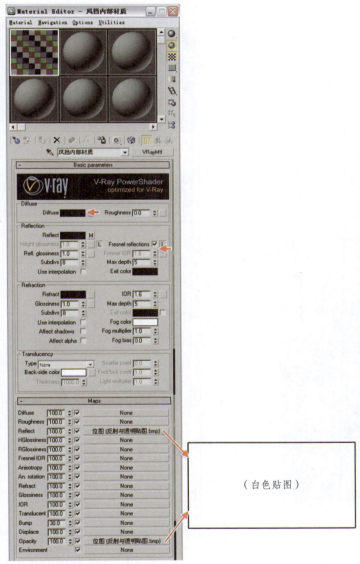

图 5-126　设置风档内部材质

图 5-127　设置风档边缘材质

（白色贴图）

　　步骤 19　赋予材质到汽车风档模型，并在主工具栏中选择 （快速渲染）按钮，渲染汽车风档材质效果，见图 5-128。

三维动画渲染

步骤 20　选择材质球并更改材质类型为 VRayMtl（VRay 材质），设置 Diffuse（漫反射）颜色为浅灰色，然后设置 Reflection（反射）中的 Reflect（反射）颜色为白色、Hilight glossiness（高光光泽度）值为 0.6、Refl glossiness（反射光泽度）值为 0.98、Subdivs（细分）值为 20、Max depth（最大深度）值为 20，再设置 BRDF（双向反射分布）卷展栏中表面反射特性为 Ward（沃德）类型，制作车灯内部材质，见图 5-129。

贴心提示

Ward（沃德）类型的双向反射分布主要用于控制对金属表面的细腻过渡。

图 5-128　渲染风档材质效果

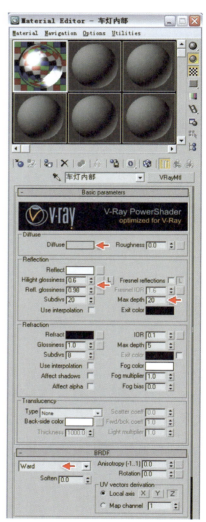

图 5-129　设置车灯内部材质

步骤 21　选择材质球并更改材质类型为 VRayMtl（VRay 材质），设置 Diffuse（漫反射）颜色为深灰色，然后设置 Reflection（反射）中的 Reflect（反射）颜色为深灰色、Hilight glossiness（高光光泽度）值为 1、Refl glossiness（反射光泽度）值为 0.7、Subdivs（细分）值为 12，制作车灯内板材质，见图 5-130。

步骤22 选择材质球并更改材质类型为 VRayMtl（VRay 材质），设置 Diffuse（漫反射）颜色为浅灰色，然后设置 Reflection（反射）中的 Reflect（反射）颜色为白色、Hilight glossiness（高光光泽度）值为 0.6、Refl glossiness（反射光泽度）值为 0.98、Subdivs（细分）值为 20、Max depth（最大深度）值为 20，再设置 BRDF（双向反射分布）卷展栏中表面反射特性为 Ward（沃德）类型，再展开 Maps（贴图）卷展栏为 Displace（置换），赋予本书配套光盘中的"小灯凹凸.bmp"贴图，制作车灯底边小灯材质，见图 5-131。

> **贴心提示**
>
> 置换主要是以力场的形式推动和重塑对象的几何外形，从而得到起伏的三维效果。

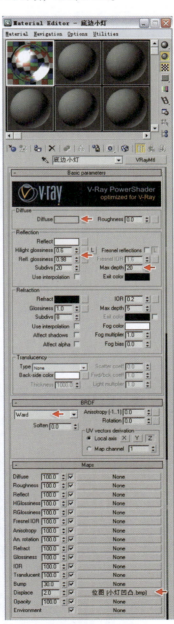

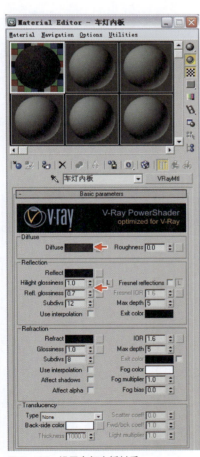

图 5-130　设置车灯内板材质　　　　图 5-131　设置底边小灯材质

步骤 23 展开 Displace（置换）贴图属性，在 Coordinates（坐标）卷展栏中设置 Tiling（平铺）的 U 值为 20、V 值为 12, Blur（模糊）值为 0.5，然后为 Bitmap（位图）赋予本书配套光盘中的"小灯凹凸 .bmp"贴图，调节小灯凹凸贴图的参数，见图 5-132。

步骤 24 重新选择材质球并更改材质类型为 VRayMtl（VRay 材质），设置 Diffuse（漫反射）的颜色为橘色，然后设置 Reflection（反射）与 Refraction（折射）参数，制作场景中的橘色转向灯材质，见图 5-133。

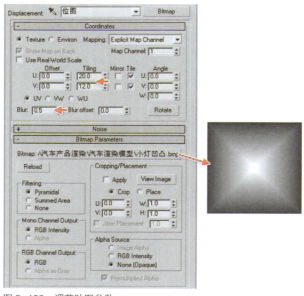

图 5-132　调节贴图参数

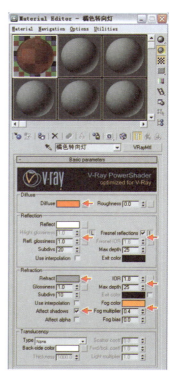

图 5-133　设置橘色转向灯材质

步骤 25 在主工具栏中选择 （快速渲染）按钮，渲染汽车风档材质效果，见图 5-134。

图 5-134　渲染风档材质效果

步骤 26 选择材质球并更改材质类型为 VRayMtl（VRay 材质），设置 Diffuse（漫反射）颜色为深灰色，然后设置 Reflection（反射）中的 Reflect（反射）颜色为深灰色、Hilight glossiness（高光光泽度）值为 1、Refl glossiness（反射光泽度）值为 0.7、Subdivs（细分）值为 12，制作汽车仪表台材质，见图 5-135。

步骤 27 选择材质球并更改材质类型为 VRayMtl（VRay 材质），设置 Diffuse（漫反射）颜色为灰色，然后设置 Reflection（反射）中的 Reflect（反射）颜色为深灰色、Refl glossiness（反射光泽度）值为 0.7、Subdivs（细分）值为 15，制作内部金属装饰条材质，见图 5-136。

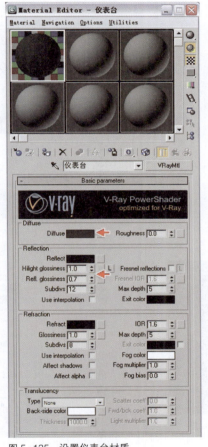

图 5-135　设置仪表台材质

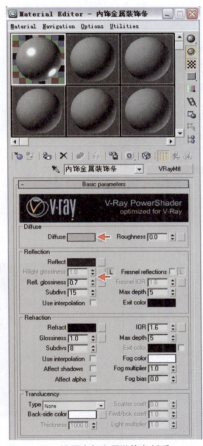

图 5-136　设置内部金属装饰条材质

步骤 28 选择材质球并更改材质类型为 VRayMtl（VRay 材质），设置 Reflection（反射）中的 Reflect（反射）颜色为白色、Refl glossiness（反射光泽度）值为 1，再勾选 Fresnel reflections（菲涅尔反射），然后在 Maps（贴图）卷展栏中为 Diffuse（漫反射）赋予本书配套光盘中的 "木质面板 .JPG" 贴图，制作汽车木质装饰条材质，见图 5-137。

步骤 29 选择材质球并更改材质类型为 VRayMtl（VRay 材质），设置 Diffuse（漫反射）颜色为深灰色，然后设置 Reflection（反射）中的 Reflect（反射）颜色为深灰色、Hilight glossiness（高光光泽度）值为 1、Refl glossiness（反射光泽度）值为 0.75、Subdivs（细分）值为 15，制作后视镜与方向盘材质，见图 5-138。

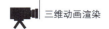

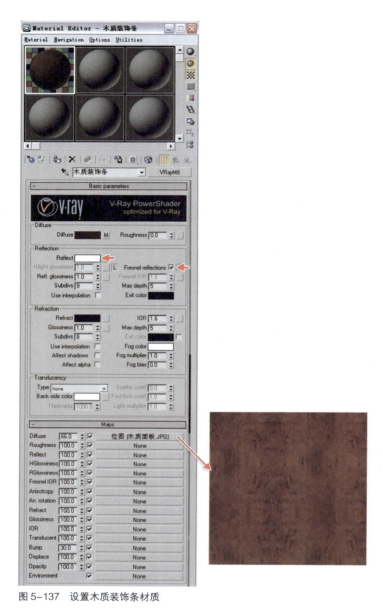

图 5-137　设置木质装饰条材质

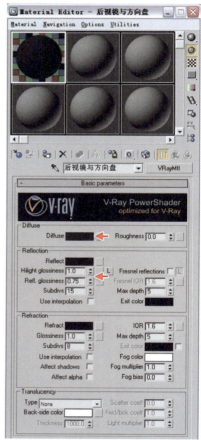

图 5-138　设置后视镜与方向盘材质

步骤 30　选择材质球并更改材质类型为 VRayMtl（VRay 材质），设置 Diffuse（漫反射）颜色为浅灰色，然后设置 Reflection（反射）中的 Reflect（反射）颜色为白色、Hilight glossiness（高光光泽度）值为 0.6、Refl glossiness（反射光泽度）值为 0.98、Subdivs（细分）值为 20、Max depth（最大深度）值为 20，再设置 BRDF（双向反射分布）卷展栏中表面反射特性为 Ward（沃德）类型，制作后视镜的镜片材质，见图 5-139。

步骤31 选择材质球并更改材质类型为VRayMtl（VRay材质），设置Diffuse（漫反射）颜色为深灰色，然后设置Reflection（反射）中的Reflect（反射）颜色为深灰色、Hilight glossiness（高光光泽度）值为1、Refl glossiness（反射光泽度）值为0.7、Subdivs（细分）值为15，制作汽车座椅材质，见图5-140。

步骤32 选择材质球并更改材质类型为VRayMtl（VRay材质），设置Diffuse（漫反射）颜色为浅灰色，然后设置Reflection（反射）中的Reflect（反射）颜色为白色、Hilight glossiness（高光光泽度）值为0.6、Refl glossiness（反射光泽度）值为0.98、Subdivs（细分）值为20、Max depth（最大深度）值为20，再设置BRDF（双向反射分布）卷展栏中表面反射特性为Ward（沃德）类型，制作座椅金属支架材质，见图5-141。

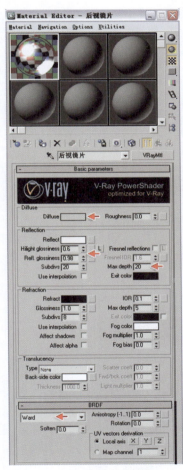
图5-139 设置后视镜镜片材质

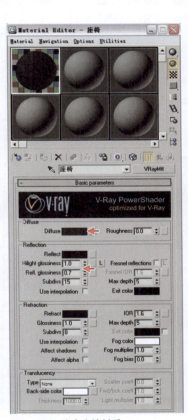
图5-140 汽车座椅材质

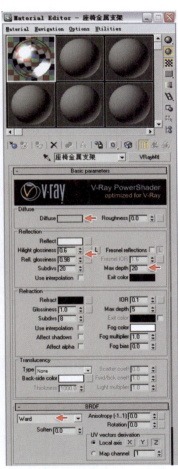
图5-141 金属支架材质

步骤33 在主工具栏中选择 ⊙（快速渲染）按钮，渲染汽车材质效果，见图5-142。

步骤34 选择材质球并更改材质类型为VRayMtl（VRay材质），设置Diffuse（漫反射）颜色为深灰色，然后设置Reflection（反射）中的Reflect（反射）颜色为深灰色、Hilight glossiness（高光光泽度）值为1、Refl glossiness（反射光泽度）值为0.7、Subdivs（细分）值为15，制作汽车的轮胎材质，见图5-143。

图 5-142　渲染汽车材质效果

步骤 35　选择材质球并更改材质类型为 VRayMtl（VRay 材质），设置 Diffuse（漫反射）颜色为浅灰色，然后设置 Reflection（反射）中的 Reflect（反射）颜色为浅灰色、Refl glossiness（反射光泽度）值为 0.85、Subdivs（细分）值为 30，再设置 BRDF（双向反射分布）卷展栏中表面反射特性为 Ward（沃德）类型，制作车轮金属支架材质，见图 5-144。

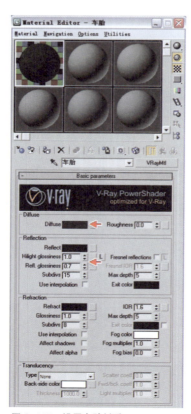

图 5-143　设置车胎材质

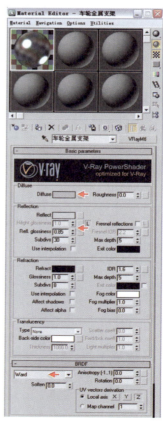

图 5-144　设置车轮金属支架材质

步骤 36 选择材质球并更改材质类型为 VRayMtl（VRay 材质），设置 Diffuse（漫反射）颜色为浅灰色，再设置 Reflection（反射）中的 Reflect（反射）颜色为白色、Hilight glossiness（高光光泽度）值为 0.6、Refl glossiness（反射光泽度）值为 0.98、Subdivs（细分）值为 20、Max depth（最大深度）值为 20，然后设置 BRDF（双向反射分布）卷展栏中表面反射特性为 Ward（沃德）类型，制作螺钉的金属材质，见图 5-145。

步骤 37 选择材质球并更改材质类型为 VRayMtl（VRay 材质），设置 Diffuse（漫反射）颜色为深灰色，然后设置 Reflection（反射）中的 Reflect（反射）颜色为深灰色、Hilight glossiness（高光光泽度）值为 1、Refl glossiness（反射光泽度）值为 0.7、Subdivs（细分）值为 12，制作汽车的刹车片材质，见图 5-146。

贴心提示

Max depth（最大深度）定义反射的最多次数，通常保持默认参数即可。

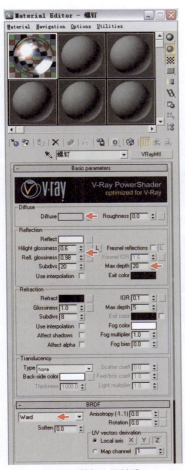

图 5-145 设置螺钉金属材质

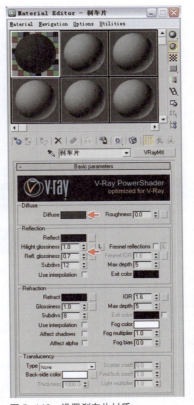

图 5-146 设置刹车片材质

步骤 38 选择材质球并更改材质类型为 VRayMtl（VRay 材质），设置 Basic Parameters（基本参数）与 BRDF（双向反射分布）卷展栏参数，然后在 Maps（贴图）卷展栏中为 Diffuse（漫反射）、HGlossiness（高光光泽度）与

Bump（凹凸）赋予本书配套光盘中的"刹车盘 .jpg"贴图，再为 Reflect（反射）赋予 Falloff（衰减）纹理，制作汽车的刹车盘材质，见图 5-147。

步骤 39　在主工具栏中选择 （快速渲染）按钮，渲染完成的汽车展示场景材质效果，见图 5-148。

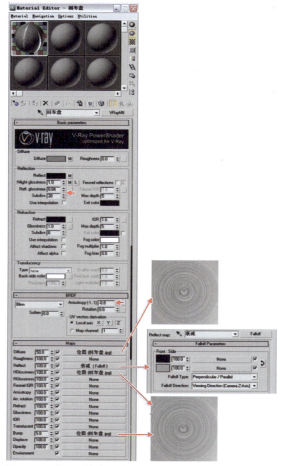

图 5-147　设置刹车盘材质

图 5-148　渲染材质完成效果

总流程 5　设置图像采样

渲染动画道具《汽车》第五个流程（步骤）是设置图像采样，制作又分为 3 个流程：①设置渲染器采样、②设置渲染器发光贴图、③设置渲染器系统，见图 5-149。

①设置渲染器采样　　②设置渲染器发光贴图　　③设置渲染器系统

图 5-149　设置图像采样流程图（总流程 5）

步骤 1 打开渲染场景对话框，在 Image sampler（图像采样器）卷展栏中设置 Image sampler（图像采样器）的 Type（类型）为 Adaptive DMC（适应 DMC）类型、Antialiasing filter（抗锯齿过滤器）为 Catmull-Rom（只读存储）类型，然后在 Adaptive DMC image sampler（适应 DMC 图像采样器）卷展栏中设置 Min subdivs（最小细分）值为 2、Max subdivs（最大细分）值为 4，见图 5-150。

步骤 2 继续设置 Irradiance map（发光贴图渲染引擎）与 Light cache（灯光缓存）卷展栏参数，使渲染时产生更精细的贴图与灯光效果，见图 5-151。

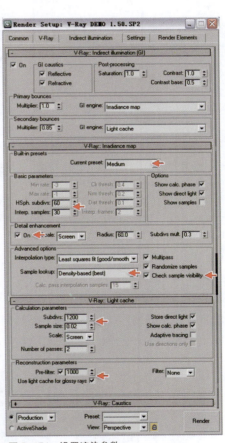

图 5-150 设置图像采样参数

图 5-151 设置渲染参数

步骤 3 再展开 DMC Sampler（DMC 采样器）卷展栏，设置 Adaptive amount（适应数量）值为 0.95、Noise threshold（噪波阈值）值为 0.006、Min samples（最小样本数）值为 12、Global subdivs multiplier（全局细分倍增）值为 4，然后展开 System（系统）卷展栏，设置 Dynamic memory limit（动态存储限制）值为 500，Default geometry（默认几何体）为 Dynamic（动态），再设置 Render region division（渲染区域）的 X 值为 16，设置 Region sequence（区域顺序）为 Left->Right（左至右）类型，见图 5-152。

贴心提示

Adaptive amount（适应数量）用于控制早期终止应用的范围，值为 1 意味着在早期终止算法时，被使用之前最小可能的样本数量。

195

步骤4 在主工具栏中选择 ◎（快速渲染）按钮，渲染最终完成的汽车展示场景效果，见图5-153。

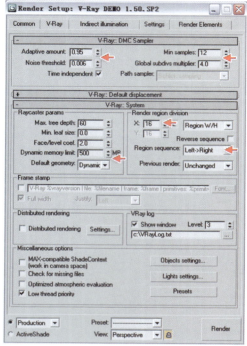

图5-152 设置渲染参数

图5-153 渲染场景效果

总流程6 图像后期修饰

渲染动画道具《汽车》第六个流程（步骤）是图像后期修饰，制作又分为3个流程：①渲染单色场景效果、②图层叠加处理、③修饰图像颜色，见图5-154。

①渲染单色场景效果　　②图层叠加处理　　③修饰图像颜色

图5-154 图像后期修饰流程图（总流程6）

步骤1 展开Global switches（全局开关）卷展栏，为Override mtl（材质覆盖）赋予VRayMtl（VRay材质），使场景内的模型在渲染时使用VRayMtl（VRay材质），见图5-155。

步骤2 使用鼠标左键将Override mtl（材质覆盖）的材质拖拽到材质球上，在弹出的对话框中以Instance（实例）方式复制，见图5-156。

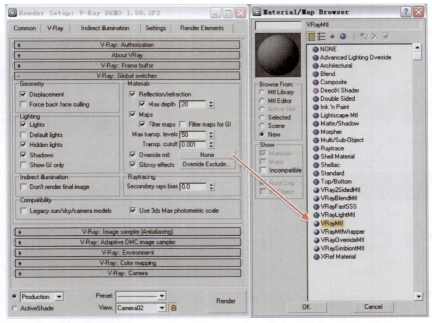

图 5-155　增加代理材质

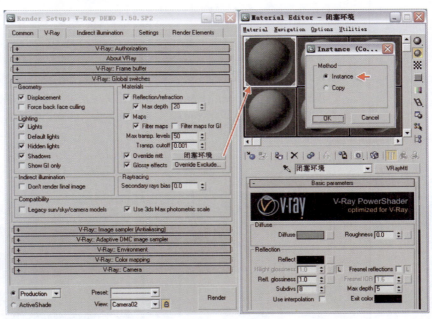

图 5-156　复制材质

　　步骤 3　展开 VRayMtl（VRay 材质）的材质参数，为 Diffuse（漫反射）增加 VrayDirt（污垢贴图）纹理，使覆盖材质的漫反射产生污垢效果，见图 5-157。

　　步骤 4　展开 VrayDirt（污垢贴图）纹理参数，设置 radius（半径）值为 800、distribution（分配）值为 1、falloff（衰减）值为 1、subdivs（细分）值为 32，设置污垢纹理的参数，见图 5-158。

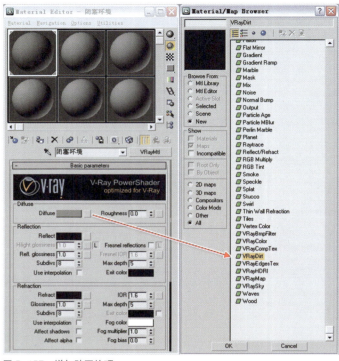

图 5-157　增加贴图纹理

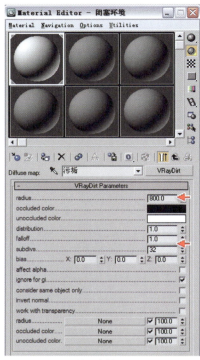

图 5-158　设置纹理参数

步骤 5　在主工具栏中选择 （快速渲染）按钮，渲染最终完成的单色汽车展示场景效果，见图 5-159。

步骤 6　打开 Adobe Photoshop 软件，将渲染完的汽车展示静帧打开，再将单色的图片导入，然后以叠加的方式放到汽车展示静帧图层上方，见图 5-160。

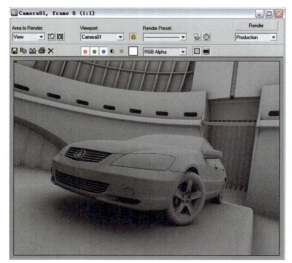

图 5-159　渲染单色场景效果

图 5-160　打开叠加图层

步骤7 单击图层面板右上角的▸（扩展）按钮，在下拉菜单内选择向下合并命令，使汽车展示静帧与汽车展示单色图片合并，见图5-161。

步骤8 在主菜单中选择【图像】→【调整】→【色彩平衡】命令，为合并后的图层增加色彩平衡修改，见图5-162。

图 5-161 合并图层

图 5-162 增加色彩平衡

步骤9 弹出的色彩平衡对话框，设置黄色与蓝色的色阶值为＋7，使图层的中间调偏向蓝色，见图5-163。

步骤10 继续在主菜单中选择【图像】→【调整】→【色相/饱和度】命令，为汽车展示图层增加色相/饱和度修改，见图5-164。

图 5-163 调节色阶

图 5-164　增加色相/饱和度

步骤 11　在弹出的色相/饱和度对话框中设置饱和度值为 +20，使汽车展示图层的饱和度更加丰富，见图 5-165。

步骤 12　色相/饱和度调节完成后，对汽车展示静帧图层进行输出，最终完成效果见图 5-166。

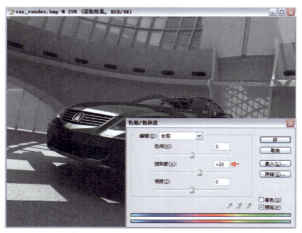

图 5-165　调节饱和度

图 5-166　动画道具《汽车》渲染最终效果

本章小结

本章主要讲解如何用 **3ds Max** 渲染动画道具的技法，包括三点布光、阵列布光、天光三种布光方式，以及模型展示和环境背景建立的原理与方法等，配合实际范例《沙发》和《汽车》的渲染，读者可以全面学习和掌握道具渲染的基础知识和设置技能。

本章作业

一、举一反三

通过本章基础知识和范例的实际制作，希望读者参考本章中的范例流程和方法，自己动手渲染多种类别的道具，比如"枪支"、"电话"、"家具"、"自行车"和"火车"等，以充分理解和掌握本章的核心内容。

二、练习与实训

项目编号	实训名称	实训页码
实训 5-1	渲染道具《咖啡杯》	见《动画渲染实训》P56
实训 5-2	渲染道具《打火机》	见《动画渲染实训》P59
实训 5-3	渲染道具《台球桌》	见《动画渲染实训》P62
实训 5-4	渲染道具《拉力赛车》	见《动画渲染实训》P65
实训 5-5	渲染道具《秋日丰收》	见《动画渲染实训》P68

＊详细内容与要求请看配套练习册《动画渲染实训》。

6

动画场景渲染技法

关键知识点
- 动画场景渲染方法
- 动画场景渲染流程

内容提要

本章由 5 节组成。主要讲解三维场景渲染所需的光照特性,场景模型渲染范例《荷花池》《观景海房》《夜晚别墅》的流程图、方法和实施步骤。最后是本章小结和本章作业。

本章教学环境:多媒体教室、软件平台 3ds Max
本章学时建议:25 学时(含 14 学时实践)

第一节　艺术指导原则

　　动画电影的场景类型与所有影视作品中的场景类型一样，都是依据文学剧本和分镜头剧本中所涉及的要求进行设置的，特别需要注意灯光和材质营造出的氛围。

　　如何在动画电影中展现出令人信服的自然环境，尤其是场景中出现大量的植物等，对于3ds Max的制作来说是一项巨大的挑战。解决的办法是前景需完全使用三维模型制作，中景则使用三维模型配合材质制作，远景全部使用贴图来完成。这种方法在提升制作效率的同时又可保证场景整体的完整。

第二节　场景渲染技法

一、场景的光照特性

　　光照处理就是作者根据作品主题思想或内容的要求，运用光线表现手法塑造人物、景物形象，使之达到作品内容所要求的艺术效果，即要完成造型的任务和表现戏剧气氛等表象与表意的任务。

二、光的强度与性质

　　光的强度中主要包括光源强度和被摄体的反射程度，自然光的强度由季节、气候、时刻及周围环境所决定，而不同的反光率则决定被摄体的反射光强度，见图6-1。

　　光的性质是由光源面积决定的，按光源面积的不同可分为直射光和散射光。直射光是指由点光源发出的强烈光线，方向性明确，其造型特点具有明显的受光面、背光面和投影，这构成了被摄体的立体形态。散射光是指由面光源发出的具有漫反射性质的柔和光线，方向性不明确，缺乏明暗反差并影调平淡，对被摄体的立体感、质感表现也较弱，需靠其自身的色彩和影调对比来完成。

三、光的颜色与方向

　　光的颜色和方向可以最直接地影响作品风格。光的波长决定了光的颜色，主要为白光和有色光，而物体会对光线产生吸收与反射。光的方向中水平方向有顺光、前侧光、正侧光、侧逆光和逆光，垂直方向有平射光、斜射光、顶光和脚光，在实际设置时，水平和垂直方向的光线通常是结合在一起运用的，见图6-2。

图6-1　动画电影《海底总动员》中灯光强度效果　　　　图6-2　动画电影《超人总动员》中灯光颜色和方向效果

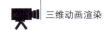

四、光的基调与气氛

　　色彩基调是指画面中总的影调或色调倾向，如高调、低调、暖调、冷调等。基调是统领画面影调或色调的根本，也是构成画面和谐、统一的重要因素。对画面基调的处理，是取得光线造型上的语言价值。基调本身既是审美语言，也有审美价值，可以通过控制光线的投射方向、性质、强弱、光比及色温等方法来控制画面基调，见图6-3。

　　气氛是指在特定环境中，人所能感受到的某种情调和气息，这种情调和气息会刺激或影响人的情感，从而产生某种情绪。经不同的摄影造型，表现气氛可分为造型气氛、天体气氛、戏剧气氛等，见图6-4。

图6-3　动画电影《怪物公司》中色彩基调效果

图6-4　动画电影《飞屋环游记》中环境气氛效果

五、常用布光方式

　　主光是对被摄体进行造型的主要光线，是画面中最引人注目的光线。主光的性质、投射方向决定了被摄体外部形态的塑造、立体感和质感的表现，以及画面空间深度感的营造。主光是对被摄体外部形态塑造和主题表达的重要创作元素之一，见图6-5。

　　辅助光是补充主光照明背面的光，其强度不能高于主光。辅助光的作用即减弱了由于主光照明后造成的生硬阴影，也减弱了受光面与背光面的反差，更好地表现出背光面的细节、表面质感和立体感，从而完整地表现被摄体的外部特征和影响画面的基调趋向气氛，见图6-6。

图6-5　主光的设置效果

图6-6　辅助光的设置效果

背景光是专门用来照明除被摄主体外画面背景环境的光，背景光还有造型的作用，背景光的强弱可直接影响被摄主体的表现，见图6-7。

轮廓光是专门用来塑造被摄体外部形态的光。构成物体之间轮廓区别的条件是应有足够的亮度间距或色彩差别。轮廓光造成的投影既表明了光线投射高度和时间概念，也可以直接作为表现对象。

修饰光是专门用来对被摄体局部造型进行

图6-7　背景光的设置效果

照明的光。修饰光是补充、强调和修饰局部细节的光，通常用于被摄体某些部位因照明不足而另外进行补充照明，在其强度、面积上均不应影响主光对被摄体的整体造型。

第三节　范例制作 6-1　渲染动画场景《荷花池》

一、范例简介

本例介绍如何配合材质和贴图让动画场景模型《荷花池》达到理想效果的流程、方法和实施步骤。范例制作中所需素材，位于本书配套光盘中的"范例文件/6-1 荷花池"文件夹中。

二、范例预览

打开本书配套光盘中的范例文件/6-1 荷花池/6-1 荷花池.JPG 文件。通过观看渲染效果图了解本节要讲的大致内容，见图6-8。

图6-8　渲染动画场景《荷花池》预览效果

三、渲染流程（步骤）及技巧分析

本例主要使用绘制图形并配合车削命令生成荷叶模型，通过自由变形调节荷叶和荷花的随机生长效果，再配合材质和贴图达到更加理想的效果。渲染分为 6 部分：第 1 部分为制作荷花池模型；第 2 部分为设置水面材质；第 3 部分为设置荷花材质；第 4 部分为设置荷叶材质；第 5 部分为添加场景摄影机；第 6 部分为设置场景灯光与渲染，见图 6-9。

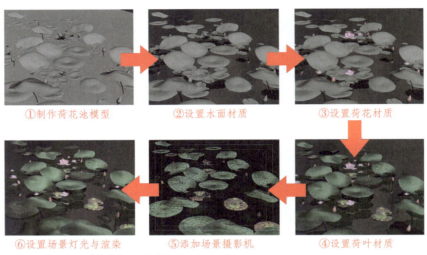

①制作荷花池模型　　②设置水面材质　　③设置荷花材质

⑥设置场景灯光与渲染　　⑤添加场景摄影机　　④设置荷叶材质

图 6-9　动画场景《荷花池》渲染总流程（步骤）图

四、具体操作

总流程 1　制作荷花池模型

渲染动画场景《荷花池》第一个流程（步骤）是制作荷花池模型，制作又分为 3 个流程：①制作荷叶模型、②制作荷花模型、③组合场景模型，见图 6-10。

①制作荷叶模型　　②制作荷花模型　　③组合场景模型

图 6-10　制作荷花池模型流程图（总流程 1）

步骤 1　打开 Autodesk 3ds Max 软件，在 ❦（创建）面板 ❦（平面图形）中选择 ▢ Line ▢（线）命令，然后在"Front 前视图"中绘制曲线，作为荷叶径的模型，见图 6-11。

步骤 2　在曲线的 Rendering（渲染）卷展栏中将 Enable In Renderer（在渲染中启用）开启，然后设置 Thickness（厚度）值为 2，使曲线在渲染时可以显示成一个圆柱，见图 6-12。

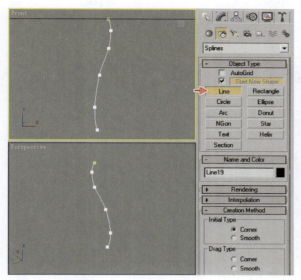

图 6-11 绘制曲线

图 6-12 设置曲线参数

步骤 3 切换至四视图的显示方式，在 （创建）面板 （平面图形）中选择 （线）命令，然后在"Front 前视图"中绘制荷叶的剖面轮廓曲线，见图 6-13。

步骤 4 切换至"Perspective 透视图"在 （修改）面板中为曲线增加 Lathe（车削）命令，使曲线旋转产生荷叶模型，见图 6-14。

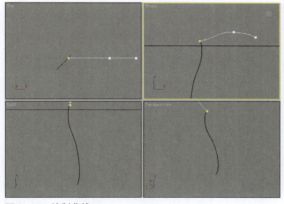
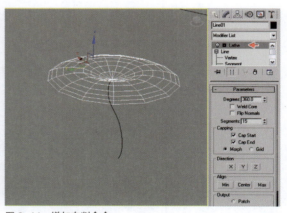

图 6-13 绘制曲线

图 6-14 增加车削命令

步骤 5 在 （修改）面板中为荷叶模型增加 FFD 4×4×4（自由变形）命令，然后使用 （移动）工具将 FFD（自由变形）命令的可控点进行调节，产生荷叶表面起伏效果，见图 6-15。

步骤 6 切换至四视图的显示方式，在 （创建）面板 （几何体）中选择标准基本体的 Plane （平面）命令，然后在"Top 顶视图"建立平面，设置 Length（长度）值为 25、Width（宽度）值为 20、Length Segs（长度段数）值为 6、Width Segs（宽度段数）值为 6，作为另一种荷叶模型，见图 6-16。

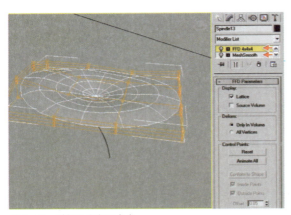

图 6-15　增加自由变形命令

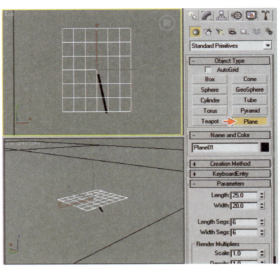

图 6-16　建立平面

步骤 7　切换至"Top 顶视图"，在建立的平面上单击鼠标右键，在弹出四元菜单中选择【Convert To（转换到）】→【Convert to Editable Poly（转换到可编辑多边形）】命令，将平面转换为可编辑多边形，然后切换至 Vertex（顶点）模式，调节点的位置产生荷叶的轮廓，见图 6-17。

步骤 8　切换至"Perspective 透视图"，在可编辑多边形命令下选择 Edge（边）模式，选择中间一条弧形的边，然后使用 （移动）工具向上进行移动，产生凸起效果，见图 6-18。

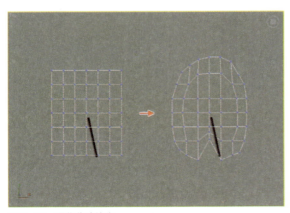

图 6-17　调节荷叶轮廓

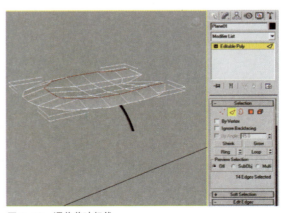

图 6-18　调节荷叶起伏

贴心提示

壳命令可以通过添加一组朝向现有面相反方向的额外面，从而达到薄片模型的厚度。

步骤 9　在可编辑多边形命令下选择 Vertex（顶点）模式，使用 （移动）工具进行荷叶起伏的调节，然后为荷叶增加 Shell（壳）命令，为荷叶增加厚度，见图 6-19。

步骤 10　在 （创建）面板 （几何体）中选择标准基本体的 Box （长方体）命令并在"Left 左视图"建立长方体，然后将长方体转换到可编辑多边形，再将编辑多边形切换至 Vertex（顶点）模式，调节出荷花花瓣的轮廓，见图 6-20。

图 6-19 荷叶完成效果

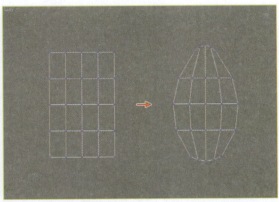

图 6-20 建立花瓣模型

步骤 11　切换至"Perspective 透视图"，在 （修改）面板中为花瓣模型增加 FFD 3×3×3（自由变形）命令，然后将 FFD（自由变形）命令中间的可控点向左移动，产生花瓣中间向内凹进去效果，见图 6-21。

步骤 12　在 （修改）面板中为花瓣模型增加 MeshSmooth（网格平滑）命令，产生平滑的花瓣模型。选择制作完的花瓣模型，在 （层次）面板中将 Affect Pivot Only （仅影响轴）按钮开启，然后将花瓣的中心轴移动到花瓣底部位置，见图 6-22。

步骤 13　选择花瓣模型，使用键盘上的"Shift"键结合 （旋转）工具进行复制操作，产生另一个花瓣模型，见图 6-23。

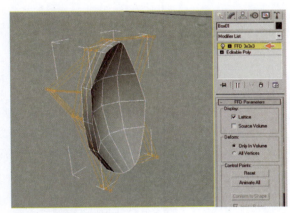

图 6-21 调节花瓣模型

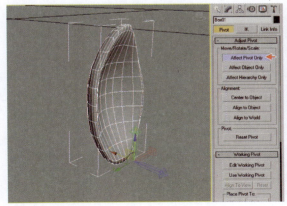

图 6-22 移动中心轴

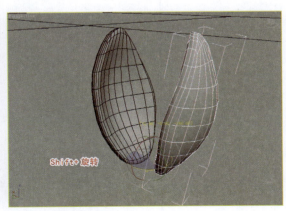

图 6-23 复制花瓣

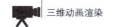

步骤 14 使用 🔄 （旋转）工具结合键盘上的"Shift"键进行多次复制操作，再使用 🔄 （旋转）工具调节，产生荷花效果，然后使用标准基本体的 Cylinder （圆柱体）制作花径模型，见图6-24。

步骤 15 选择制作完的荷花模型，在主菜单中选择【Group（组）】→ 【Group（组）】命令，将荷花模型建立成一个组，见图6-25。

图6-24 完成荷花模型

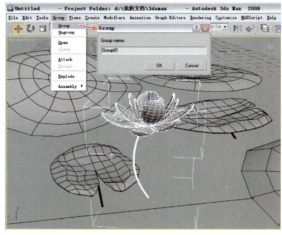

图6-25 建立组

贴心提示

完全地复制模型会使场景缺乏生气，需要额外对复制的模型进行适当变形操作，使场景内的物体看起来更加自然。

步骤 16 在 🔧 （创建）面板 ⚪ （几何体）中选择标准基本体的 Cone （圆锥体）命令并建立圆锥体，然后将圆锥体转换到可编辑多边形，再将编辑多边形切换至 Vertex （顶点）模式，调节出花苞的轮廓形状，见图6-26。

步骤 17 调节"Perspective透视图"角度，观察制作完成的荷花池内模型效果，见图6-27。

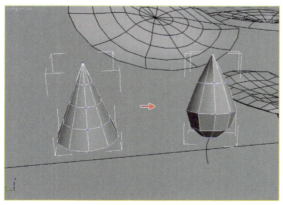

图6-26 建立花苞模型

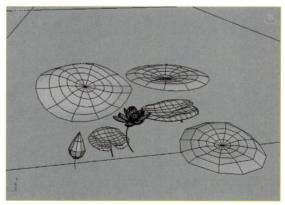

图6-27 完成的模型效果

步骤 18 使用键盘上的"Shift"键结合 ✛ （移动）工具进行多次复制操作，产生荷花池内的其他模型效果，见图6-28。

步骤 19 在主工具栏中选择 🔘 （快速渲染）按钮，渲染制作完成的荷花池模型效果，见图6-29。

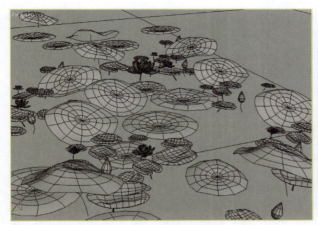

图 6-28 荷花池模型效果

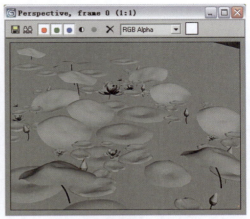

图 6-29 渲染荷花池模型效果

总流程 2 设置水面材质

渲染动画场景《荷花池》第二个流程（步骤）是设置水面材质，制作又分为 3 个流程：①设置水面凹凸与反射、②设置水面凹凸噪波、③设置水面反射环境，见图 6-30。

①设置水面凹凸与反射　　　②设置水面凹凸噪波　　　③设置水面反射环境

图 6-30 设置水面材质流程图（总流程 2）

步骤 1　在主工具栏中单击 ▦（材质编辑器）按钮，在弹出的材质编辑器中选择材质球，将材质名称更改为"水面"，然后设置 Diffuse（漫反射）颜色为黑色、Specular（高光反射）为浅黄色、Specular Level（高光级别）值为 120、Glossiness（光泽度）值为 90，制作水面材质，见图 6-31。

步骤 2　展开 Maps（贴图）卷展栏，为 Bump（凹凸）增加 Noise（噪波）纹理，再为 Reflection（反射）增加 Raytrace（光线追踪）纹理，产生水面的起伏与反射效果，见图 6-32。

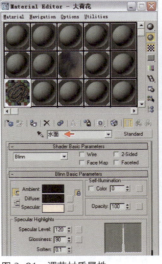

图 6-31 调节材质属性

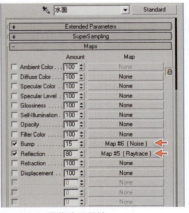

图 6-32 调节贴图属性

步骤 3 展开 Noise（噪波）纹理的调节对话框，按默认的 Tiling（平铺）参数渲染制作的水面材质，观察水面反射倒影的效果，见图 6-33。

步骤 4 在 Noise（噪波）纹理的对话框中调节 Tiling（平铺）值为 20、22、20，使水面反射的倒影产生重复变形，然后重新在主工具栏中选择 ◉（快速渲染）按钮，渲染调节完的水面材质效果，见图 6-34。

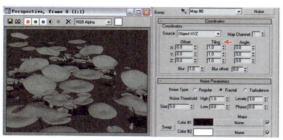

图 6-33 渲染水面效果

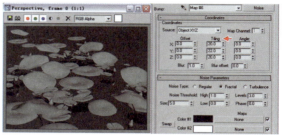

图 6-34 调节平铺水面效果

步骤 5 在主菜单中选择【Rendering（渲染）】→【Environment（环境）】命令，然后在弹出的环境调节对话框中为 Environment Map（环境贴图）赋予本书配套光盘中的"外景1.jpg"贴图，制作虚拟环境，见图 6-35。

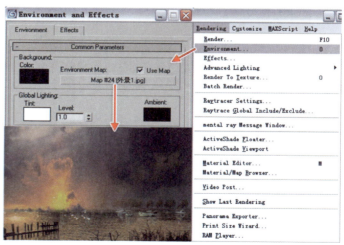

图 6-35 赋予环境贴图

步骤 6 使用鼠标左键将赋予完贴图的 Environment Map（环境贴图）拖拽到材质编辑器中的材质球上，然后在 Coordinates（坐标）卷展栏中设置当前贴图的坐标为 Environ（环境）方式、Mapping（贴图）方式为 Spherical Environment（球形环境）方式，见图 6-36。

步骤 7 在主工具栏中选择 ◉（快速渲染）按钮，渲染调节完的水面材质效果，见图 6-37。

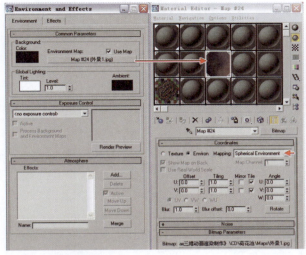

图 6-36　调节材质贴图

图 6-37　渲染水面效果

总流程 3　设置荷花材质

渲染动画场景《荷花池》第三个流程（步骤）是设置荷花材质，制作又分为 3 个流程：①设置荷花材质、②调节渐变颜色、③设置其他荷花材质，见图 6-38。

①设置荷花材质　　　　②调节渐变颜色　　　　③设置其他荷花材质

图 6-38　设置荷花材质流程图（总流程 3）

步骤 1　在材质编辑器中选择新的材质球，将材质名称更改为"大荷花"，然后设置 Specular（高光反射）为白色、Specular Level（高光级别）值为 10、Glossiness（光泽度）值为 10、Self-Illumination（自发光）值为 60，再展开 Maps（贴图）卷展栏，为 Diffuse Color（漫反射颜色）赋予 Gradient（渐变）纹理，制作花瓣的渐变颜色效果，见图 6-39。

步骤 2　展开 Gradient（渐变）纹理，在 Coordinates（坐标）卷展栏中设置 Mapping（贴图）方式为 Planar from Object XYZ（对象 XYZ 平面）方式、Angle（角度）的 Z 轴值为 -90，再设置 Gradient Parameters（渐变参数）卷展栏中贴图颜色，见图 6-40。

步骤 3　在主工具栏中选择 ◉（快速渲染）按钮，渲染调节完的荷花材质效果，见图 6-41。

> **贴心提示**
>
> 在设置花瓣的粉色渐变时，应遵循植物的真实生长颜色，模拟出色阶状的过渡效果。

213

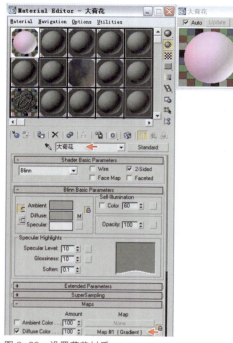

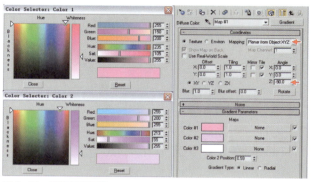

图 6-39　设置荷花材质

图 6-40　调节渐变纹理

步骤 4　在材质编辑器中选择另一个材质球，将材质名称更改为"荷花"，然后设置 Specular（高光反射）为白色，再展开 Maps（贴图）卷展栏，为 Diffuse Color（漫反射颜色）赋予本书配套光盘中的"hehua1.psd"贴图，制作出花苞的材质效果，见图 6-42。

图 6-41　渲染荷花材质

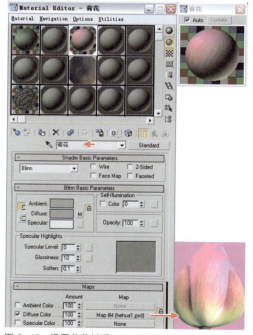

图 6-42　设置花苞材质

步骤 5　在主工具栏中选择 （快速渲染）按钮，渲染调节完的荷花材质效果，见图 6-43。

图6-43　渲染荷花材质

总流程4　设置荷叶材质

渲染动画场景《荷花池》第四个流程（步骤）是设置荷叶材质，制作又分为3个流程：①设置荷叶材质、②设置其他荷叶材质、③设置残叶材质，见图6-44。

　　①设置荷叶材质　　　②设置其他荷叶材质　　　③设置残叶材质

图6-44　设置荷叶材质流程图（总流程4）

　　步骤1　在材质编辑器中选择另一个材质球，将材质名称更改为"枝干"，作为花茎的材质，见图6-45。

　　步骤2　展开Maps（贴图）卷展栏，为Diffuse Color（漫反射颜色）赋予Gradient（渐变）纹理，然后设置Gradient Parameters（渐变参数）卷展栏中贴图Color #1（颜色#1）为绿色、Color #2（颜色#2）为深绿色、Color #3（颜色#3）为草绿色，产生花茎的渐变颜色，见图6-46。

　　步骤3　在材质编辑器中选择另一个材质球，将材质名称更改为"叶子1"，然后展开Maps（贴图）卷展栏，为Diffuse Color（漫反射颜色）与Bump（凹凸）赋予本书配套光盘中的"heye.BMP"贴图，制作荷叶材质效果，见图6-47。

　　步骤4　在主工具栏中选择 （快速渲染）按钮，渲染调节完的荷叶材质效果，见图6-48。

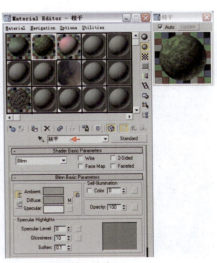

图6-45　设置枝干材质

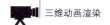

步骤 5 在材质编辑器中选择另一个材质球，将材质名称更改为"叶子 2"，然后展开 Maps（贴图）卷展栏，为 Diffuse Color（漫反射颜色）与 Bump（凹凸）赋予本书配套光盘中的"A.bmp"贴图，然后为 Opacity（透明）赋予本书配套光盘中的"A2.bmp"贴图，制作另一种荷叶材质效果，见图 6-49。

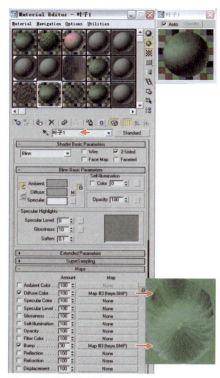

图 6-47 设置荷叶材质

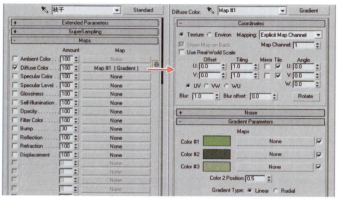

图 6-46 调节漫反射参数

贴心提示

透明贴图中的黑色区域将进行透明处理，白色区域将进行实体显示，通过贴图的颜色可以控制模型的形状。

图 6-48 渲染荷叶材质效果

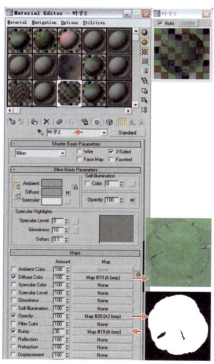

图 6-49 设置荷叶材质

步骤 6 选择荷叶模型，在 ✏️（修改）面板中为选择模型增加 UVW Map（UVW 贴图）修改命令，然后调节贴图修改器的位置与大小，使贴图的纹理与荷叶模型相匹配，见图 6-50。

贴心提示

UVW 贴图修改命令可以纠正贴图坐标，使贴图与模型更好地匹配。

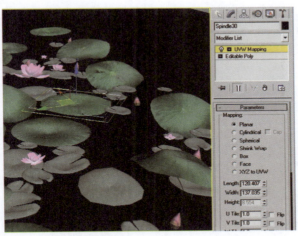

图 6-50　增加贴图修改器

步骤 7 在主工具栏中选择 ⚙️（快速渲染）按钮，观察另一种荷叶材质贴图的效果，见图 6-51。

步骤 8 在材质编辑器中选择新的材质球，将材质名称更改为"小叶"，然后设置 Specular（高光反射）为白色、Specular Level（高光级别）值为 28、Glossiness（光泽度）值为 27，再展开 Maps（贴图）卷展栏，为 Diffuse Color（漫反射颜色）增加 Gradient（渐变）纹理，制作小荷叶的材质效果，见图 6-52。

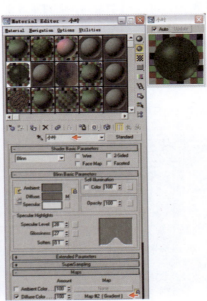

图 6-51　渲染荷叶材质效果　　　　　图 6-52　设置小荷叶材质

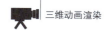

步骤9 展开 Gradient（渐变）纹理，设置 Gradient Parameters（渐变参数）卷展栏中贴图 Color #1（颜色 #1）为深绿色、Color #2（颜色 #2）为蓝绿色、Color #3（颜色 #3）为绿色、Color 2 Position（颜色 2 位置）值为 0.6、Gradient Type（渐变类型）为 Radial（径向）类型，产生荷叶的渐变效果，见图 6-53。

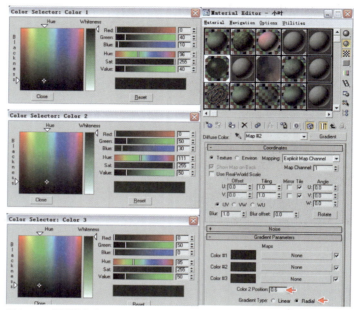
图 6-53 调节渐变纹理

步骤10 在主工具栏中选择 （快速渲染）按钮，观察荷花池内小荷叶的材质效果，见图 6-54。

步骤11 在材质编辑器中再选择一个材质球，将材质名称更改为"残荷"，再展开 Maps（贴图）卷展栏，为 Diffuse Color（漫反射颜色）赋予本书配套光盘中的"weitu.jpg"贴图，然后为 Bump（凹凸）赋予本书配套光盘中的"heibai 副本 .jpg"贴图，制作荷花池中残破的荷叶材质效果，见图 6-55。

图 6-54 渲染小荷叶材质效果

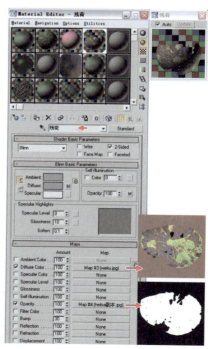
图 6-55 设置残荷材质

步骤 12 选择残破的荷叶模型，在 ✐（修改）面板中为选择模型增加 UVW Map（UVW 贴图）修改命令，见图 6-56。

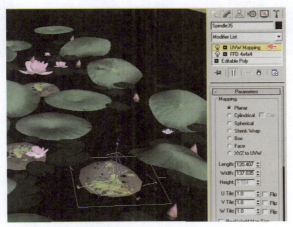

图 6-56 增加贴图修改器

步骤 13 使用 ✛（移动）、↻（旋转）、▣（缩放）工具调节贴图修改器位置与大小，使贴图的纹理与荷叶模型相匹配，见图 6-57。

步骤 14 在主工具栏中选择 ◔（快速渲染）按钮，渲染最终完成的荷花池材质效果，见图 6-58。

图 6-57 调节贴图修改器

图 6-58 渲染最终材质效果

总流程 5 添加场景摄影机

渲染动画场景《荷花池》第五个流程（步骤）是添加场景摄影机，制作又分为 3 个流程：①建立目标摄影机、②更改视图配置、③设置渲染区域，见图 6-59。

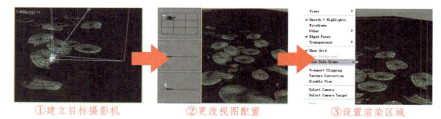

①建立目标摄影机　　②更改视图配置　　③设置渲染区域

图 6-59　添加场景摄影机流程图（总流程 5）

步骤 1　切换至四视图的显示方式，在 （创建）面板 （摄影机）中选择标准的 Target （目标）命令，然后在 "Perspective 透视图" 建立目标摄影机，产生新的观察视角，见图 6-60。

步骤 2　在主菜单中选择【Views（视图）】→【Create Camera From View（从视图创建摄影机）】命令，使摄影机与视图的观察视角匹配，见图 6-61。

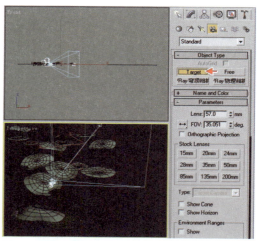

图 6-60　创建摄影机

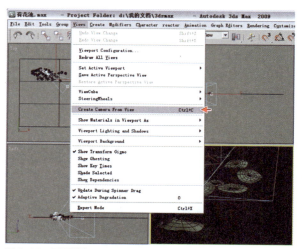

图 6-61　匹配视角

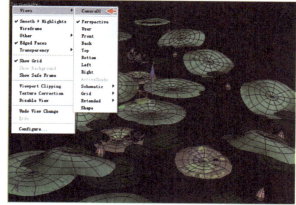

图 6-62　转换视图

步骤 3　切换至 "Perspective 透视图"，在视图名称上单击鼠标右键，在弹出菜单中选择【Views（视图）】→【Camera01（摄影机 01）】命令，将视图转换为摄影机视图，见图 6-62。

步骤 4　切换至摄影机视图，在视图控制区域单击鼠标右键，在弹出的面板中选择Configure（配置），然后在弹出的视图布局对话框中改变视图的分布，更合理地布置显示区域，见图 6-63。

步骤 5　关闭视图布局对话框，可以观察到视图的布局产生了左侧三个、右侧一个的效果，科学地划分出竖向的构图，见图 6-64。

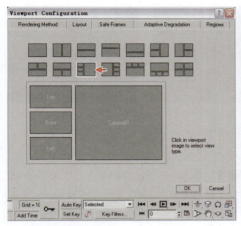

图 6-63　更改视图布局

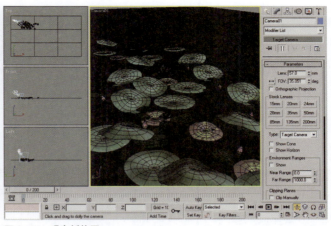

图 6-64　观察新构图

步骤 6　在主工具栏中选择 ▣（渲染设置）按钮，打开渲染场景对话框，然后在 Output Size（输出大小）中设置 Width（宽度）值为 300、Height（高度）值为 400，调节渲染时的窗口大小，见图 6-65。

步骤 7　在视图名称上单击鼠标右键，在弹出菜单中选择 Show Safe Frame（显示安全框）命令，在视图上显示安全框，以便更好地控制渲染区域，见图 6-66。

贴心提示

设置安全框可以在视图中显示出渲染设置的区域，与最终渲染的画面比例完全相同。

图 6-65　调节窗口大小　　　　图 6-66　显示安全框

总流程 6　设置场景灯光与渲染

渲染动画场景《荷花池》第六个流程（步骤）是设置场景灯光与渲染，制作又分为 3 个流程：①建立场景主光源、②建立场景辅助光源、③设置渲染场景，见图 6-67。

①建立场景主光源　　　②建立场景辅助光源　　　③设置渲染场景

图 6-67　设置场景灯光与渲染流程图（总流程 6）

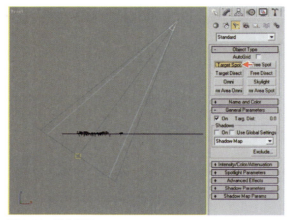

图 6-68　建立灯光

步骤 1　在 （创建）面板 （灯光）中选择标准的 Target Spot （目标聚光灯）命令，然后在"Front 前视图"中建立灯光，作为场景中主要光源效果，见图 6-68。

步骤 2　切换至 （修改）面板，在 General Parameters（普通参数）卷展栏中将 Shadows（阴影）中的 On（开启）勾选，然后在强度 / 颜色 / 衰减卷展栏中设置 Multiplier（倍增）值为 0.8、颜色为灰色，再设置 Spotlight Parameters（聚光灯参数）卷展栏中 Hotspot/Beam（聚光区 / 光束）值为 5、Falloff/Field（衰减区 / 区域）值为 30，最后在 Shadow Map Parameters（阴影贴图参数）卷展栏中设置 Sample Range（采样范围）值为 6，完成设置场景主要光源的参数，见图 6-69。

贴心提示

阴影贴图参数卷展栏中的 Sample Range（采样范围）可以控制阴影的模糊程度。

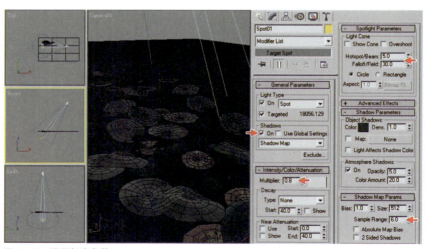

图 6-69　设置灯光参数

步骤 3　在主工具栏中选择 （快速渲染）按钮，渲染制作灯光后的荷花池效果，见图 6-70。

步骤4 在"Top顶视图"中建立聚光灯，建立辅助光源，然后在强度／颜色／衰减卷展栏中设置Multiplier（倍增）值为0.2、颜色为浅黄色，再设置Spotlight Parameters（聚光灯参数）卷展栏中Hotspot/Beam（聚光区／光束）值为8、Falloff/Field（衰减区／区域）值为40，调节辅助灯光的参数，见图6-71。

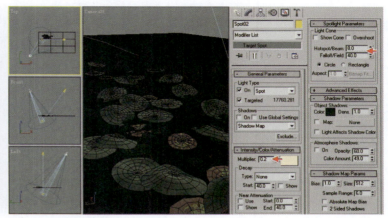

图6-70 渲染灯光效果　　图6-71 调节灯光参数

步骤5 在"Top顶视图"中继续建立聚光灯，然后在强度／颜色／衰减卷展栏中设置Multiplier（倍增）值为0.3、颜色为浅黄色，再设置Spotlight Parameters（聚光灯参数）卷展栏中Hotspot/Beam（聚光区／光束）值为5、Falloff/Field（衰减区／区域）值为40，建立场景的辅助灯光，使荷花池的光线更加明亮，见图6-72。

步骤6 在主工具栏中选择 （快速渲染）按钮，渲染荷花池灯光效果，见图6-73。

图6-72 建立辅助灯光　　图6-73 渲染灯光效果

步骤7 在（创建）面板（灯光）中选择标准的 Omni （泛光灯）命令，并在"Top顶视图"中建立灯光，然后在强度／颜色／衰减卷展栏中设置Multiplier（倍增）值为0.2、颜色为粉色，丰富场景中辅助光源的效果，见图6-74。

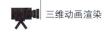

步骤 8　在主工具栏中选择 ◉（快速渲染）按钮，渲染荷花池灯光效果，见图 6-75。

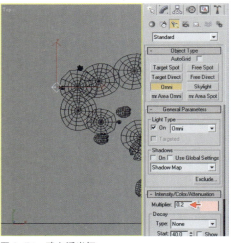

图 6-74　建立泛光灯

图 6-75　渲染荷花池效果

步骤 9　继续在"Top 顶视图"中建立 Omni （泛光灯），然后在强度/颜色/衰减卷展栏中设置 Multiplier（倍增）值为 0.1、颜色为浅绿色，作为场景中的其他辅助光源，见图 6-76。

步骤 10　在"Top 顶视图"中建立多盏 Omni （泛光灯），然后使用 ✛（移动）工具调节泛光灯的位置，使场景的灯光照射更加均匀，见图 6-77。

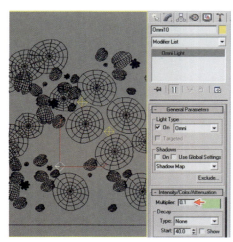

图 6-76　建立泛光灯

图 6-77　建立多盏泛光灯

步骤 11　在主工具栏中选择 ◉（快速渲染）按钮，渲染荷花池灯光完成效果，见图 6-78。

步骤 12　在主工具栏中选择 （渲染设置）按钮，打开渲染场景对话框，在 Output Size（输出大小）中设置 Width（宽度）值为 1500、Height（高度）值为 2000，然后设置 Save File（保存文件）的位置和格式，见图 6-79。

步骤 13　在主工具栏中选择 （快速渲染）按钮，渲染荷花池最终完成效果，见图 6-80。

> **贴心提示**
>
> 静帧文件可以在渲染前和渲染后分别进行存储，而动画文件只支持在渲染前进行存储。

图 6-78　渲染荷花池效果

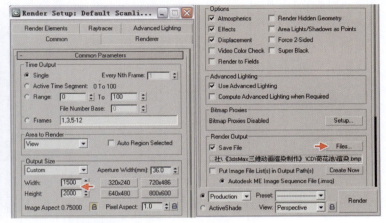

图 6-79　设置渲染参数

图 6-80　动画场景《荷花池》最终渲染效果

第四节 范例制作 6–2 渲染动画场景《观景海房》

一、范例简介

　　本例介绍如何使用 VRay 渲染器的图像采样、环境、颜色贴图和间接照明方法，使动画场景《观景海房》的材质和灯光效果表现更佳。范例制作中所需素材，位于本书配套光盘中的"范例文件/6-2 观景海房"文件夹中。

二、范例预览

　　打开本书配套光盘中的范例文件 /6-2 观景海房 /6-2 观景海房 .JPG 文件。通过观看渲染效果图了解本节要讲的大致内容，见图 6-81。

图 6–81　渲染动画场景《观景海房》预览效果

三、渲染流程（步骤）及技巧分析

　　本例主要通过 VRay 材质和灯光模拟出海边房屋的效果，再设置 VRay 渲染器的图像采样、环境、颜色贴图和间接照明，使材质和灯光的效果表现得更加理想。渲染分为 6 部分：第 1 部分为搭建场景模型；第 2 部分为设置主体材质；第 3 部分为设置辅助材质；第 4 部分为建立场景摄影机；第 5 部分为设置场景灯光；第 6 部分为设置渲染场景，见图 6-82。

①搭建场景模型　　　②设置主体材质　　　③设置辅助材质

⑥设置渲染场景　　　⑤设置场景灯光　　　④建立场景摄影机

图 6–82　动画场景《观景海房》渲染总流程（步骤）图

四、具体操作

总流程 1　搭建场景模型

　　渲染动画场景《观景海房》第一个流程（步骤）是搭建场景模型，制作又分为 3 个流程：①制作场景框架模型、②添加场景道具模型、③丰富场景绿化模型，见图 6-83。

①制作场景框架模型   ②添加场景道具模型   ③丰富场景绿化模型

图 6-83　搭建场景模型流程图（总流程 1）

　　步骤 1　打开 Autodesk 3ds Max 软件，在 （创建）面板 （几何体）中选择标准基本体的 Box （长方体）命令，然后在"Top 顶视图"建立，设置 Length（长度）值为 1500、Width（宽度）值为 1000、Height（高度）值为 0，制作场景地板模型，见图 6-84。

　　步骤 2　切换至"Perspective 透视图"，继续创建长方体模型，在 （修改）面板中为长方体增加 Edit Poly（编辑多边形）命令，编辑产生场景中的墙壁模型，见图 6-85。

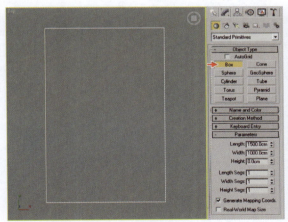

图 6-84　建立长方体

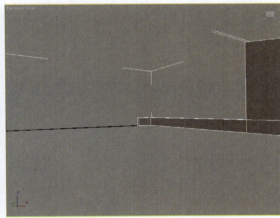

图 6-85　建立墙壁模型

　　步骤 3　继续重复创建多个长方体模型，调节长方体产生场景中的窗框模型，见图 6-86。

　　步骤 4　继续创建长方体模型，在 （修改）面板中为长方体增加 Edit Poly（编辑多边形）命令，编辑产生场景中的顶梁模型，见图 6-87。

　　步骤 5　重复创建多个长方体模型，调节长方体位置，产生场景中的房顶模型效果，见图 6-88。

　　步骤 6　继续创建长方体模型，在 （修改）面板中为长方体增加 Edit Poly（编辑多边形）命令，在编辑多边形命令中使用挤出、倒角等工具编辑产生场景中的分格位置模型，见图 6-89。

> **贴心提示**
>
> 在搭建顶梁和支架模型时要充分考虑力学的支撑，不能只考虑视觉效果，而忽略建筑力学。

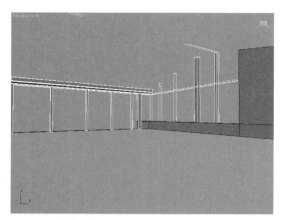

图 6-86　创建窗框模型

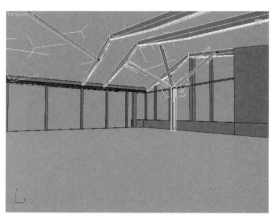

图 6-87　创建顶梁模型

图 6-88　创建房顶模型

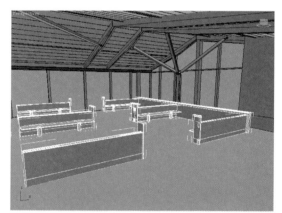

图 6-89　创建分格模型

步骤 7　调节"Perspective 透视图"角度，继续创建长方体模型，在 ![修改] （修改）面板中为长方体增加 Edit Poly（编辑多边形）命令，编辑产生桌椅模型，见图 6-90。

步骤 8　调节"Perspective 透视图"角度，继续使用编辑多边形命令，再结合标准几何体编辑产生餐桌上的餐具模型，见图 6-91。

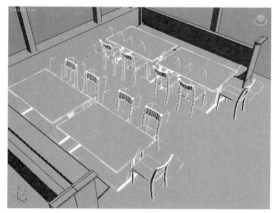

图 6-90　创建桌椅模型

图 6-91　创建餐具模型

步骤 9 继续使用编辑多边形命令,并结合标准几何体编辑产生灯具模型,然后使用键盘上的"Shift"键结合✛(移动)工具复制产生所有灯具模型,见图6-92。

步骤 10 为了丰富场景,使用编辑多边形命令制作产生植物模型效果,然后使用键盘上的"Shift"键结合✛(移动)工具复制产生多个植物模型,见图6-93。

图6-92 创建灯具模型

图6-93 创建植物模型

步骤 11 在✎(创建)面板◉(几何体)中选择标准基本体的 Cylinder (圆柱体)命令,在"Top顶视图"中创建圆柱体模型,然后在✐(修改)面板中为圆柱体增加Edit Poly(编辑多边形)命令,编辑产生两个半圆形,制作模拟环境的模型,见图6-94。

步骤 12 在主工具栏中选择◉(快速渲染)按钮,渲染制作完的场景模型效果,见图6-95。

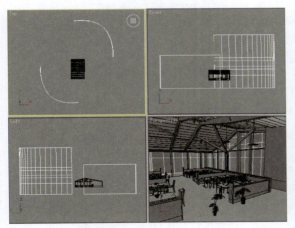
图6-94 建立环境模型

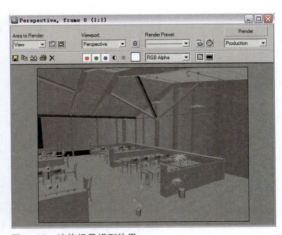
图6-95 渲染场景模型效果

总流程2 设置主体材质

渲染动画场景《观景海房》第二个流程(步骤)是设置主体材质,制作又分为3个流程:①设置木板材质、②设置道具材质、③设置环境材质,见图6-96。

①设置木板材质　　　　　②设置道具材质　　　　　③设置环境材质

图 6-96　设置主体材质流程图（总流程 2）

步骤 1　在主工具栏中选择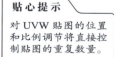（渲染设置）按钮，打开渲染场景对话框，然后在 Assign Renderer（指定渲染器）卷展栏中，将 Production（产品级别）设置为 VRay 渲染器，见图 6-97。

步骤 2　在主工具栏中单击■■（材质编辑器）按钮，在弹出材质编辑器对话框中选择一个材质球，然后将材质类型更改为 VRayMtl（VRay 材质）类型。设置 Reflection（反射）中的 Reflect（反射）颜色为白色、Refl glossiness（反射光泽度）值为 0.75，然后设置 Refraction（折射）中的 Refract（折射）颜色为黑色、Subdivs（细分）值为 25，再设置 BRDF（双向反射分布）卷展栏中表面反射特性为 Ward（沃德）类型，使材质表面产生细腻的过渡，制作出地板模型的材质，见图 6-98。

步骤 3　展开 Maps（贴图）卷展栏，为 Diffuse（漫反射）与 Bump（凹凸）赋予本书配套光盘中的"地板 .JPG"贴图，见图 6-99。

步骤 4　选择地板模型，在＜（修改）面板中为选择模型增加 UVW Map（UVW 贴图）修改命令，然后使用（移动）、（缩放）工具调节贴图修改器位置与大小，使贴图的纹理变小，产生地板拼接效果，见图 6-100。

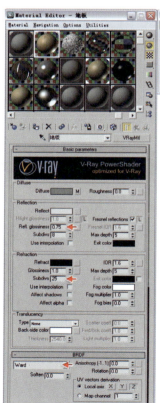

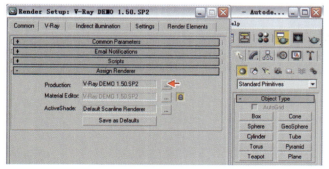

图 6-97　设置渲染器

图 6-98　设置地板材质

步骤 5 在材质编辑器选择新的材质球，将材质类型更改为 VRayMtl（VRay 材质）类型，制作房顶、窗框模型材质。设置 Reflection（反射）中的 Reflect（反射）颜色为深灰色、Refl glossiness（反射光泽度）值为 0.75、Subdivs（细分）值为 25，然后设置 Refraction（折射）中的 Refract（折射）颜色为黑色、Subdivs（细分）值为 25，最后展开 Maps（贴图）卷展栏，为 Diffuse（漫反射）与 Bump（凹凸）赋予本书配套光盘中的"木板 .jpg"贴图，见图 6-101。

步骤 6 在主工具栏中选择 ◉（快速渲染）按钮，渲染制作完的材质效果，见图 6-102。

贴心提示

调节反射色块的灰度颜色，即可得到当前材质的反射效果。

图 6-99 添加贴图

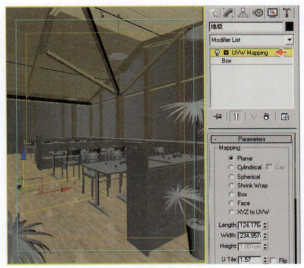

图 6-100 增加贴图修改器

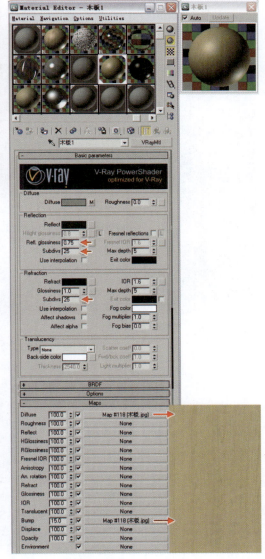

图 6-101 设置房顶材质

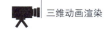

步骤7 选择新的材质球，将材质类型更改为 VRayMtl（VRay 材质）类型，制作桌椅的不锈钢模型材质。设置 Diffuse（漫反射）颜色为黑色、Reflection（反射）中的 Reflect（反射）颜色为浅灰色、Refl glossiness（反射光泽度）值为 0.95、Subdivs（细分）值为 25，然后设置 Refraction（折射）中的 Refract（折射）颜色为黑色、Subdivs（细分）值为 50，再到 BRDF（双向反射分布）卷展栏设置表面的反射特性为 Ward（沃德）类型，使材质表面产生细腻的过渡，见图 6-103。

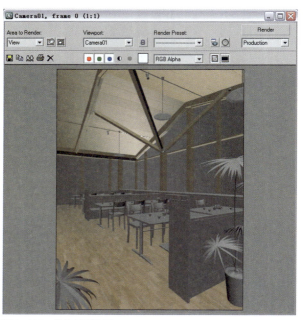

图 6-102　渲染材质效果

图 6-103　设置不锈钢材质

步骤8 将新材质球类型更改为 VRayMtl（VRay 材质）类型，制作场景中黑塑料模型材质。设置 Diffuse（漫反射）颜色为黑色、Reflection（反射）中的 Reflect（反射）颜色为黑色、Hilight glossiness（高光光泽度）值为 0.7、Refl glossiness（反射光泽度）值为 0.8、Subdivs（细分）值为 25，然后设置 Refraction（折射）中的 Refract（折射）颜色为黑色、Subdivs（细分）值为 50，见图 6-104。

步骤9 选择新的材质球，将材质类型更改为 VRayMtl（VRay 材质）类型，制作场景中金属护边模型材质。设置 Diffuse（漫反射）颜色为黑色、Reflection（反射）中的 Reflect（反射）颜色为灰色、Refl glossiness（反射光泽度）值为 0.6、Subdivs（细分）值为 25，然后设置 Refraction（折射）中的 Refract（折射）颜色为黑色、Subdivs（细分）值为 50，再到 BRDF（双向反射分布）卷展栏设置表面的反射特性为 Ward（沃德）类型，使材质表面产生细腻的过渡，见图 6-105。

贴心提示

Subdivs（细分）可以控制模糊反射的品质，较高的取值可以得到较平滑的效果。

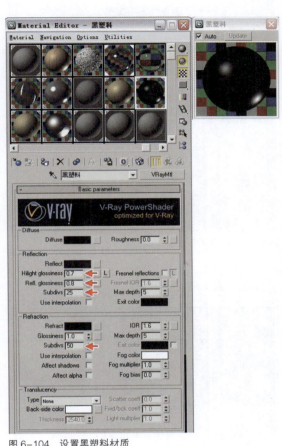

图 6-104 设置黑塑料材质

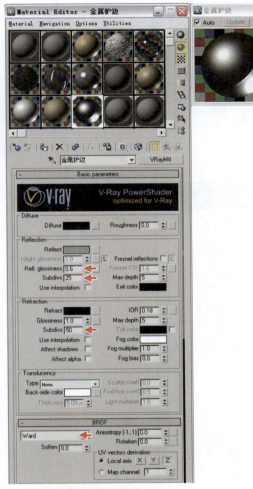

图 6-105 设置金属护边材质

步骤 10　将选择一个新的材质球类型更改为 VRayMtl（VRay 材质）类型，制作场景灰板模型材质。设置 Diffuse（漫反射）颜色为灰色、Reflection（反射）中的 Reflect（反射）颜色为深灰色、Refl glossiness（反射光泽度）值为 0.75、Subdivs（细分）值为 25，然后设置 Refraction（折射）中的 Refract（折射）颜色为黑色、Subdivs（细分）值为 25，最后展开 Maps（贴图）卷展栏，为 Bump（凹凸）赋予本书配套光盘中的"木板.jpg"贴图，见图 6-106。

步骤 11　在主工具栏中选择 <!-- icon --> （快速渲染）按钮，渲染制作完材质后的模型效果，见图 6-107。

步骤 12　再选择一个新的材质球类型更改为 VRay Light Mtl（VRay 灯光材质）类型，然后为 Color（颜色）赋予本书配套光盘中的"外景.jpg"贴图，制作场景中的环境模型材质，见图 6-108。

> **贴心提示**
>
> VRay Light Mtl（VRay 灯光材质）类型是一种特殊的自发光材质，其中拥有倍增功能，可以通过调节自发光的明暗来产生强弱不同的光效。

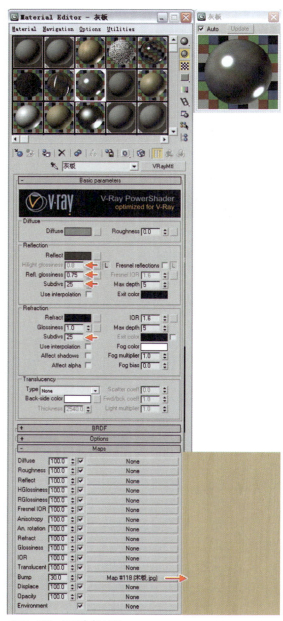

图 6-106　设置灰板材质

图 6-107　渲染材质效果

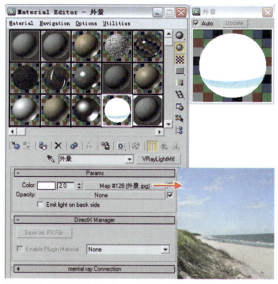

图 6-108　设置环境材质

　　步骤 13　再选择一个新的材质球类型更改为 VRay Light Mtl（VRay 灯光材质）类型，然后设置 Color（颜色）值为 1.2，制作场景中灯光环境的模型材质，见图 6-109。

　　步骤 14　在主工具栏中选择 （快速渲染）按钮，渲染制作完主体模型材质后的效果，见图 6-110。

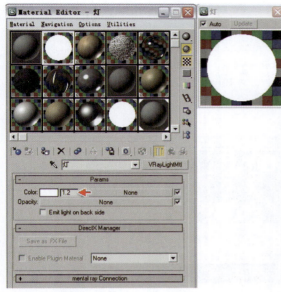

图 6-109 设置灯光材质

图 6-110 渲染主体材质效果

总流程3 设置辅助材质

渲染动画场景《观景海房》第三个流程（步骤）是设置辅助材质，制作又分为3个流程：①设置调料材质、②设置其他道具材质、③设置绿化材质，见图 6-111。

①设置调料材质　　　②设置其他道具材质　　　③设置绿化材质

图 6-111 设置辅助材质流程图（总流程3）

　　步骤1　选择一个材质球，将材质类型更改为 VRayMtl（VRay 材质）类型，制作场景中调料模型材质。设置 Diffuse（漫反射）颜色为深灰色、Reflection（反射）中的 Reflect（反射）颜色为黑色、Subdivs（细分）值为 25，然后设置 Refraction（折射）中的 Refract（折射）颜色为黑色、Subdivs（细分）值为 25，最后展开 Maps（贴图）卷展栏为 Bump（凹凸）增加 Speckle（斑点）纹理，见图 6-112。

贴心提示

Speckle（斑点）纹理是一个三维贴图，它生成斑点的表面图案，该图案用于漫反射贴图和凹凸贴图以创建类似花岗岩表面等的效果。

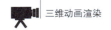

步骤 2 将另一个材质球类型更改为 VRayMtl（VRay 材质）类型，制作场景中另一种调料模型材质。设置 Diffuse（漫反射）颜色为白色、Reflection（反射）中的 Reflect（反射）颜色为黑色、Subdivs（细分）值为 8，然后设置 Refraction（折射）中的 Refract（折射）颜色为黑色、Subdivs（细分）值为 8，最后展开 Maps（贴图）卷展栏，为 Bump（凹凸）增加 Speckle（斑点）纹理，见图 6-113。

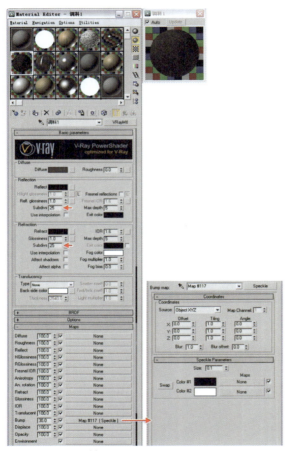

图 6-112　设置调料材质

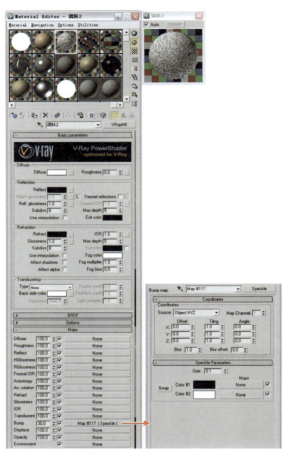

图 6-113　设置调料材质

步骤 3 将新的材质球类型更改为 VRayMtl（VRay 材质）类型，制作场景中调料瓶玻璃模型材质。设置 Diffuse（漫反射）颜色为黑色、Reflection（反射）中的 Subdivs（细分）值为 25，然后设置 Refraction（折射）中的 Refract（折射）颜色为白色、Subdivs（细分）值为 50，再到 BRDF（双向反射分布）卷展栏设置表面的反射特性为 Ward（沃德）类型，最后展开 Maps（贴图）卷展栏，为 Reflect（反射）增加 Falloff（衰减）纹理，见图 6-114。

　　步骤 4　选择新的材质球，将材质类型更改为 VRayMtl（VRay 材质）类型，制作场景中调料的不锈钢模型材质。设置 Diffuse（漫反射）颜色为深灰色、Reflection（反射）中的 Reflect（反射）颜色为灰色、Refl glossiness（反射光泽度）值为 0.95、Subdivs（细分）值为 25，然后设置 Refraction（折射）中的 Refract（折射）颜色为黑色、Subdivs（细分）值为 50，再到 BRDF（双向反射分布）卷展栏设置表面的反射特性为 Ward（沃德）类型，使材质表面产生细腻的过渡，见图 6-115。

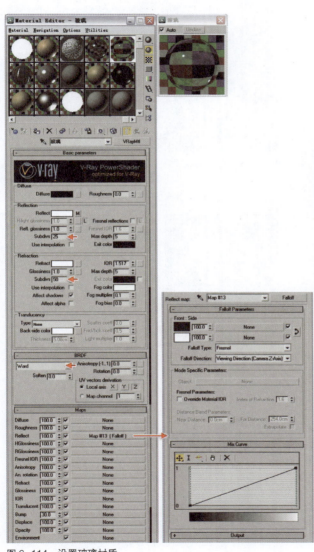

图 6-114　设置玻璃材质

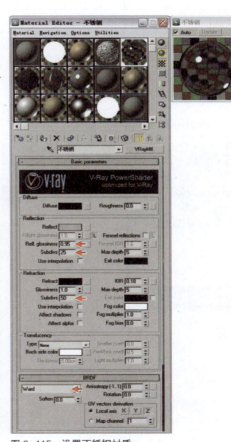

图 6-115　设置不锈钢材质

　　步骤 5　在主工具栏中选择 ⬤（快速渲染）按钮，渲染制作完成的调料模型材质效果，见图 6-116。

步骤 6 将新的材质球类型更改为 VRayMtl（VRay 材质）类型，制作场景中桌面模型材质。设置 Diffuse（漫反射）颜色为深灰色、Reflection（反射）中的 Reflect（反射）颜色为灰色、Refl glossiness（反射光泽度）值为 0.8、Subdivs（细分）值为 25，然后设置 Refraction（折射）中的 Refract（折射）颜色为黑色、Subdivs（细分）值为 25，见图 6-117。

步骤 7 重新将另一个材质球类型更改为 VRayMtl（VRay 材质）类型，制作场景中杯子与盘子模型的陶瓷材质。设置 Reflection（反射）中的 Refl glossiness（反射光泽度）值为 0.6，然后展开 Maps（贴图）卷展栏为 Diffuse（漫反射）增加 Falloff（衰减）、Reflect（反射）增加 Raytrace（光线追踪），见图 6-118。

图 6-116 渲染材质效果

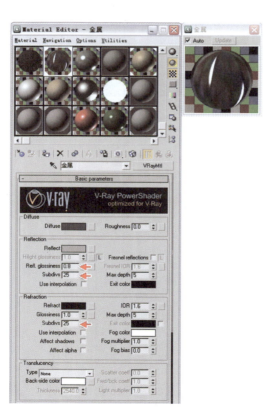

图 6-117 设置桌面材质

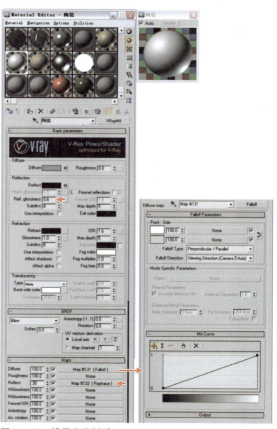

图 6-118 设置陶瓷材质

步骤8 在主工具栏中选择 ☉（快速渲染）按钮，渲染制作完成的餐桌模型材质效果，见图 6-119。

步骤9 将新的材质球类型更改为 VRayMtl（VRay 材质）类型，制作场景中花盆内的土材质。设置 Reflection（反射）中的 Reflect（反射）颜色为黑色、Hilight glossiness（高光光泽度）值为 0.65、Refl glossiness（反射光泽度）值为 0.7、Subdivs（细分）值为 12，然后展开 Maps（贴图）卷展栏为 Diffuse（漫反射）增加 Falloff（衰减），并为 Falloff（衰减）纹理赋予本书配套光盘中的"土 1.JPG"贴图，再为 Bump（凹凸）增加 Mix（混合）纹理并进行调节，见图 6-120。

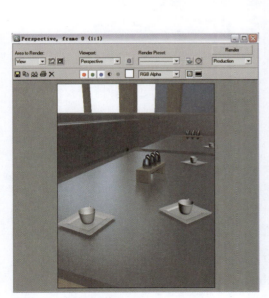

图 6-119　渲染材质效果

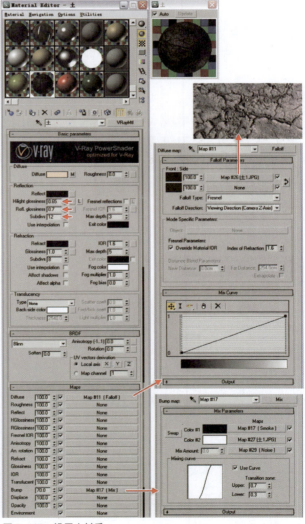

图 6-120　设置土材质

239

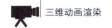

步骤 10 重新选择材质球并将类型更改为 VRayMtl（VRay 材质）类型，制作场景中花茎模型材质。设置 Reflection（反射）中的 Reflect（反射）颜色为深黑色、Refl glossiness（反射光泽度）值为 0.8、Translucency（半透明物质）中的 Back-side color（后部分颜色）为浅黄色，然后展开 Maps（贴图）卷展栏为 Diffuse（漫反射）增加 Falloff（衰减），见图 6-121。

步骤 11 展开花茎 Diffuse（漫反射）中的 Falloff（衰减）纹理，制作场景中植物叶子材质。为两个颜色增加 Gradient（渐变）纹理，并分别为两个渐变纹理赋予本书配套光盘中的"植物 2.jpg"、"植物 3.jpg"、"植物 4.jpg"、"植物 5.jpg"贴图，使绿化的材质更加丰富，见图 6-122。

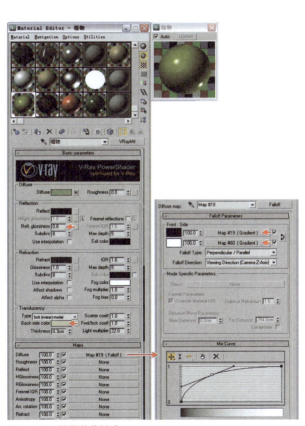

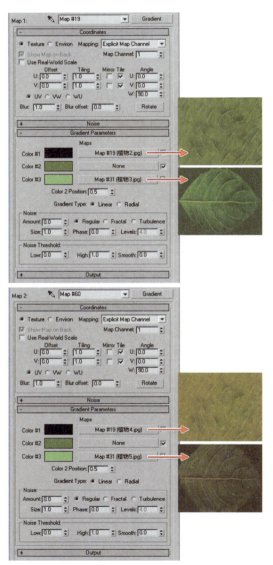

图 6-121 设置花茎材质　　　　　　　　图 6-122 设置植物叶子材质

步骤 12 在主工具栏中选择 ◉（快速渲染）按钮，渲染制作完成的场景材质效果，见图 6-123。

图 6–123 渲染场景材质效果

总流程 4 建立场景摄影机

渲染动画场景《观景海房》第四个流程（步骤）是建立场景摄影机，制作又分为 3 个流程：①建立场景摄影机、②修正场景摄影机、③设置渲染区域，见图 6-124。

①建立场景摄影机　②修正场景摄影机　③设置渲染区域

图 6–124 建立场景摄影机流程图（总流程 4）

步骤 1 切换至四视图的显示方式，在 ◉（创建）面板 ◉（摄影机）中选择标准的 Target （目标）命令，然后在 "Perspective 透视图" 建立目标摄影机，产生新的观察视角，见图 6-125。

步骤 2 在主菜单中选择【Views（视图）】→【Create Camera From View（从视图创建摄影机）】命令，使摄影机与视图的观察视角匹配，见图 6-126。

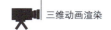

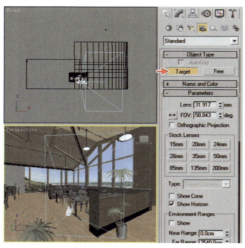

图 6-125　建立摄影机

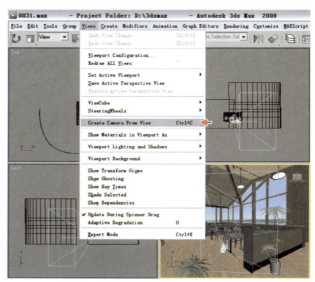

图 6-126　匹配视角

　　步骤 3　切换至 "Perspective 透视图"，在视图名称上单击鼠标右键，在弹出菜单中选择【Views（视图）】→【Camera01（摄影机 01）】命令，将视图转换为摄影机视图，见图 6-127。

　　步骤 4　切换至四视图的显示方式，在 （修改）面板中为所创建的摄影机增加 Camera Correction（摄影机修正）命令，将摄影机进行修正，见图 6-128。

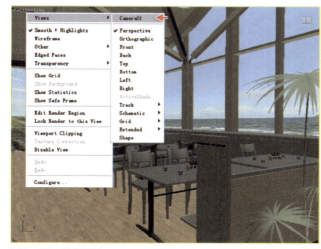

图 6-127　转换视图

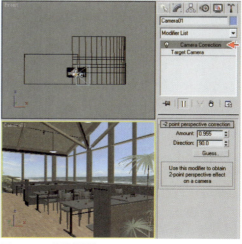

图 6-128　修正摄影机

步骤 5 在主工具栏中选择 🖼（渲染设置）按钮，打开渲染场景对话框，然后在 Output Size（输出大小）中设置 Width（宽度）值为 400、Height（高度）值为 500，调节渲染时的窗口大小，见图 6-129。

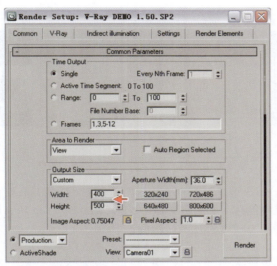

图 6-129 设置渲染窗口

步骤 6 切换到摄影机视图，在视图名称上单击鼠标右键，在弹出菜单中选择 Show Safe Frame（显示安全框）命令，在视图上显示安全框，以便更好地控制渲染区域，见图 6-130。

步骤 7 在主工具栏中选择 👁（快速渲染）按钮，渲染观景海房效果，见图 6-131。

图 6-130 显示安全框

图 6-131 渲染场景效果

总流程5　设置场景灯光

渲染动画场景《观景海房》第五个流程（步骤）是设置场景灯光，制作又分为3个流程：①建立场景灯光、②设置目标平行光、③渲染灯光效果，见图6-132。

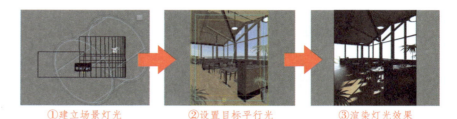

①建立场景灯光　　　　②设置目标平行光　　　　③渲染灯光效果

图6-132　设置场景灯光流程图（总流程5）

步骤1　切换至四视图的显示方式，在 （创建）面板 （灯光）中选择标准的 Target Direct （目标平行光）命令，然后在"Top顶视图"中建立灯光，作为场景中主要光源效果，见图6-133。

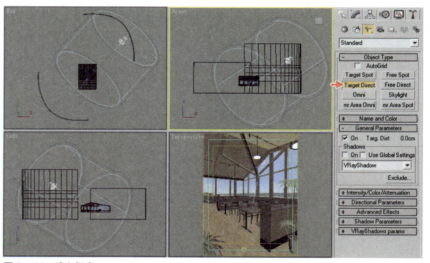

图6-133　建立灯光

步骤2　切换至 （修改）面板，在 General Parameters（普通参数）卷展栏中将 Shadows（阴影）中的 On（开启）勾选，再设置 Shadows（阴影）的类型为 VRay Shadow（VRay 阴影），然后在强度/颜色/衰减卷展栏中设置 Multiplier（倍增）值为 3、颜色为浅黄色，再设置 Directional Parameters（平行光参数）卷展栏中 Hotspot/Beam（聚光区/光束）值为 2200、Falloff/Field（衰减区/区域）2400，最后在 Shadow Parameters（阴影参数）卷展栏中设置 Dens（密度）值为 0.95，设置场景主要光源参数值，见图6-134。

贴心提示

聚光区/光束可以调整灯光圆锥体的大小；衰减区/区域可以调整灯光衰减区的大小，在两个光束之间的距离是聚光区到衰减区的过渡范围。

步骤 3 在主工具栏中选择 ⊙（快速渲染）按钮，渲染观景海房制作完的灯光效果，见图 6-135。

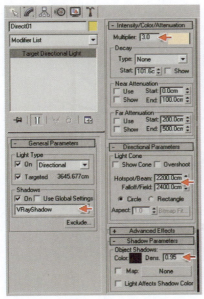

图 6-134 设置灯光参数　　　　　图 6-135 渲染灯光效果

总流程 6 设置渲染场景

渲染动画场景《观景海房》第六个流程（步骤）是设置渲染场景，制作又分为 3 个流程：①设置渲染器环境、②设置渲染器间接照明、③设置渲染器采样，见图 6-136。

①设置渲染器环境　　②设置渲染器间接照明　　③设置渲染器采样

图 6-136 设置渲染场景流程图（总流程 6）

贴心提示

Image sampler（图像采样器）卷展栏主要控制图像的精确程度。使用不同的采样器会得到不同的图像质量，对纹理贴图使用系统内置的过滤器，可以进行抗锯齿处理。

步骤 1 在主工具栏中选择 ⬚（渲染设置）按钮，打开渲染场景对话框，在 Image sampler（图像采样器）卷展栏中设置 Image sampler（图像采样器）的 Type（类型）为 Adaptive DMC（适应 DMC）类型、Antialiasing filter（抗锯齿过滤器）为 Catmull-Rom（只读存储）类型，然后在 Adaptive DMC image sampler（适应 DMC 图像采样器）卷展栏中设置 Min subdivs（最小细分）值为 1、Max subdivs（最大细分）值为 1，见图 6-137。

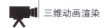

步骤 2 在主工具栏中选择 👁 （快速渲染）按钮，渲染观景海房效果，见图 6-138。

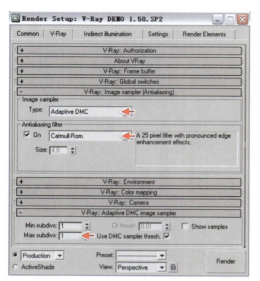

图 6-137　设置图像采样

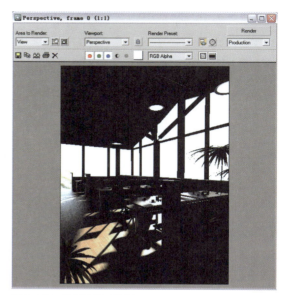

图 6-138　渲染图像采样效果

　　步骤 3 在渲染设置对话框中的 Environment（环境）卷展栏中设置 GI Environment skylight override（GI 环境天空光装置）颜色为天蓝色、Reflection/refraction environment override（反射 / 折射环境装置）颜色为蓝色、Refraction environment override（折射环境装置）颜色为白色，见图 6-139。

　　步骤 4 在主工具栏中选择 👁 （快速渲染）按钮，渲染调节完环境颜色后的观景海房效果，见图 6-140。

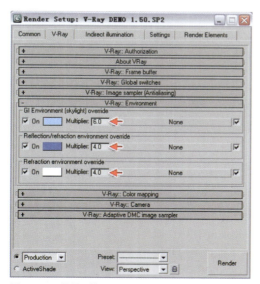

图 6-139　设置环境

图 6-140　渲染环境效果

步骤5 继续在渲染对话框中设置 Color mapping（颜色贴图）卷展栏中的 Type（类型）为 Exponential（指数倍增）类型，然后在 Camera（摄影机）卷展栏中勾选 Depth of field（景深）下的 On（开启），产生摄影机景深效果，见图6-141。

步骤6 在主工具栏中选择 ◎（快速渲染）按钮，渲染观景海房效果，见图6-142。

> **贴心提示**
>
> Color mapping（颜色贴图）卷展栏通常被用于最终图像的色彩转换。Camera（摄影机）卷展栏主要控制将三维场景映射成二维平面的方式，以及在映射同时对景深效果和运动模糊效果的指定和调节。

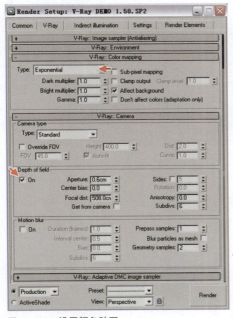

图6-141 设置颜色贴图

图6-142 渲染颜色贴图效果

步骤7 在渲染设置对话框中的 Indirect illumination（间接照明）卷展栏中勾选 On（开启），打开场景中的间接照明效果，然后设置 Post-processing（后加工选项）中的 Saturation（饱和度）值为0.7，最后设置 Primary bounces（初级计算）的 GI engine（全局光引擎）为 Brute force（蒙特卡洛）、Primary bounces（次级计算）的 GI engine（全局光引擎）为 Light cache（灯光缓存），见图6-143。

步骤8 在主工具栏中选择 ◎（快速渲染）按钮，渲染设置完成后的观景海房效果，见图6-144。

步骤9 在渲染设置对话框中的 Brute force GI（全局力量引擎）卷展栏中设置 Subdivs（细分）值为22，然后在 Light cache（灯光缓存）卷展栏中设置 Subdivs（细分）值为750、Sample size（采样大小）值为4、Scale（缩放）方式为 World（世界）方式，见图6-145。

> **贴心提示**
>
> Subdivs（细分）可以设置计算过程中使用的近似样本数量。注意，这个数值并不是 VR 发射光线的实际数量，这些光线的数量近似于这个参数的平方值，同时也会受到 QMC 采样器的限制。

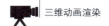三维动画渲染

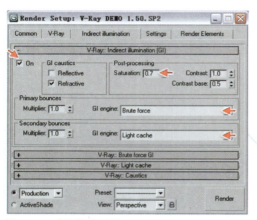

图 6-143 设置间接照明

图 6-144 渲染间接照明效果

步骤 10 在主工具栏中选择 （快速渲染）按钮，因为在渲染中使用了较高的参数设置，所以要进行多次渲染，渲染的时间会比较长，见图 6-146。

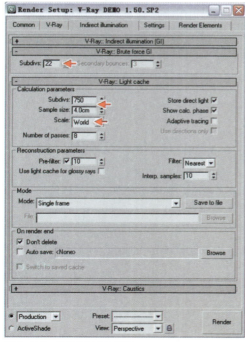

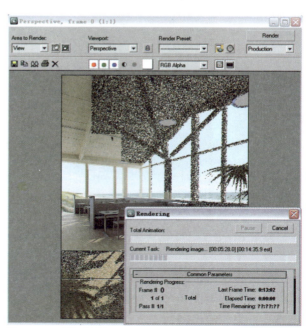

图 6-145 设置全局力量引擎

图 6-146 渲染过程效果

步骤 11 继续在渲染设置对话框中的 DMC Sampler（DMC 采样器）卷展栏中设置 Adaptive amount（适应数量）值为 0、Noise threshold（噪波阈值）值为 0、Min samples（最小样本数）值为 16、Global subdivs multiplier（全局细分倍增）值为 2.5，见图 6-147。

步骤 12 在主工具栏中选择 （快速渲染）按钮，渲染产生最终观海景房完成效果，见图 6-148。

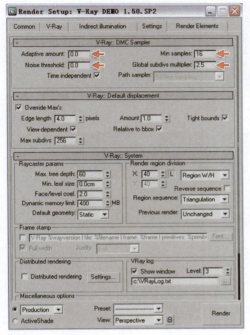

图 6-147 设置 DMC 采样

图 6-148 动画场景《观景海房》最终渲染效果

第五节 范例制作 6-3 渲染动画场景《夜晚别墅》

一、范例简介

本例介绍如何通过渲染器自带的材质进行渲染使动画场景《夜晚别墅》效果更佳的流程、方法和实施步骤。范例制作中所需素材，位于本书配套光盘中的"范例文件 /6-3 夜晚别墅"文件夹中。

二、范例预览

打开本书配套光盘中的范例文件 /6-3 夜晚别墅 /6-3 夜晚别墅 .JPG 文件。通过观看渲染效果图了解本节要讲的大致内容，见图 6-149。

图 6-149 渲染动画场景《夜晚别墅》预览效果

三、渲染流程（步骤）及技巧分析

本例主要使用 mental ray 渲染器模拟非常实用的夜晚别墅场景，通过渲染器自带的材质，使场

景效果更佳，渲染分为 6 部分：第 1 部分为制作场景模型；第 2 部分为调节摄影机取景；第 3 部分为调节场景灯光；第 4 部分为调节模型材质；第 5 部分为制作背景环境；第 6 部分为设置渲染参数，见图 6-150。

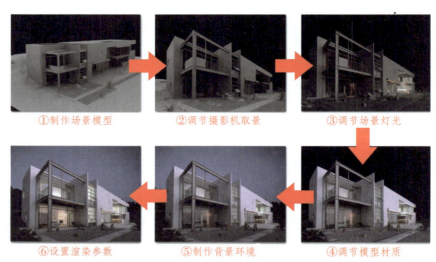

①制作场景模型　　②调节摄影机取景　　③调节场景灯光

⑥设置渲染参数　　⑤制作背景环境　　④调节模型材质

图 6-150　动画场景《夜晚别墅》渲染总流程（步骤）图

四、具体操作

总流程 1　制作场景模型

渲染动画场景《夜晚别墅》第一个流程（步骤）是制作场景模型，制作又分为 3 个流程：①制作楼房框架模型、②制作门窗模型、③制作装饰模型，见图 6-151。

①制作楼房框架模型　　②制作门窗模型　　③制作装饰模型

图 6-151　制作场景模型流程图（总流程 1）

步骤 1　打开 Autodesk 3ds Max 软件，在 ⬚（创建）面板 ⬚（几何体）中使用标准基本体结合 ⬚（修改）面板中的 Edit Poly（编辑多边形）命令，在 "Perspective 透视图" 中制作楼房模型，见图 6-152。

步骤 2　继续使用标准几何体结合 ⬚（修改）面板中的 Edit Poly（编辑多边形）命令，制作楼房的其他模型，完成楼房模型的制作，见图 6-153。

步骤 3　重新再使用标准几何体结合 ⬚（修改）面板中的 Edit Poly（编辑多边形）命令，制作楼房内的书架、沙发等模型，见图 6-154。

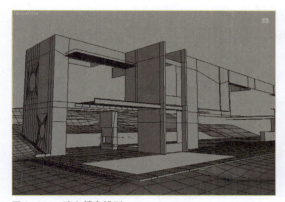
图 6-152 建立楼房模型

图 6-153 增加楼房细节

步骤4 继续使用标准几何体,再结合Edit Poly(编辑多边形)命令制作场景中的石子与椅子模型,见图 6-155。

图 6-154 建立房内模型

图 6-155 增加场景细节

步骤5 为了使场景更加丰富,继续使用标准几何体结合 Edit Poly（编辑多边形）命令,制作石块与植物模型,见图 6-156。

步骤6 切换至四视图的显示方式,然后再为场景增加更多的细节模型,制作完成场景模型,见图 6-157。

图 6-156 增加其他辅助模型

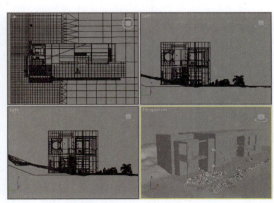
图 6-157 完成场景模型

总流程2　调节摄影机取景

渲染动画场景《夜晚别墅》第二个流程（步骤）是调节摄影机取景，制作又分为3个流程：①建立目标摄影机、②设置场景目标摄影机、③修正场景摄影机，见图6-158。

①建立目标摄影机　　②设置场景目标摄影机　　③修正场景摄影机

图6-158　调节摄影机取景流程图（总流程2）

贴心提示

当创建摄影机时，目标摄影机会查看所放置的目标图标周围的区域。目标摄影机比自由摄影机更容易定向，因为只需将目标对象定位在所需位置的中心即可。

步骤1　切换至四视图的显示方式，在 （创建）面板 （摄影机）中选择标准的 Target （目标）命令，然后在"Left 左视图"建立目标摄影机，产生新的观察视角，见图6-159。

步骤2　使用 （移动）工具调节摄影机的位置，控制摄影机的观察角度，见图6-160。

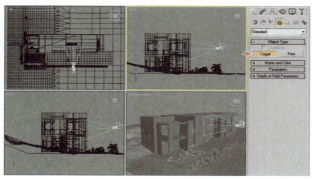

图6-159　建立摄影机

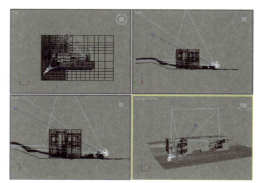

图6-160　调节摄影机角度

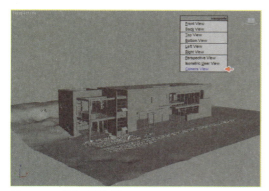

图6-161　转换摄影机视图

步骤3　切换至"Perspective 透视图"，在视图空白位置单击鼠标右键，在弹出的四元菜单中选择 Camera View（摄影机视图）命令，将视图转换为摄影机视图，见图6-161。

步骤4　选择摄影机，切换至 （修改）面板，在摄影机参数面板中设置 Lens（镜头）值为21.5，使观察的视图产生更大的透视效果，见图6-162。

步骤5　在视图名称上单击鼠标右键，在弹出菜单中选择 Show Safe Frame（显示安全框）命令，在视图上显示安全框，以便更好地控制渲染区域，见图 6-163。

步骤 6 在视图空白位置单击鼠标右键，在弹出的四元菜单中选择 Apply Camera Correction Modifier（摄影机修正）修改命令，将摄影机进行修正，见图 6-164。

图 6-162 调节摄影机参数

图 6-163 显示安全框

步骤 7 切换至 （修改）面板，然后在 Camera Correction（摄影机修正）参数下设置 Amount（数量）值为 -13.5，修正摄影机的观察角度，见图 6-165。

步骤 8 在主工具栏中选择 （快速渲染）按钮，渲染调节完摄影机后的夜晚别墅场景效果，见图 6-166。

图 6-164 增加摄影机修正

> **贴心提示**
>
> 摄影机修正修改器在摄影机视图中只使用两点透视，需要使用的修正数取决于摄影机的倾斜程度。例如，摄影机从地平面向上看建筑的顶部比朝水平线看需要更多的修正数。

图 6-165 调节修正参数

图 6-166 渲染场景效果

总流程3 调节场景灯光

渲染动画场景《夜晚别墅》第三个流程（步骤）是调节场景灯光，制作又分为3个流程：①设置建立主光源、②设置场景辅助、③控制场景曝光，见图6-167。

①设置建立主光源　　②设置场景辅助　　③控制场景曝光

图6-167　调节场景灯光流程图（总流程3）

步骤1　切换至四视图的显示方式，在 （创建）面板 （灯光）中选择标准的 mr Area Spot（mr 区域聚光灯）命令，在"Perspective 透视图"中建立灯光，然后调节灯光位置，制作场景中主要光源效果，见图6-168。

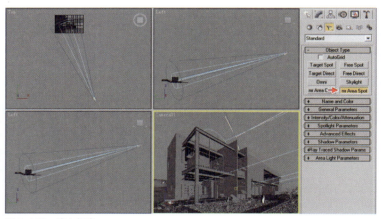

图6-168　建立灯光

贴心提示

光线跟踪阴影是通过跟踪从光源进行采样的光线路径而生成的阴影，它比经阴影贴图处理的阴影更精确，始终能够产生清晰的边界。

步骤2　切换至 （修改）面板，在灯光的 General Parameters（普通参数）卷展栏中将 Shadows（阴影）中的 On（开启）勾选，再设置 Shadows（阴影）的类型为 Ray Traced Shadows（光线跟踪阴影），然后在强度/颜色/衰减卷展栏中设置 Multiplier（倍增）值为0.7、颜色为暗粉色，再设置 Spotlight Parameters（聚光灯参数）卷展栏中 Hotspot/Beam（聚光区/光束）值为7、Falloff/Field（衰减区/区域）值为18，最后在 Area Light Parameters（区域灯光参数）卷展栏中设置 Type（类型）为 Rectangle（矩形），见图6-169。

步骤3　在主工具栏中选择 （渲染设置）按钮，打开渲染场景对话框，然后在 Assign Renderer（指定渲染器）卷展栏中将 Production（产品级别）设置为 mental ray Renderer（MR 渲染器），见图6-170。

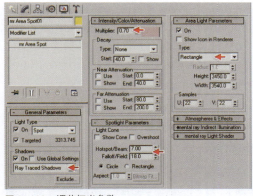

图 6-169　调节灯光参数　　　　　　　　图 6-170　设置渲染器

步骤 4　在 Final Gather（最终聚焦）卷展栏中设置 FG Precision Presets（最终聚集精度预设）级别为 Low（低）、Diffuse Bounces（漫反射反弹次数）值为 2，设置渲染器的最终聚焦参数，见图 6-171。

步骤 5　展开 Caustics and Global Illumination（焦散和全局照明）卷展栏勾选 Enable（启用）全局照明项目，然后设置 Multiplier（倍增）值为 2、Maximum Num.Photons per Sample（每采样最大光子数）值为 100、Average GI Photons per Light（每个灯光的平均全局照明光子）值为 100000，调节渲染的焦散与全局照明参数，见图 6-172。

> **贴心提示**
>
> 漫反射反弹默认值为 0。像最大反射和最大折射一样，该值也受最大深度的限制。如果漫反射反弹设置的值比最大深度高，则后面的设置将自动升高到 MI 输出文件中的漫反射反弹值，但这不会反映在 3ds Max 界面中。

> **贴心提示**
>
> 全局照明可以通过在场景中模拟所有来回反射灯光来增强渲染的真实性，其会生成如映色的效果。例如，红墙旁边的白色衬衫会出现微弱的红色。

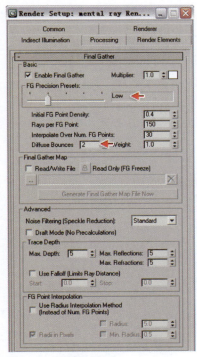
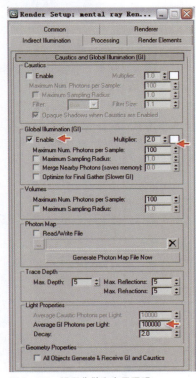

图 6-171　设置最终聚焦　　　　　　　　图 6-172　设置焦散和全局照明

三维动画渲染

步骤 6 展开 Sapling Quality（采样质量）卷展栏，设置 Samples per Pixel（每像素采样数）中的 Minimum（最小值）为 1、Maximum（最大值）为 4，然后设置 Filter（过滤）中的 Type（类型）为 Mitchell（米切尔）类型，最后再设置 Options（选项）中的 Bucket Width（渲染块宽度）值为 28，见图 6-173。

步骤 7 在主工具栏中选择 ◉（快速渲染）按钮，渲染场景主光源的照射效果，见图 6-174。

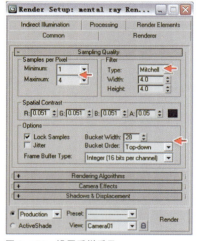

图 6-173 设置采样质量

图 6-174 渲染灯光效果

步骤 8 切换至四视图的显示方式，在 （创建）面板 （灯光）中选择标准的 mr Area Spot（mr 区域聚光灯）命令，在"Top 顶视图"中建立灯光，然后调节灯光位置，制作场景中的辅助光源效果，见图 6-175。

步骤 9 切换至 （修改）面板，在灯光的 General Parameters（普通参数）卷展栏中将 Shadows（阴影）中的 On（开启）勾选，然后设置场景辅助光源的参数，见图 6-176。

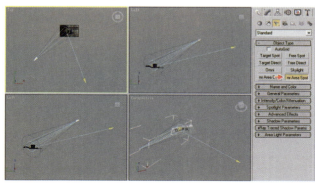

图 6-175 建立辅助光

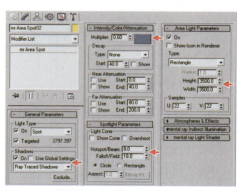

图 6-176 调节辅助光参数

步骤 10　在主工具栏中选择 （快速渲染）按钮，渲染场景光源的照射效果，见图 6-177。

步骤 11　切换至四视图的显示方式，在 （创建）面板 （灯光）中选择标准的 mr Area Omni（mr 区域泛光灯）命令，在"Top 顶视图"中建立灯光，然后调节灯光位置，建立楼房内的光源效果，见图 6-178。

图 6-177　渲染灯光效果

图 6-178　建立灯光

步骤 12　在灯光的 General Parameters（普通参数）卷展栏中将 Shadows（阴影）中的 On（开启）勾选，再设置 Shadows（阴影）的类型为 Ray Traced Shadows（光线跟踪阴影），然后在强度 / 颜色 / 衰减卷展栏中设置 Multiplier（倍增）值为 0.25、颜色为浅黄色，再设置 Area Light Parameters（区域灯光参数）卷展栏中的 Type（类型）为 Sphere（球）、Radius（半径）值为 13.5，调节场景楼房内的光源参数，见图 6-179。

步骤 13　切换至"Top 顶视图"，然后选择楼房内的泛光灯，使用键盘上的"Shift"键结合 （移动）工具对选择的泛光灯进行复制，在弹出的复制对话框中以 Instance（实例）的方式复制产生另一盏泛光灯，制作另一个房间内的光源效果，见图 6-180。

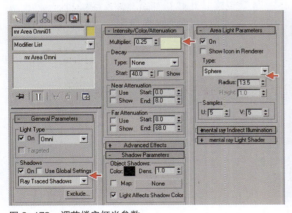

图 6-179　调节楼房灯光参数

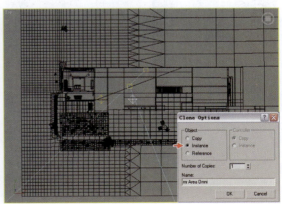

图 6-180　复制灯光

步骤 14　在主工具栏中选择 （快速渲染）按钮，渲染场景中楼房内的光源照射效果，见图 6-181。

步骤 15　继续使用键盘上的"Shift"键结合 （移动）工具对泛光灯进行复制，产生场景中远处楼房内的光源效果，见图 6-182。

图 6-181　渲染房内灯光效果

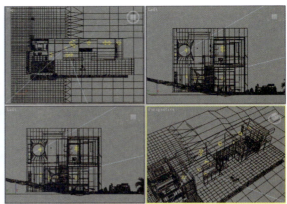

图 6-182　复制灯光

步骤 16　在主工具栏中选择 （快速渲染）按钮，渲染场景中远处楼房内的光源照射效果，见图 6-183。

步骤 17　切换至四视图的显示方式，在 （创建）面板 （灯光）中选择光度学灯光的 Target Light （目标灯光）命令，在"Left 左视图"中建立灯光，然后调节灯光位置，建立近处房间内的光源效果，见图 6-184。

图 6-183　渲染远处房内灯光效果

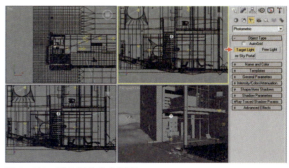

图 6-184　建立近处房内灯光

贴心提示

光域网是光源灯光强度分布的 3D 表示，会得到灯光照射的形状。

步骤 18　在灯光的 General Parameters（普通参数）卷展栏中将 Shadows（阴影）中的 On（开启）勾选，再设置 Shadows（阴影）的类型为 Ray Traced Shadows（光线跟踪阴影）、Light Distribution Type（灯光分布类型）为 Photometric Web（光度学 Web），然后在 Distribution Photometric Web（分布光度学 Web）卷展栏中增加"室内灯光光域网"，再设置 Shape/Area Shadows（图形/区域阴影）卷展栏的 Emit Light from Shape（从图形发射光线）的类型为 Point（点光源），最后在强度/颜色/衰减卷展栏中设置 Filter Color（过滤颜色）为米黄色、Intensity（强度）值为 235，调节光度学灯光参数，模拟出室内的光照效果，见图 6-185。

步骤 19 切换至 "Perspective 透视图"，然后选择楼房内的光度学灯光，使用键盘上的 "Shift" 键结合 ✥（移动）工具进行复制，在弹出的复制对话框中以 Instance（实例）的方式复制产生多个灯光，完成室内的照射效果，见图 6-186。

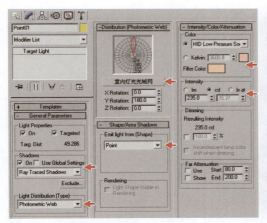

图 6-185　调节光度学参数

图 6-186　复制灯光

步骤 20 继续创建光度学灯光中的 `Target Light`（目标灯光），产生楼上的光源照射效果，见图 6-187。

步骤 21 切换至四视图的显示方式，在 （创建）面板 （灯光）中选择光度学灯光的 `Target Light`（目标灯光）命令，在 "Perspective 透视图" 中建立灯光，然后调节灯光位置，建立楼房外的光源效果，见图 6-188。

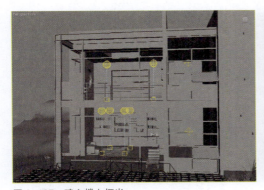

图 6-187　建立楼上灯光

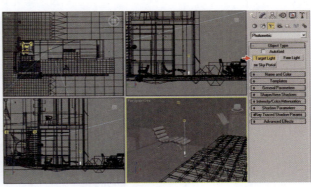

图 6-188　建立楼外灯光

步骤 22 在灯光的 General Parameters（普通参数）卷展栏中将 Shadows（阴影）中的 On（开启）勾选，再设置 Shadows（阴影）的类型为 Ray Traced Shadows（光线跟踪阴影）类型、Light Distribution（灯光分布）为 Photometric Web（光度学 Web），然后在 Distribution Photometric Web（分布光度学 Web）卷展栏中增加 "室内灯光光域网"，再设置 Shape/Area Shadows（图形 / 区域阴影）卷展栏的 Emit Light from Shape（从图形发射光线）的类型为 Point（点光源），最后在强度 / 颜色 / 衰减卷展栏中设置 Kelvin（开尔文）值为 2730、颜色为浅粉色、Filter Color（过滤颜色）为浅粉色、Intensity（强度）值为 10500，调节光度学灯光参数，产生楼房外的光源照射效果，见图 6-189。

三维动画渲染

步骤 23 调节"Perspective 透视图"角度，使用键盘上的"Shift"键结合 ✛（移动）工具进行复制，产生 5 个光度学灯光，制作室外的照射效果，见图 6-190。

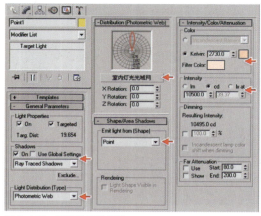

图 6-189　调节光度学参数

图 6-190　复制灯光

贴心提示

曝光控制是用于调整渲染的输出级别和颜色范围的插件组件，就像调整胶片曝光一样。对数曝光控制使用亮度、对比度以及场景是否是白天室外，将物理值映射为 RGB 值，类似 Photoshop 的颜色修饰。

步骤 24 在主菜单中选择【Rendering（渲染）】→【Environment（环境）】命令，打开环境与特效设置对话框，见图 6-191。

步骤 25 在打开的环境与特效对话框中的 Environment（环境）卷展栏中设置 Exposure Control（曝光控制），以 Logarithmic Exposure Control（对数曝光控制）方式控制曝光效果，然后设置 Logarithmic Exposure Control Parameters（对数曝光控制参数）的 Physical Scale（物理比例）值为 1500，使环境产生曝光效果，见图 6-192。

图 6-191　打开环境设置

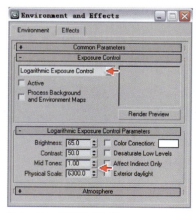

图 6-192　调节曝光参数

步骤 26 在主工具栏中选择 ◔（快速渲染）按钮，渲染夜晚别墅场景效果，见图 6-193。

图 6-193　渲染夜晚别墅效果

总流程 4　调节模型材质

渲染动画场景《夜晚别墅》第四个流程（步骤）是调节模型材质，制作又分为 3 个流程：①设置别墅材质、②设置场景材质、③设置环境材质，见图 6-194。

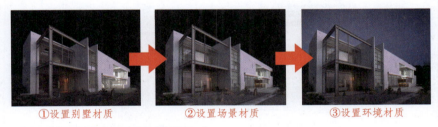

①设置别墅材质　　　　②设置场景材质　　　　③设置环境材质

图 6-194　调节模型材质流程图（总流程 4）

步骤 1　在主工具栏中单击 ❖（材质编辑器）按钮，打开材质编辑器，准备制作场景模型的材质，见图 6-195。

步骤 2　在材质编辑器中选择材质球，单击 Standard （标准）按钮，然后在弹出的材质类型对话框中选择 Arch & Design（建筑与设计）类型，制作场景中墙的表面材质，见图 6-196。

步骤 3　展开建筑与设计类型的材质参数，在 Main material parameters（主要材质参数）卷展栏中设置 Reflectivity（反射率）值为 0.55、Glossiness（光泽度）值为 0.25，然后勾选 Fast（Interpolate）（快速插值），再到 BRDF 卷展栏中设置 0 deg refl（0 度的反射率）值为 0.18、90 deg refl（90 度的反射率）值为 0.78，调节墙的表面材质效果，见图 6-197。

三维动画渲染

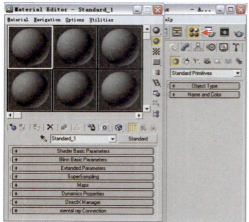

图 6-195 打开材质编辑器

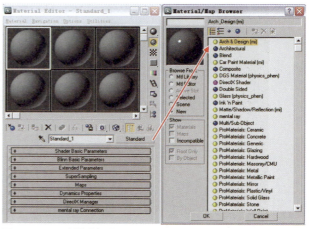

图 6-196 更改材质类型

步骤 4 再展开 Special Effects（特殊效果）卷展栏，设置 Samples（采样）值为 16、Max Distance（最大距离）值为 0.1，然后在 Special Purpose Maps（特殊用途贴图）卷展栏中为 Bump（凹凸）赋予 Normal Bump（法线凹凸）纹理，并为法线凹凸纹理赋予本书配套光盘中的"墙凹凸 .jpg"贴图，再为 Environment（环境）赋予本书配套光盘中的"环境天空 .jpg"贴图，最后展开 General Maps（通用贴图）卷展栏，为 Diffuse Color（漫反射颜色）赋予 Mix（混合）纹理，再为 Reflection Glossiness（反射光泽度）赋予本书配套光盘中的"墙 .jpg"贴图，见图 6-198。

图 6-197 设置墙表面材质

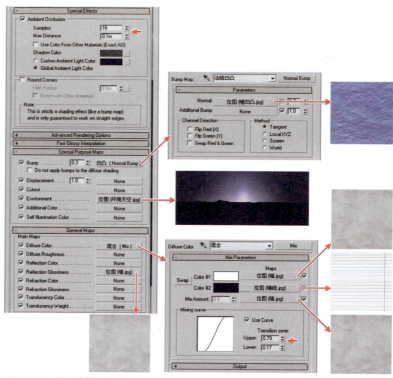

图 6-198 设置墙材质贴图

262

步骤5 重新选择材质球并更改为建筑与设计类型，然后在 Main material parameters（主要材质参数）卷展栏中设置 Reflectivity（反射率）值为 0.6、Glossiness（光泽度）值为 0.26、Glossy Samples（光泽采样数）值为 22，再到 BRDF 卷展栏中设置 0 deg refl（0 度的反射率）值为 0.03、90 deg refl（90 度的反射率）值为 0.57，最后在 Special Purpose Maps（特殊用途贴图）卷展栏中为 Environment（环境）赋予本书配套光盘中的"环境天空 .jpg"贴图，调节内部墙体的材质效果，见图 6-199。

步骤6 选择新的材质球并更改类型为建筑与设计类型，然后在 Main material parameters（主要材质参数）卷展栏中设置 Reflectivity（反射率）值为 0.79、Glossiness（光泽度）值为 0.39、Glossy Samples（光泽采样数）值为 22、勾选 Fast（Interpolate）（快速插值），然后设置 Anisotropy（各向异性）值为 6.51，再到 BRDF 卷展栏中设置 0 deg refl（0 度的反射率）值为 0.12、90 deg refl（90 度的反射率）值为 0.67，调节场景中钢架模型的材质效果，见图 6-200。

> **贴心提示**
>
> 反射率值和颜色值一起定义反射的级别和传统高光的强度，也称为反射高光。

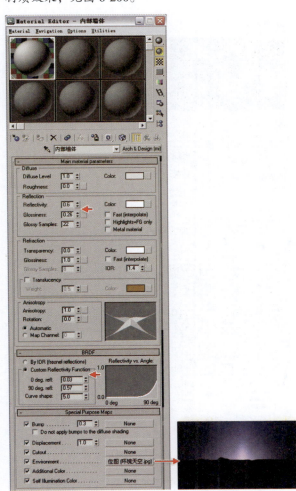

图 6-199 设置内部墙体材质

图 6-200 设置钢架材质

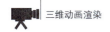

步骤7 再展开 Special Purpose Maps（特殊用途贴图）卷展栏，为 Bump（凹凸）赋予本书配套光盘中的"金属钢架 .jpg"贴图，然后为 Environment（环境）赋予本书配套光盘中的"环境天空 .jpg"贴图，最后展开 General Maps（通用贴图）卷展栏，为 Reflection Glossiness（反射光泽度）与 Anisotropy Angle（各向异性角度）赋予本书配套光盘中的"金属钢架 .jpg"贴图，见图 6-201。

步骤8 选择新的材质球并更改类型为建筑与设计类型，在 Main material parameters（主要材质参数）卷展栏中设置 Reflectivity（反射率）值为 0.21、Glossiness（光泽度）值为 0.22、勾选 Highlights+FG only（仅高光最终聚集），再到 BRDF 卷展栏中设置 0 deg refl（0 度的反射率）值为 0.2、90 deg refl（90 度的反射率）值为 1，然后在 Special Purpose Maps（特殊用途贴图）卷展栏中为 Bump（凹凸）赋予 Normal Bump（法线凹凸）纹理，再为法线凹凸纹理赋予本书配套光盘中的"地面凹凸 .jpg"贴图，制作地面的材质，见图 6-202。

> **贴心提示**
>
> 法线凹凸贴图可以使用纹理烘焙法线贴图，可以将其指定给材质的凹凸组件、位移组件。使用位移的贴图可以更正看上去平滑失真的边缘，这样会增加几何体的面。

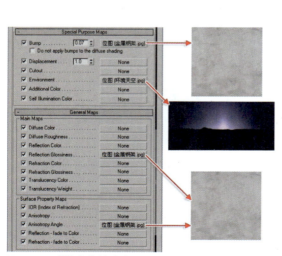

图 6-201　增加钢架材质贴图

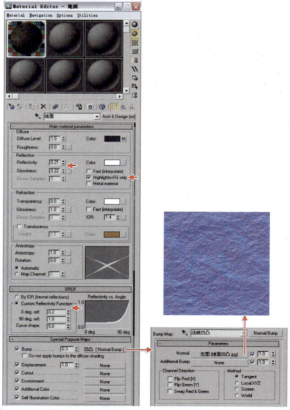

图 6-202　设置地面材质

步骤9 赋予材质到场景中的模型，然后在主工具栏中选择 ⚫（快速渲染）按钮，渲染夜晚别墅场景的材质效果，见图 6-203。

图 6-203 渲染材质效果

步骤 10 选择新的材质球并更改类型为建筑与设计，然后在 Main material parameters（主要材质参数）卷展栏中设置 Diffuse Level（漫反射级别）值为 1、Roughness（粗糙度）值为 0.45、Reflectivity（反射率）值为 0.25、Glossiness（光泽度）值为 0.22、Glossy Samples（光泽采样数）值为 22，再到 BRDF 卷展栏中设置 0 deg refl（0 度的反射率）值为 0.08、90 deg refl（90 度的反射率）值为 0.5，调节室外地面材质效果，见图 6-204。

步骤 11 再展开 Special Effects（特殊效果）卷展栏，设置 Samples（采样）值为 16、Max Distance（最大距离）值为 11、Fillet Radius（过滤半径）值为 6.17，然后在 Special Purpose Maps（特殊用途贴图）卷展栏中为 Bump（凹凸）赋予本书配套光盘中的"室外地面 .jpg"贴图，再为 Environment（环境）赋予本书配套光盘中的"环境天空 .jpg"贴图，最后展开 General Maps（通用贴图）卷展栏，为 Diffuse Color（漫反射颜色）赋予本书配套光盘中的"室外地面 .jpg"贴图，见图 6-205。

> **贴心提示**
> 光泽采样数是定义 mental ray 发出的采样（光线）的最大数目，以产生光泽反射。值如果较高则会降低渲染速度，但会得到较平滑的结果。值较低则会加快渲染速度，但所得到结果的颗粒明显。大多数情况下，值为 32 就足够了。

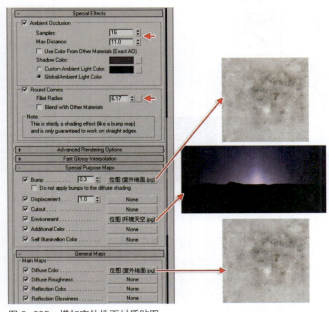

图 6-204 设置室外地面材质　　图 6-205 增加室外地面材质贴图

步骤 12 重新选择材质球，更改类型为建筑与设计类型，然后在 Main material parameters（主要材质参数）卷展栏中设置 Reflectivity（反射率）值为 0.76、Glossiness（光泽度）值为 0.14、Glossy Samples（光泽采样数）值为 8，再到 BRDF 卷展栏中设置 0 deg refl（0 度的反射率）值为 0.2、90 deg refl（90 度的反射率）值为 1，最后在 Special Purpose Maps（特殊用途贴图）卷展栏中为 Environment(环境)赋予本书配套光盘中的"环境天空.jpg"贴图，调节石子的材质效果，见图 6-206。

步骤 13 重新选择材质球并更改类型为建筑与设计，然后在 Main material parameters（主要材质参数）卷展栏中设置 Reflectivity（反射率）值为 1、Glossiness（光泽度）值为 0.2、Glossy Samples（光泽采样数）值为 22，再到 BRDF 卷展栏中设置 0 deg refl（0 度的反射率）值为 0.15、90 deg refl（90 度的反射率）值为 0.59，调节室外地面的石块材质效果，见图 6-207。

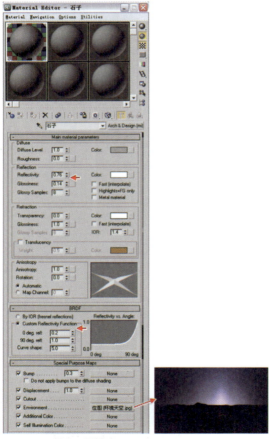

图 6-206 设置石子材质

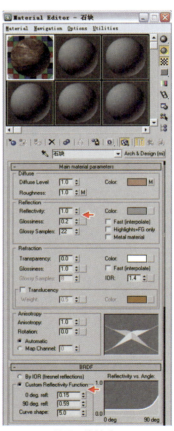

图 6-207 设置石块材质

步骤 14 在展开的 Special Purpose Maps（特殊用途贴图）卷展栏中为 Bump（凹凸）赋予 Normal Bump（法线凹凸）纹理，为法线凹凸纹理赋予本书配套光盘中的"石块凹凸.jpg"贴图，再为 Environment（环境）赋予本书配套光盘中的"环境天空.jpg"贴图，最后展开 General Maps（通用贴图）卷展栏，为 Diffuse Color（漫反射颜色）赋予本书配套光盘中的"石块.jpg"贴图，为 Diffuse Roughness（漫反射粗糙度）赋予 Falloff（衰减）纹理，完成室外石块材质效果，见图 6-208。

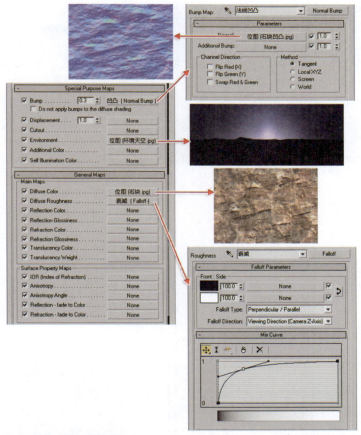

图 6-208 增加石块材质贴图

步骤 15 将石块材质赋予给场景中的石块模型，可以看到材质在模型上产生了变形，见图 6-209。

步骤 16 选择石块模型，在 （修改）面板中为选择模型增加 UVW Map（UVW 贴图）修改命令，然后调节 Mapping（贴图）方式为 Box（盒子），使贴图的纹理与石块模型相匹配，见图 6-210。

贴心提示
UVW 贴图需按照模型的形状进行设置。

图 6-209 赋予石块材质

图 6-210 增加贴图修改器

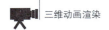

三维动画渲染

贴心提示

启用仅高光最终聚集后，mental ray 不跟踪实际的反射光线，相反，只会显示高光和通过使用最终聚集模拟的软反射。

步骤 17 选择新的材质球并更改类型为建筑与设计，然后在 Main material parameters（主要材质参数）卷展栏中设置 Reflectivity（反射率）值为 0.6、Glossiness（光泽度）值为 0.22、勾选 Highlights+FG only（仅高光最终聚集），再到 BRDF 卷展栏中设置 0 deg refl（0 度的反射率）值为 0.2、90 deg refl（90 度的反射率）值为 1，制作植物根部材质，见图 6-211。

步骤 18 在展开的 Special Purpose Maps（特殊用途贴图）卷展栏中为 Bump（凹凸）赋予本书配套光盘中的"植物根部.jpg"贴图，然后展开 General Maps（通用贴图）卷展栏，为 Diffuse Color（漫反射颜色）赋予 RGB Tint（RGB 色彩）纹理，再展开 RGB 色彩纹理，为 Map（贴图）赋予本书配套光盘中的"植物根部.jpg"贴图，完成植物根部材质制作，见图 6-212。

图 6-211　设置植物根部材质

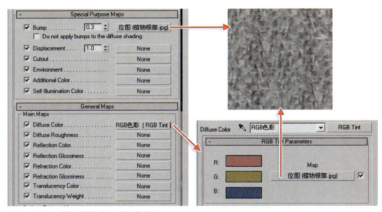

图 6-212　增加植物根部材质贴图

步骤 19 重新选择材质球，更改类型为建筑与设计类型，然后在 Main material parameters（主要材质参数）卷展栏中为 Diffuse（漫反射）的 Color（颜色）赋予本书配套光盘中的"植物叶子.jpg"贴图，再设置 Reflectivity（反射率）值为 0.6、Glossiness（光泽度）值为 0.36、Glossy Samples（光泽采样数）值为 22，再到 BRDF 卷展栏中设置 0 deg refl（0 度的反射率）值为 0.2、90 deg refl（90 度的反射率）值为 1，制作植物叶子材质，见图 6-213。

步骤 20 在主工具栏中选择（快速渲染）按钮，渲染夜晚别墅场景的材质效果，见图 6-214。

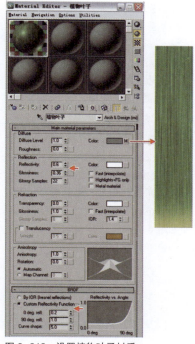

图 6-213　设置植物叶子材质

图 6-214　渲染场景材质效果

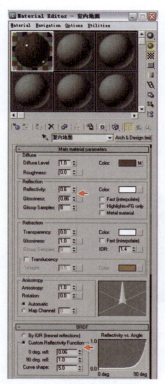

图 6-215　设置室内地面材质

步骤 21　选择新的材质球并更改类型为建筑与设计，然后在 Main material parameters（主要材质参数）卷展栏中设置 Reflectivity（反射率）值为 0.6、Glossiness（光泽度）值为 0.86，再到 BRDF 卷展栏中设置 0 deg refl（0 度的反射率）值为 0.06、90 deg refl（90 度的反射率）值为 1，制作室内地面的材质效果，见图 6-215。

步骤 22　在展开的 Special Purpose Maps（特殊用途贴图）卷展栏与 General Maps（通用贴图）卷展栏中，为 Bump（凹凸）与 Diffuse Color（漫反射颜色）赋予本书配套光盘中的"木纹 .jpg"贴图，完成室内地面材质效果，见图 6-216。

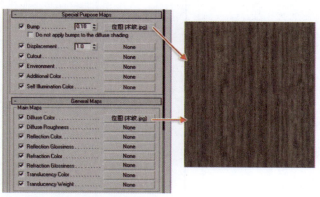

图 6-216　增加室内地面材质贴图

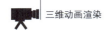
三维动画渲染

步骤 23 选择新的材质球并更改类型为建筑与设计，然后在 Main material parameters（主要材质参数）卷展栏中设置 Reflectivity（反射率）值为 0.7、Glossiness（光泽度）值为 0.5、Glossy Samples（光泽采样数）值为 22、Anisotropy（各向异性）值为 0.5、Rotation（旋转）值为 0.25，再到 BRDF 卷展栏中设置 0 deg refl（0 度的反射率）值为 0.05、90 deg refl（90 度的反射率）值为 1，制作房间内的木质家具材质，见图 6-217。

步骤 24 展开 Special Effects（特殊效果）卷展栏，设置 Samples（采样）值为 10、Max Distance（最大距离）值为 4，然后在 Fast Glossy Interpolation（快速光滑插值）卷展栏中设置 Interpolation grid density（插值栅格密度）类型为 1/4 quarter resolution（四分之一分辨率）、Neighbouring points to look up（要查询的邻近点）值为 4、High detail distance（高细节距离）值为 1500，最后展开 General Maps（通用贴图）卷展栏，为 Diffuse Color（漫反射颜色）赋予本书配套光盘中的"家具木纹 .JPG"贴图，见图 6-218。

> **贴心提示**
>
> 插值栅格密度用于插补光泽反射和折射的栅格分辨率。在栅格内，数据被存储并在点之间共享。使用较低的栅格分辨率的速度较快，但会丢失更多的细节信息。

图 6-217 设置木质家具材质

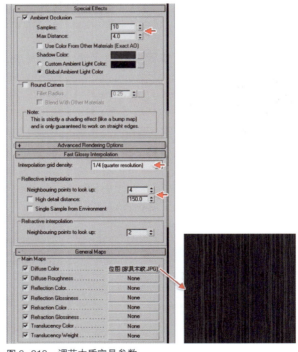

图 6-218 调节木质家具参数

步骤 25 重新选择材质球，并更改类型为建筑与设计类型，然后在 Main material parameters（主要材质参数）卷展栏中设置 Diffuse Level（漫反射级别）值为 1、Roughness（粗糙度）值为 0.5、Reflectivity（反射率）

值为 1、Glossiness（光泽度）值为 0.5，再到 BRDF 卷展栏中设置 0 deg refl（0 度的反射率）值为 0.82、90 deg refl（90 度的反射率）值为 1，最后在 Special Purpose Maps（特殊用途贴图）卷展栏中为 Environment（环境）赋予本书配套光盘中的"环境天空 .jpg"贴图，调节场景中金属模型的材质，见图 6-219。

　　步骤 26　选择新的材质球并更改类型为建筑与设计，并在 Main material parameters（主要材质参数）卷展栏中设置 Reflectivity（反射率）值为 1、Glossiness（光泽度）值为 0.31，再到 BRDF 卷展栏中设置 0 deg refl（0 度的反射率）值为 0.07、90 deg refl（90 度的反射率）值为 1，制作室内的木质材质，见图 6-220。

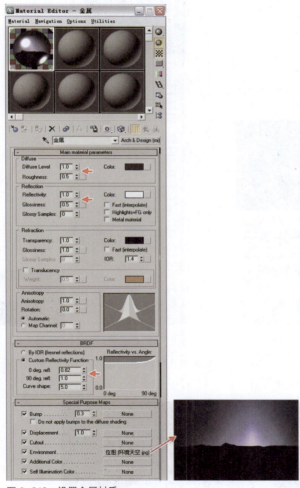

图 6-219　设置金属材质

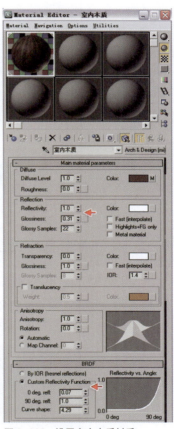

图 6-220　设置室内木质材质

　　步骤 27　展开 Special Effects（特殊效果）卷展栏，设置 Samples（采样）值为 16、Max Distance（最大距离）值为 3.937、Fillet Radius（过滤半径）值为 1.11，然后展开 General Maps（通用贴图）卷展栏，为 Diffuse Color（漫反射颜色）赋予 RGB Multiply（RGB 倍增）纹理，最后再展开 RGB 倍增纹理赋予本书配套光盘中的"木纹 .jpg"贴图，见图 6-221。

三维动画渲染

步骤28　选择新的材质球并更改类型为建筑与设计，然后在 Main material parameters（主要材质参数）卷展栏中设置 Reflectivity（反射率）值为 1、Glossiness（光泽度）值为 1、Transparency（透明）值为 1、Glossiness（光泽度）值为 1，再到 BRDF 卷展栏中勾选 By IOR（按 IOR 反射）方式计算反射，最后在 Special Purpose Maps（特殊用途贴图）卷展栏中为 Environment（环境）赋予本书配套光盘中的"环境天空.jpg"贴图，制作场景中的玻璃材质，见图 6-222。

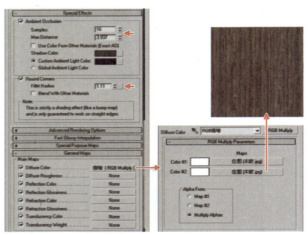

图 6-221　调节室内木质参数

图 6-222　设置玻璃材质

步骤29　在主工具栏中选择 ◉（快速渲染）按钮，渲染完成的夜晚别墅材质效果，见图 6-223。

图 6-223　渲染材质效果

272

总流程 5　制作背景环境

渲染动画场景《夜晚别墅》第五个流程（步骤）是制作背景环境，制作又分为 3 个流程：①制作背景板模型、②制作反光板模型、③设置反光板材质，见图 6-224。

①制作背景板模型　　②制作反光板模型　　③设置反光板材质

图 6-224　制作背景环境流程图（总流程 5）

步骤 1　在 （创建）面板 （几何体）中选择标准基本体的 Plane （平面体）命令，然后在"Perspective 透视图"建立平面体，设置 Length（长度）值为 500、Width（宽度）值为 700、Length Segs（长度分段）值为 4、Width Segs（宽度分段）值为 4，制作场景中的环境模型，见图 6-225。

步骤 2　在材质编辑器中选择新的材质球并更改类型为建筑与设计，然后在 Main material parameters（主要材质参数）卷展栏中设置 Reflectivity（反射率）值为 0、Glossiness（光泽度）值为 1，再到 BRDF 卷展栏中设置 0 deg refl（0 度的反射率）值为 0、90 deg refl（90 度的反射率）值为 0，制作场景中的背景天空材质，见图 6-226。

图 6-226　设置背景天空材质

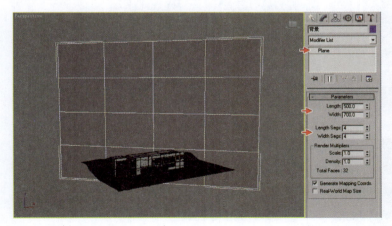

图 6-225　建立平面体

步骤 3　在 Special Purpose Maps（特殊用途贴图）卷展栏中为 Additional Color（附加颜色）赋予本书配套光盘中的"背景天空 .jpg"贴图，再展开 General Maps（通用贴图）卷展栏，为 Diffuse Color（漫反射颜色）赋予本书配套光盘中的"背景天空 .jpg"贴图，完成背景天空的材质制作，见图 6-227。

三维动画渲染

步骤 4 在 █（创建）面板 █（平面图形）中选择 ▭ Line ▭（线）命令，然后在"Top 顶视图"中绘制曲线，制作院墙模型的轮廓，使场景中的玻璃窗产生更好的反射效果，见图 6-228。

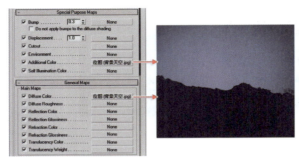

图 6-227 增加背景天空材质贴图　　　　图 6-228 绘制曲线

步骤 5 在所绘制曲线上单击鼠标右键，在弹出四元菜单中选择【Convert To（转换到）】→【Convert to Editable Spline（转换到可编辑样条线）】命令，将所绘制曲线进行转换，见图 6-229。

贴心提示

Outline（轮廓）设置可以使选择的样条线产生厚度。

步骤 6 在可编辑样条线命令下选择 ▱（样条线）模式，选择绘制完的曲线，然后使用 ▭ Outline ▭（轮廓）工具进行操作，最后设置 Outline（轮廓）值为 6，使曲线产生院墙的宽度效果，见图 6-230。

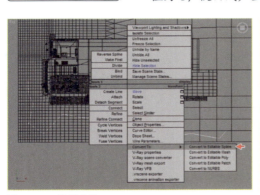

图 6-229 转换曲线

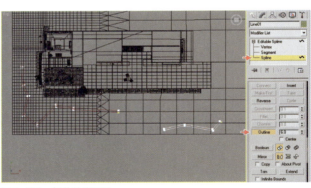

图 6-230 操作轮廓工具

图 6-231 增加挤出命令

步骤 7 切换至"Perspective 透视图"，在 █（修改）面板中为样条线模型增加 Extrude（挤出）命令，设置 Amount（数量）值为 50，使绘制曲线产生高度，见图 6-231。

步骤 8 在 █（修改）面板中为院墙模型增加 Edit Poly（编辑多边形）命令，然后在可编辑多边形命令下选择 ▱ Vertex（顶点）模式，调节出院墙的起伏效果，见图 6-232。

274

步骤9 调节"Perspective 透视图"角度，观察制作完成后的场景模型效果，见图 6-233。

图 6-232　调节院墙模型

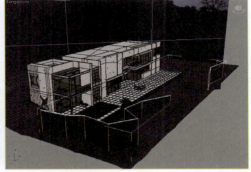

图 6-233　观察场景模型

　　步骤10　在材质编辑器中选择新的材质球并更改类型为建筑与设计类型，制作反射环境的材质。在 Main material parameters（主要材质参数）卷展栏中设置 Diffuse（漫反射）的 Color（颜色）为黑色，再到 BRDF 卷展栏中设置 0 deg refl（0 度的反射率）值为 0.2、90 deg refl（90 度的反射率）值为 1，见图 6-234。

　　步骤11　在主工具栏中选择 👁（快速渲染）按钮，渲染制作完环境的夜晚别墅效果，见图 6-235。

图 6-234　设置反射环境材质

图 6-235　渲染环境效果

三维动画渲染

总流程6 设置渲染参数

渲染动画场景《夜晚别墅》第六个流程（步骤）是设置渲染参数，制作又分为3个流程：①设置最终聚焦参数、②设置转换器选项、③设置采样质量，见图6-236。

①设置最终聚焦参数　　②设置转换器选项　　③设置采样质量

图6-236　设置渲染参数流程图（总流程6）

贴心提示

mental ray 渲染器保持渲染时使用的一定内存，如果达到指定内存限制并且使用占位符对象为启用状态，3ds Max 将丢弃某些对象的几何体，以便为其他对象分配内存。如果禁用使用占位符对象，或者在删除几何体后还需要更多的内存时，渲染器将释放纹理贴图占用的内存。

步骤1 在主工具栏中选择（渲染设置）按钮，打开渲染场景对话框，在 Final Gather（最终聚焦）卷展栏中设置 FG Precision Presets（最终聚集精度预设）级别为 Medium（中间）、Diffuse Bounces（漫反射反弹次数）值为 2、Noise Filtering（Speckle Reduction）（噪波过滤减少斑点）方式为 High（高），设置渲染器的最终聚焦参数，见图6-237。

步骤2 展开 Translator Options（转换器选项）卷展栏，设置 Memory Limit（内存限制）值为 1500，控制内存的使用，见图6-238。

图6-237　设置最终聚焦　　　图6-238　设置转换器选项

贴心提示

Lanczos（兰索斯法）过滤器采用位于像素中心的曲线对采样进行加权，减小位于过滤区域边界的采样影响。

步骤3 展开 Sapling Quality（采样质量）卷展栏，设置 Samples per Pixel（每像素采样数）中的 Minimum（最小值）为 1、Maximum（最大值）为 16，然后设置 Filter（过滤）中的 Type（类型）为 Lanczos（兰索斯法）类型，最后在 Options（选项）中勾选 Jitter（抖动），见图6-239。

276

步骤4 在主工具栏中选择  （快速渲染）按钮，渲染最终完成的夜晚别墅效果，见图6-240。

图6-239 设置采样质量

图6-240 动画场景《夜晚别墅》最终渲染效果

本章小结

本章主要讲解三维场景渲染所需的光照特性中的强度、性质、颜色、方向、基调和气氛的基础知识和要求，提高场景渲染效果的常用布光方式，配合《荷花池》、《观景海房》、《夜晚别墅》实际范例将动画场景渲染进行流程化的分析，使读者可以全面掌握场景渲染的参数设置、实施方法和技巧。

本章作业

一、举一反三

通过对本章的基础知识和基本范例的学习，希望读者参考范例的制作流程和实施步骤自己动手制作多种类别的场景效果，比如"卧室"、"电话亭"、"办公室"、"太空舱"等，以充分理解和掌握本章的内容。

二、练习与实训

项目编号	实训名称	实训页码
实训6-1	渲染场景《绘画稿》	见《动画渲染实训》P73
实训6-2	渲染场景《红酒》	见《动画渲染实训》P76
实训6-3	渲染场景《隧道》	见《动画渲染实训》P79
实训6-4	渲染场景《餐厅》	见《动画渲染实训》P82
实训6-5	渲染场景《科幻城市》	见《动画渲染实训》P85

* 详细内容与要求请看配套练习册《动画渲染实训》。

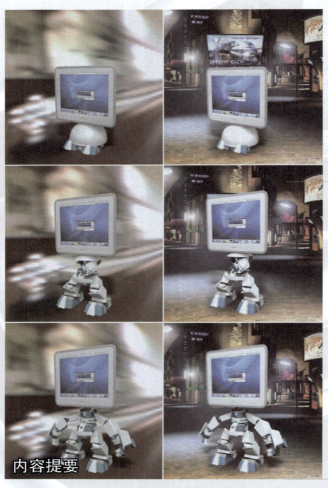

7

动画输出与合成剪辑流程

关键知识点

● 信号与速率
● 动画电影输出格式
● 后期合成与剪辑软件
● 动画电影渲染输出流程
● 动画电影合成剪辑流程

内容提要

本章由 6 节组成。主要先对三维动画电影中的模拟信号和数字信号进行讲解，然后又对动画电影中常用的输出格式进行学习，再通过对后期合成与剪辑软件的了解，完成动画电影渲染输出和动画电影合成剪辑的制作流程。最后是本章小结和本章作业。

本章教学环境：多媒体教室、软件平台 3ds Max
本章学时建议：2 学时

第一节　艺术指导原则

　　动画电影渲染输出所涉及的知识相对较繁琐，先要掌握材质与贴图的设置以及灯光对三维模型的影响，然后通过渲染器的设置使效果达到所需状态，在渲染输出操作之后再通过后期合成与剪辑软件进行影片修饰，最终输出为媒体可以播放的格式文件。

　　要对渲染完成的影片素材进行再加工，使其达到所需的完美效果，后期合成显得尤为重要，因此掌握一款后期合成软件是必要的。合成的类型包括静态合成、三维动态特效合成、音效合成、虚拟和现实合成等。只有创作者自身的艺术修养和技术得到提升，才能做出最佳效果的三维动画作品。

第二节　模拟与数字信号

　　不同的数据必须转换为相应的信号才能进行传输，模拟数据一般采用模拟信号（**Analog Signal**）或电压信号来表示；数字数据则采用数字信号（**Digital Signal**），用一系列断续变化的电压脉冲或光脉冲来表示。当模拟信号采用连续变化的电磁波来表示时，电磁波本身既是信号载体，同时也是作为传输介质；当模拟信号采用连续变化的信号电压来表示时，它一般通过传统的模拟信号传输线路来传输。而当数字信号采用断续变化的电压或光脉冲来表示时，一般则需要用双绞线、电缆或光纤介质将通信双方连接起来，才能将信号从一个节点传到另一个节点。

　　模拟信号在传输过程中要经过许多设备的处理和转送，这些设备难免要产生一些衰减和干扰，使信号的保真度大大降低。数字信号可以很容易地区分原始信号与混合的噪波并加以校正，可以满足对信号传输的更高要求。

　　在广播电视和电影领域中，传统的模拟信号电视将会逐渐被高清数字电视（HDTV）和高清数字电影所取代，越来越多的家庭将可以收看到数字有线电视或数字卫星节目，见图7-1。

　　动画电影的编辑方式也由传统的磁带到磁带模拟编辑发展为数字非线性编辑，见图7-2。

　　DV 数字摄影机的普及更使得制作人员可以使用家用电脑来完成高要求的动画电影和电视节目编辑，使数字信号逐渐融入人们的生活之中，见图7-3。

图 7-1　高清数字电视

图 7-2　非线性编辑设备

图 7-3　DV 数字摄影机

第三节　动画电影输出格式

　　动画电影输出也可以称之为视频压缩编码，是一种相当复杂的数学运算过程，其目的是通过减少文件的数据冗余以节省存储空间，缩短处理时间并提升再次进行后期合成与影片剪辑等操作。根据应用领域的实际需要，不同的信号源及其存储传播的媒介决定了是否使用压缩编码和使用哪种三维输出格式设置。在众多格式之中主要考虑的是两大类：一类是视频格式，代表格式主要有 AVI 和 MOV；另一种是序列图像格式，代表格式主要有 TGA、TIFF 和 RPF 等。

一、视频 AVI 格式输出

　　AVI 格式的英文全称为 Audio Video Interleaved，即音频视频交错格式，是将语音和影像同步组合在一起的文件格式，其应用范围非常广泛。AVI 支持 256 色和 RLE 压缩，主要应用在多媒体光盘上，用来保存电视、电影等各种影像信息。

　　视频压缩也称编码，是一种相当复杂的数学运算过程，其目的是通过减少文件的数据冗余，以节省存储空间，缩短处理时间以及节约传送通道等。根据应用领域的实际需要，不同的信号源及其存储和传播的媒介决定了压缩编码的方式，压缩比率和压缩的效果也各不相同。

　　即使是同一种 AVI 格式的影片也会有不同的视频压缩解码进行处理，在众多 AVI 视频压缩解码中，None 是无压缩的处理方式，清晰度最高、文件容量最大。DV AVI 格式对硬件和软件的要求不高，清晰度和文件容量都适中。DivX AVI 格式是第三方插件程序，对硬件和软件的要求不高，清晰度可以根据要求设置，文件容量非常小，见图 7-4。

　　AVI 及其播放器 VFW 已成为 PC 机上最常用的视频数据格式，它最主要的优点既是提供无硬件视频回放功能，还能实现同步控制和实时播放。AVI 主要采用帧内有损压缩，可以使用后期合成和视频编辑软件进行再次编辑和处理。在渲染过程中突然遭遇断电或死机会导致 AVI 文件损坏，解决这个问题的方法是用序列图像格式替换，因为序列图像格式可以分段位或帧数范围再次接序渲染，所以在 3ds Max 中极少渲染输出 AVI 格式。

二、视频 MOV 格式输出

　　MOV 即 QuickTime 影片格式，是苹果公司开发的音频、视频文件格式，是用于存储常用数字音频和视频的类型。QuickTime 因具有跨平台、存储空间要求小等技术特点，而采用了有损压缩方式的 MOV 格式文件，画面效果较 AVI 格式要稍微好一些，见图 7-5。

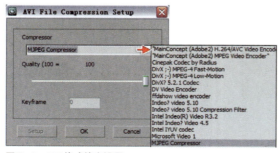

图 7-4　AVI 格式输出设置

图 7-5　QuickTime
影片播放器

压缩方式大致分为两种：一种是利用数据之间的相关性，将相同或相似的数据特征归类，用较少的数据量描述原始数据，以减少数据量，这种压缩通常为无损压缩；而另一种是利用人的视觉和听觉的特性，针对性地简化不重要的信息，以减少数据，这种压缩通常为有损压缩。MOV 格式的影片也同样有不同的视频压缩解码进行处理，见图 7-6。

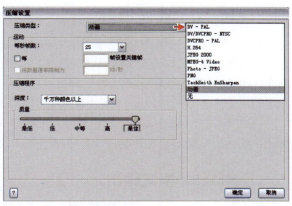

图 7-6　MOV 格式输出设置

MOV 是一种大家熟悉的流式视频格式，在某些方面比 WMV 和 RM 格式更优秀，并能被众多的多媒体编辑及视频处理软件所支持，用 MOV 格式来保存影片是一个非常好的选择。

三、序列 TGA 格式输出

TGA 格式的全称是 Tagged Graphics，是由美国 Truevision 公司为其显示卡开发的一种图像文件格式，文件后缀为 ".tga"，已被国际上的图形、电视和电影等行业所接受。

TGA 的结构比较简单，属于一种图形图像数据的通用格式，在多媒体领域有很大影响，是计算机生成图像向电视和电影转换的一种首选格式。以序列的方式将动画帧进行连续播放，从而达到动态的影片效果。还有就是可以将一段动画电影在多台不同的计算机上分配渲染，渲染输出后再将 TGA 序列文件整理在一起，大大提高了渲染输出的效率，见图 7-7。

TGA 图像格式的特点是可以做出不规则形状的图形、图像文件，一般图形图像文件都为四方形，若需要有圆形、菱形甚至是镂空的图像文件时，TGA 就能派上用场了。TGA 格式支持压缩，使用不失真的压缩算法。在工业设计领域，使用三维软件制作出来的图像可以利用 TGA 格式的优势，在图像内部生成一个 Alpha（通道），这个功能方便在后期合成软件中使用，见图 7-8。

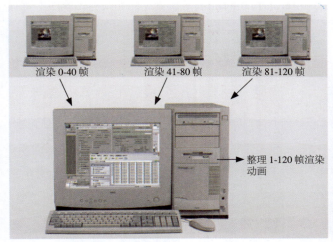

渲染 0-40 帧　渲染 41-80 帧　渲染 81-120 帧

整理 1-120 帧渲染动画

图 7-7　多台分配渲染 TGA 文件

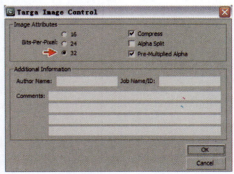

图 7-8　TGA 通道设置

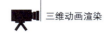

四、序列 TIFF 格式输出

TIFF 是一种比较灵活的图像格式，它的全称是 Tagged Image File Format，文件扩展名为 TIF 或 TIFF。该格式支持 256 色、24 位真彩色、32 位色、48 位色等多种色彩位，同时支持 RGB、CMYK 以及 YCbCr 等多种色彩模式，支持多平台。TIFF 文件可以是不压缩的，文件体积较大；也可以是压缩的，支持 RAW、RLE、LZW、JPEG、CCITT3 组和 4 组等多种压缩方式。

TIFF 格式是 Macintosh 上广泛使用的图形格式，具有图形格式复杂、存贮信息多的特点，3ds Max 中的大量贴图就是 TIFF 格式的，但在电视和电影领域使用较少。

五、序列 RPF 格式输出

RPF 的全称是 Rich Pixel 格式，是一种支持包含任意图像通道能力的格式，主要设置用于输出的文件指定写出到通道类型。RPF 文件格式是替换 RLA 文件格式来渲染动画电影的理想选择，需要进一步在后期合成软件中实现更多效果。

当使用 Autodesk Combustion 产品作为 RPF 文件的后期场景合成时，可以设置标准通道的位数和可选通道的 Z 深度、材质 ID、对象 ID、UV 坐标、法线、非钳制颜色、覆盖、节点渲染 ID、颜色、透明度、速率、子像素权重、子像素遮罩等信息，见图 7-9。

图 7-9　RPF 通道设置

第四节　后期合成与剪辑软件

当今的影视、后期、动画和图形系统软件可以说是百花齐放，常见的后期合成软件主要有 After Effects、Combustion、Digital Fusion、Inferon/Flame/Flint 等，常见的非线剪辑软件主要有 Premiere、Avid Xpress 等，将优秀的各类型软件交互配合，可以得到更加绚丽的动画电影效果。

一、After Effects 后期合成软件

After Effects 是美国 Adobe 公司出品的一款基于 PC 和 MAC 平台的后期合成软件，也是最早出现在 PC 平台上的后期合成软件，见图 7-10。

Photoshop 中的层概念的引入，使 After Effects 可以对多层的合成图像进行控制，制作出天衣无缝的合成效果；After Effects 中的关键帧、路径等概念的引入，使它对于控制高级动画游刃有余；高效的视频处理系统，

图 7-10　After Effects 软件界面

确保了高质量的视频输出；而令人眼花缭乱的特技系统更使 After Effects 能够实现使用者的一切创意。After Effects 不但能与 Adobe Premiere、Adobe Photoshop、Adobe Illustrator 紧密集成，还可高效地创作出具有专业水准的作品。

二、Combustion 后期合成软件

　　Combustion 是 Discreet 基于其 PC 和 MAC 平台上的 Effect 和 Paint 经过大量的改进产生的后期合成软件，在 PC 平台上占有最重要的地位，见图 7-11。

　　它具有极为强大的后期合成和创作能力，一经问世就受到业界的高度评价，并且制作出大量精彩的影片。Combustion 为用户提供了一个完善的设计方案，包括动画、合成和创造具有想象力的图像。Combustion 可以同 Discreet 的其他特效系统结合工作，可以和 Inferno、Flame、Flint、Fire 和 Smoke 共享抠像、色彩校正、运动跟踪参数。

三、Digital Fusion/Maya Fusion 后期合成软件

　　Eyeon 公司开发的基于 PC 平台的 Fusion 是专业后期合成软件。而 Maya Fusion 则是 Alias Wavefront 公司在 PC 平台上推出著名的三维动画软件 Maya 时，没同时把自己开发的 Composer 合成软件移植到 PC 上，而是选择与 Eyeon 合作，使用 Digital Fusion 作为 Maya 配套的合成软件，推出的一款后期合成软件，见图 7-12。

图 7-11　Combustion 软件界面

图 7-12　Digital Fusion 软件界面

　　Digital Fusion 和 Maya Fusion 采用面向流程的操作方式，并提供了具有专业水准的校色、抠像、跟踪、通道处理等工具，拥有 16 位颜色深度，以及色彩查找表、场处理、胶片颗粒匹配、网络生成等一般只有大型软件才有的功能。

四、Premiere 非线性编辑软件

　　非线性编辑软件 Adobe Premiere 可以花费更少的时间，得到更多的编辑功能。面对家用 DV 的迅速普及，入门级用户不仅向往的是"专业"非线性编辑软件，更偏向于操作方便、上手容易的非线性编辑软件。Adobe Premiere 重在操作性，功能扩展的升级表明了同类新兴软件对其的强大压力，更说明它不甘心落后于竞争产品的决心，见图 7-13。

图 7-13　Premiere 软件界面

五、其他优秀后期合成软件

1. Inferon/Flame/Flint 系列合成软件

Inferon/Flame/Flint 是加拿大的 Discreet LOGIC 开发的系列合成软件，见图 7-14。该公司一向是数字合成软件业的佼佼者，其主打产品是运行在 SGI 平台上的 Inferon/Flame/Flint 软件系列，这三种软件分别是这个系列的高、中、低档产品。Inferno 运行在多 CPU 的超级图形工作站 ONYX 上，一直是高档电影特技制作的主要工具；Flame 运行在高档图形工作站 OCTANE 上，既可以制作 35 毫米电影特技，也可以满足从高清晰度电视（HDTV）到普通视频等多种节目的制作需求；Flint 可以运行在 OCTANE、O2、Impact 等多个型号的工作站上，主要用于电视节目的制作。尽管这三种软件的规模、支持硬件和处理能力有很大区别，但功能相当类似，它们都互有非常强大的合成功能、完善的绘图功能和一定的非线性编辑功能。在合成方面，它们以 Action 功能为核心，提供一种面向层的合成方式，用户可以在真正的三维空间操纵各层画面，可以调用校色、抠像、追踪、稳定、变形等大量合成特效。

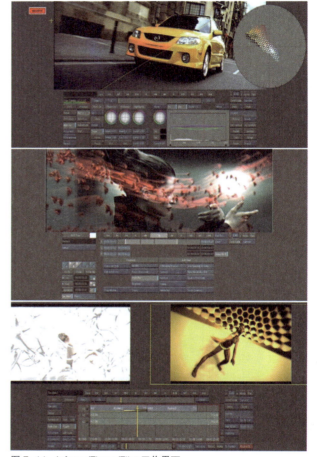

图 7-14　Inferon/Flame/Flint 工作界面

2. Edit/Effect/Paint 系列软件

Edit/Effect/Paint 是 Discreet 公司在 PC 平台上推出的系列软件，其中 Edit 是专业的非线性编辑软件，配合 DigiSuite 或 Targa 系列的高档视频采集卡。Effect 则是基于层的合成软件，也是类似于 Inferon/Flame/Flint 的 Action 模块，用户可以为各层画面设置运动，进行校色、抠像、跟踪等操作，也可以设置灯光。Effect 的主要优点在于可以直接利用为 Adobe After Effect 涉及的各类滤镜，大大地补充了 Effect 的功能。由于 Autodesk 成为 Discreet LOGIC 的母公司，Effect 特别强调与 3ds Max 的协作，这点对许多以 3ds Max 为主要三维软件的制作机构和爱好者而言特别具有吸引力。Paint 是一个绘图软件，相当于 Inferon/Flame/Flint 软件的绘图模块。利用这个软件，用户可以方便地对活动画面进行修饰。它基于矢量的特性可以很方便地对画笔设置动画，满足活动画面的绘制需求。这个软件小巧精干、功能强大，是 PC 平台上的优秀软件，也是其他合成软件必备的补充工具。Discreet 公司通过让这三个软件相互配合，比如从 Effect 和 Paint 对镜头进行绘制和合成，大大提高了工作效益，这也使此软件成为 PC 平台上最具竞争力的后期制作解决方案之一。

3. 5D Cyborg 后期合成软件

5D Cyborg 是一种高级特效后期制作合成软件，它有先进的工作流程、界面操作模式及高速运算能力；能对不同的解析度、位深度及帧速率的影像进行合成编辑，甚至 2K 解析度的影像也能进行实时播放，见图 7-15。5D Cyborg 可应用于电影、标准清晰度（SD）影像及高清晰度（HD）影像的合成制作，能大大提高后期制作的工作效率。它不仅有基本的色彩修正、抠像、追踪、彩笔、时间线、变形等功能，还有超过 200 种的特技效果。5D Cyborg 中很多特效工具可以应用于场景和目标物体的合成过程中，可以通过输入 3D 物质的质地数据和合纵坐

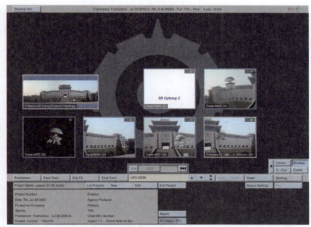

图 7-15 5D Cyborg 工作界面

标的方式达到最后的合成。在交互式的 3D 合成环境中，可以随意更换贴图、进行 3D 变形，达到令人满意的效果。

4. Shake 后期合成软件

Shake 也是比较有前途的后期合成软件，它的功能强大，同时还有许多自己的特色，见图 7-16。该软件现已被苹果公司收购，同 Digital Fusion、Maya Fusion 一样采用面向流程的操作方式，也提供了具有专业水准的校色、抠像、跟踪、通道处理等工具。

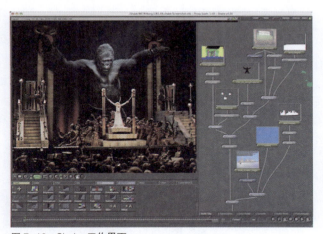

图 7-16 Shake 工作界面

5. Commotion 后期合成软件

Commotion 是由 Pinnacle 公司出品的一套基于 PC 和 MAC 平台的后期合成软件。Commotion 在国内的用户较少，但是功能非常强大，拥有极其出色的性能。同时，由于 Pinnacle 公司是一家硬件板卡设计公司，所以其硬件支持能力也极强。Commotion 与 After Effects 极其相似。同时，它具有非常强大的绘图功能，可以定制多种多样的笔触，并且能够记录笔触动画。这又使它非常类似于 Photoshop 和 Illustrator。

除了这些后期合成软件外，还有许多出色的软件，比如 Alias Wavefront 公司的 Composer、Media Illusion、Soft lmage DS、Avid Xpress 和 Quentel 公司的 Henry Domino 等。

第五节　动画电影渲染输出流程

动画电影渲染输出是三维动画制作过程中的关键环节，将直接影响影片的最终效果。首先在 3ds Max 软件中设置视频输出制式，再对三维动画场景进行摄影机和灯光的设置，然后将三维角色和三维场景分别渲染成透明背景的文件以用于在后期软件中进行编辑。

步骤 1　先将 3ds Max 的时间配置设置为 PAL 制式，再通过关键帧的记录完成三维动画的场景，见图 7-17。

步骤 2　建立摄影的呈现角度，再通过灯光使三维动画的场景效果突出，见图 7-18。

图 7-17　记录关键帧动画

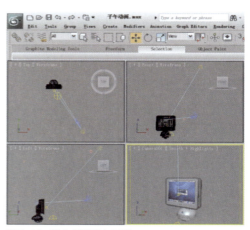
图 7-18　建立摄影机与灯光

步骤 3　为了提升制作效率，可以将三维动画角色与场景在不同的计算机上分别渲染，但考虑到去除场景会使三维角色失去灯光的阴影效果，所以在三维角色的底部建立接收阴影的平面几何体，见图 7-19。

步骤 4　开启材质编辑器并单击 Standard（标准）项目，切换至 Matte/Shadow（无光投影）材质类型，然后将无光投影材质类型赋予至平面几何体。可以在背景中建立隐藏代理对象，在渲染时平面几何体为不可见，但还可以在不可见的背景上投射阴影效果，便于在后期合成时与场景的光影完全匹配，见图 7-20。

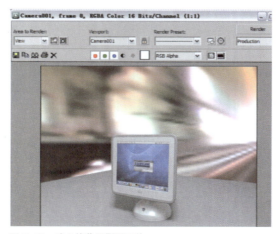
图 7-19　建立接收阴影平面体

图 7-20　添加无光投影材质

步骤 5 再次渲染会得到不显示平面几何体，但还会产生灯光的投影效果，见图 7-21。

步骤 6 渲染完成后可以开启显示通道功能预览效果，画面中白色的区域会在后期合成软件中显示，画面中黑色的区域会在后期合成软件中透明过滤掉，只有这样才能将当前独立的三维角色合成到其他三维场景中，见图 7-22。

图 7-21 渲染无光投影材质效果

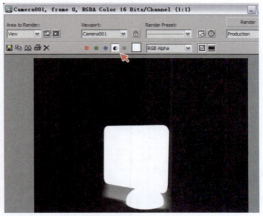

图 7-22 显示通道预览

步骤 7 开启渲染设置对话框，在公用参数卷展栏中设置渲染输出的时间区域，在 Time Output（时间输出）项目中可以选择是以 Active Time Segment（活动时间段）渲染，还是以 Range（范围）的方式渲染，见图 7-23。

步骤 8 在公用参数卷展栏的 Output Size（输出大小）项目中可以选择预设，预设中有 35 毫米胶片电影、70 毫米胶片电影、6 厘米幻灯片、6 寸照片、NTSC 制式电视、PAL 制式电视和 HDTV 高清视频，使用偏多的是 PAL D-1 的 720×576 分辨率预设，见图 7-24。

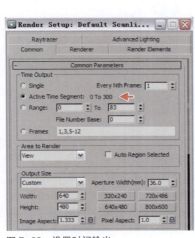

图 7-23 设置时间输出

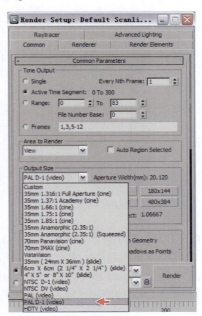

图 7-24 选择输出大小预设

步骤 9   在 Render Output（渲染输出）项目中开启 Save File（存储文件），再单击 Files（文件）按钮开启"渲染输出文件"对话框，然后在弹出的对话框中指定输出文件名、格式以及路径，常用的 TGA 格式设置见图 7-25，RPF 格式设置见图 7-26。

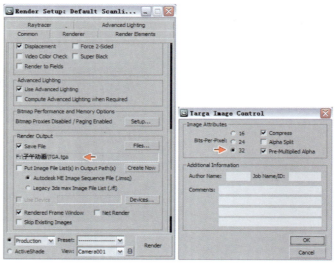

图 7-25　设置 TGA 格式

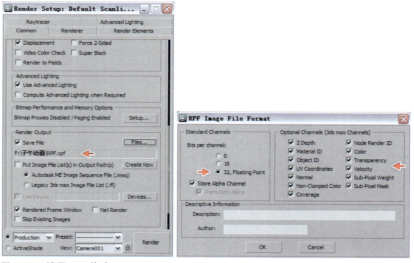

图 7-26　设置 RPF 格式

步骤 10   设置完成后单击 Render（渲染）按钮进行渲染输出操作，在弹出的渲染进度对话框中可以预览到 Total Animation（所有动画）的进度、Current Task（当前帧任务）的进度，还可以在公用参数卷展栏中观看到 Frame#（帧编号）、Last Frame Time（上一帧时间）、Elapsed Time（已用时间）和 Time Remaining（剩余时间）。除此之外，还有 Render Settings（渲染设置）和 Output Settings（输出设置）的信息，见图 7-27。

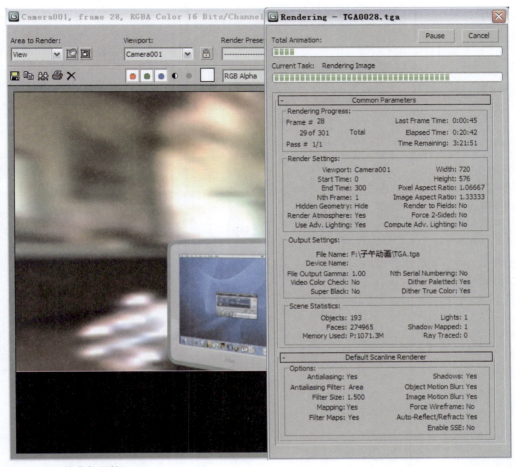

图 7-27　渲染进度对话框

步骤 11　渲染完成后的三维角色动画见图 7-28，渲染完成后的三维场景见图 7-29。

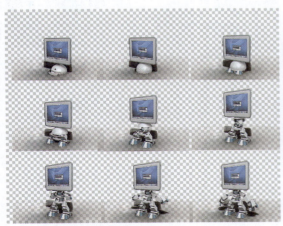

图 7-28　渲染三维角色效果

图 7-29　渲染三维场景效果

三维动画渲染

第六节　动画电影合成剪辑流程

动画电影通过 3ds Max 渲染输出后，还需要通过 After Effects 和 Combustion 等后期合成软件进行美化和画面修饰，通过 Premiere 将后期合成后的图像进行镜头剪接和声音添加，再最终输出为不同媒体播放的影音文件。

一、After Effects 后期合成流程

步骤 1　开启 After Effects 软件，在菜单中选择【Composition（合成）】→【New Composition（新建合成）】命令，在弹出的合成设置对话框中先输入合成名称，然后再设置分辨率大小和合成时长，见图 7-30。

步骤 2　在项目面板中单击鼠标右键，在弹出的浮动菜单中选择【Import（导入）】→【File（文件）】命令，在弹出的对话框中先开启 Tgrga Sequence（TGA 序列）项目，然后再拾取需要合成的首张序列文件即可，见图 7-31。

步骤 3　选择需要导入的素材后，TGA 的 Alpha（通道）信息会弹出设置对话框，设置后项目面板中会显示导入的序列文件，见图 7-32。

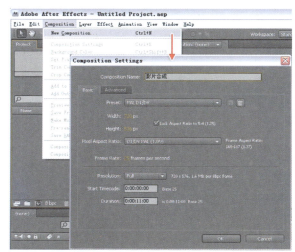

图 7-30　新建合成

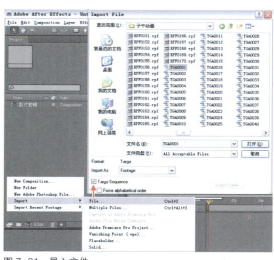

图 7-31　导入文件

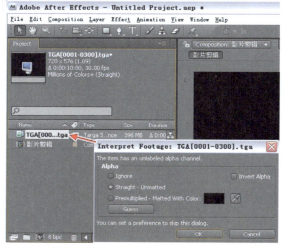

图 7-32　设置通道信息

步骤 4　使用相同的方式再导入三维场景图像，再将三维场景图像拖拽至时间线中，进行下一部分的后期合成操作，见图 7-33。

步骤 5　选择三维角色的 TGA 序列素材，再将序列素材拖拽至时间线中，见图 7-34。

290

图 7-33 添加三维场景图像

图 7-34 添加三维角色图像

步骤 6 在 Effect（特效）菜单中为序列素材添加特效，修饰 3ds Max 的渲染图像，丰富影片整体的视觉效果，见图 7-35。

步骤 7 新建黑色固态层并使用椭圆形遮罩进行区域控制，然后设置遮罩的边缘羽化与透明程度，再将黑色椭圆形遮罩放置在底座的位置，加深阴影投射的区域，见图 7-36。

步骤 8 在菜单中继续选择【Composition（合成）】→【New Composition（新建合成）】命令，再次新建一个合成场景，然后将以往的合成场景拖拽至新建的合成场景中，使以往的合成场景作为素材，便于进行整体画面的修饰，见图 7-37。

图 7-35 添加特效以修饰图像

图 7-36 建立黑色椭圆形遮罩

图 7-37 新建合成并添加素材

步骤 9 使用快捷键 "Ctrl+D" 原地复制一层，为复制出的层添加 Blur（模糊）特效，再设置层的叠加和透明度，使影片产生光晕的效果，见图 7-38。

步骤 10 在菜单中选择【Composition（合成）】→【Make Movie（创造影片）】命令，将后期合成后的效果进行渲染输出操作，见图 7-39。

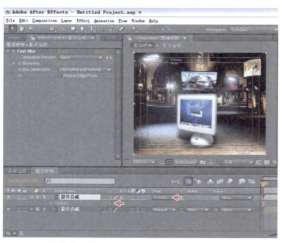

图 7-38　制作光晕效果

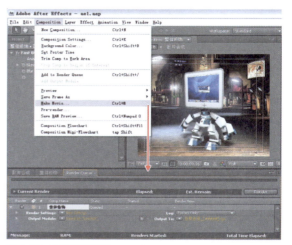

图 7-39　操作渲染输出

步骤 11 在输出面板中设置存储名称、存储路径和输出格式后，执行 Render（渲染）按钮进行输出，计算机会提示当前内存的使用量和渲染时间等信息，见图 7-40。

步骤 12 通过 After Effects 的后期合成处理，动画电影可以明显地对比出效果的偏差，见图 7-41。

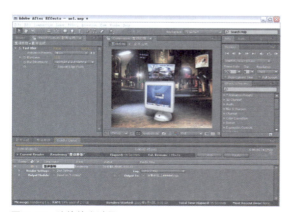

图 7-40　渲染输出过程

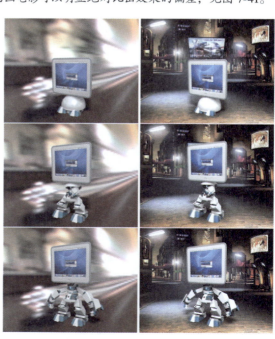

图 7-41　动画电影后期处理前（左）与处理后（右）对比效果

二、Combustion 后期合成流程

步骤 1 开启 Combustion 软件，在菜单中选择【File（文件）】→【New（新建）】命令，在弹出的新建设置对话框中先选择合成类型和输入合成名称，然后设置分辨率大小和合成时长，见图7-42。

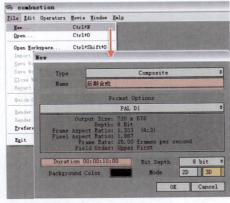

图7-42 新建合成

步骤 2 在菜单中选择【File（文件）】→【Import Footage（导入素材）】命令，在弹出的对话框中先开启 Collapse（塌陷序列）项目，然后拾取需要合成的三维场景和序列文件，先拾取的将自动作为合成的底层，见图7-43。

步骤 3 在合成窗口中单击鼠标右键，在弹出的菜单中选择 Show Wireframe Icons（显示安全框），见图7-44。

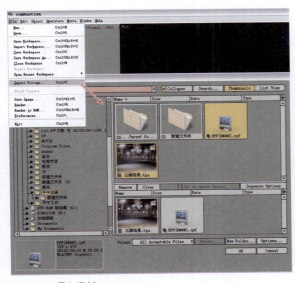

图7-43 导入素材

图7-44 显示安全框

步骤 4 Combustion 与 3ds Max 同属一家公司开发，自带的 3D Post（三维传递）特效可以改变已经渲染完成图像的景深、环境雾、发光、替换贴图、运动模糊等，大大开拓了后期合成师的创造思路，不必只局限在图像上调节已有的效果，见图7-45。

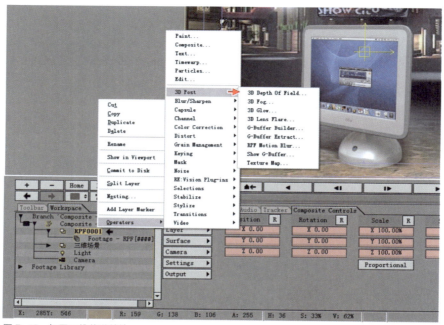

图 7-45　打开三维传递特效

步骤 5　例如 Texture Map（纹理贴图）特效可以先单击 Layer（层）项目开启对话框，然后添加所需替换的贴图即可，是一种 3D 模式的贴图合成方式，见图 7-46。

步骤 6　纹理贴图替换后，新的贴图会参考在 3ds Max 中的三维坐标位置，自动与现有的图像进行替换合成，见图 7-47。

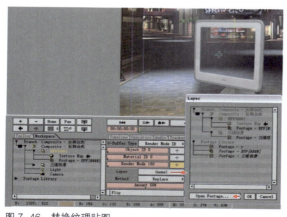

图 7-46　替换纹理贴图

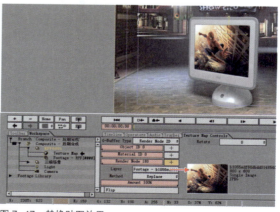

图 7-47　替换贴图效果

步骤 7　G-Buffex Extract（排除 G 通道）特效可以将图像现有的颜色区域按物体 ID、材质 ID 或渲染 ID 进行局部排除操作，特别适合单独提取阴影或物体，见图 7-48。

步骤 8　通过 Discreet Color Corrector（专业颜色校正）等特效继续对影片进行修饰，从而使影片的多个镜头得到统一或特殊颜色效果的处理，见图 7-49。

图 7-48　设置排除 G 通道

图 7-49　设置颜色校正

步骤 9　在菜单中选择【File（文件）】→【Render（渲染）】命令，在弹出的对话框中先设置渲染格式的通道、颜色位数和质量，然后设置名称、路径和渲染区域，见图 7-50。

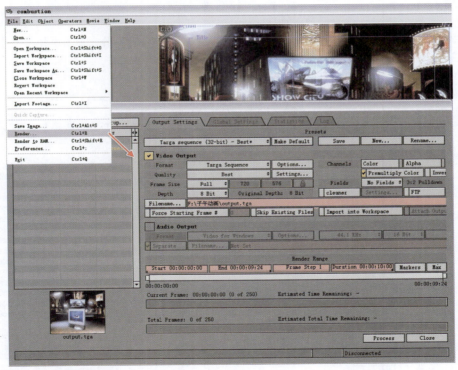

图 7-50　设置渲染输出

三、Premiere 非线剪辑流程

步骤 1　开启 Premiere 软件，在弹出的欢迎使用对话框中可以打开以往的项目，也可以单击"新建项目"按钮创建新的非线剪辑项目，见图 7-51。

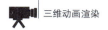

步骤 2　在弹出的新建项目对话框中可以自定义设置分辨率大小，也可以直接加载 DV-PAL 中国电视的预置设置，见图 7-52。

图 7-51　新建项目

图 7-52　加载预置

步骤 3　在项目面板中单击鼠标右键，在弹出的菜单中选择【导入】命令，然后选择需要导入序列素材的首张图像，在开启"序列图像"项目后，系统会自动导入连号的序列文件，见图 7-53。

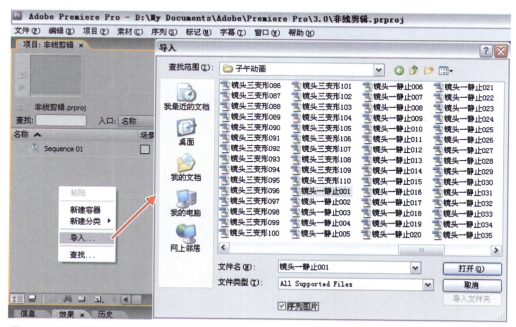

图 7-53　导入序列素材

步骤 4　将导入的镜头和素材拖拽至时间线中，然后按照影片的顺序进行排列，见图 7-54。

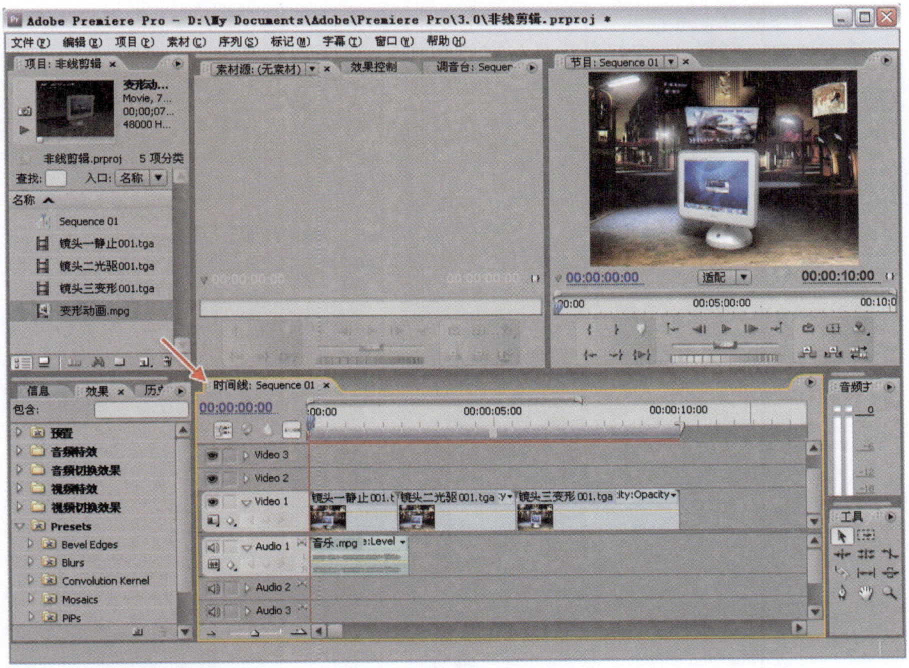

图 7–54　顺序排列素材

步骤 5　将视频素材的节奏与音乐素材进行匹配，再进行特效修饰和镜头转换设置，可以在节目监视器中直接观看影片的效果，见图 7-55。

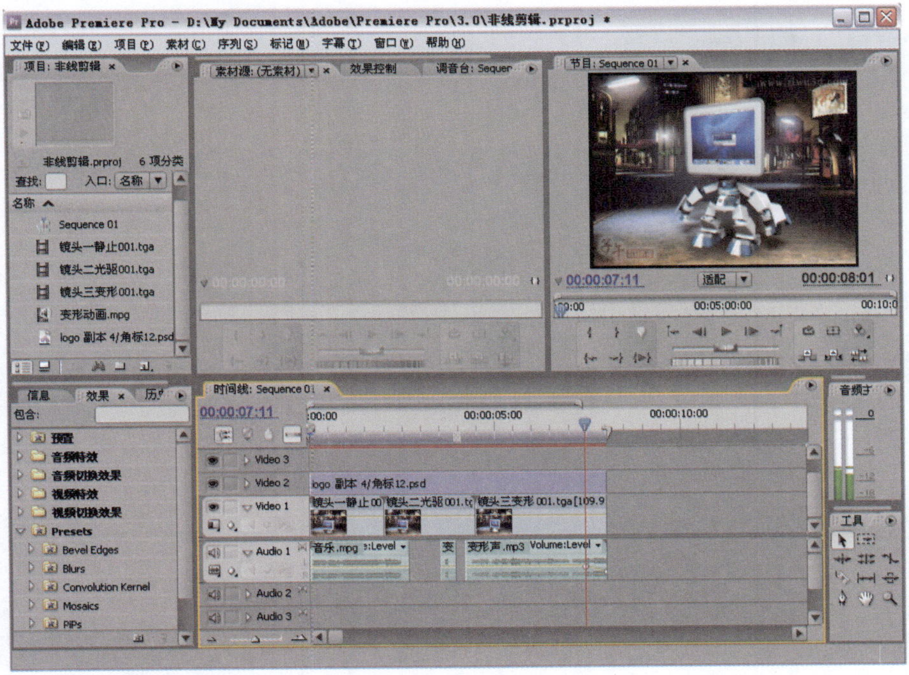

图 7–55　影片节奏匹配

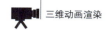

步骤6 在菜单中选择【文件】→【输出】→【影片】命令，可以在弹出的导出影片设置中选择输出的文件类型，主要有 AVI、MOV、TGA 序列等电脑格式文件，见图7-56。

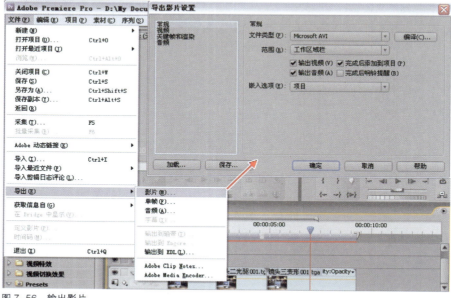

图 7-56 输出影片

步骤7 在菜单中选择【文件】→【输出】→【Adobe Media Encoder（媒体编码）】命令，在弹出的输出设置中主要有 MPEG1、MPEG2、VCD、DVD 等媒体播放格式，见图7-57。

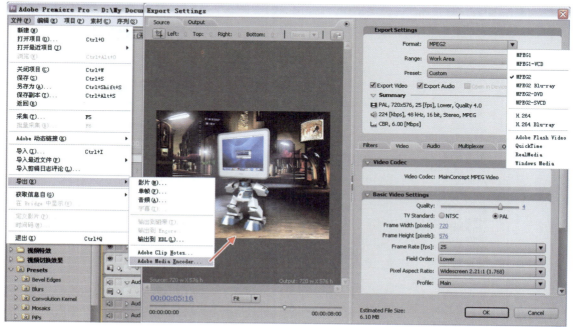

图 7-57 选择输出媒体编码

步骤 8 将非线剪辑的影片输出后，直接双击就可以观看最终的多媒体影片，见图 7-58。

图 7-58　观看最终多媒体影片

本章小结

　　动画输出是动画电影制作的后期工作，如果制作的动画电影效果非常好，但是在后期合成与剪辑上没有用心，在影片输出设置上又不够准确，将直接影响到影片的最终播出效果。本章主要对动画的输出知识和合成剪辑制作流程进行讲解，为动画电影的制作起到抛砖引玉的作用。

本章作业

一、简答题

　　1. 简述数字信号的优势。

　　2. 说出常用的动画电影输出格式有哪些？

　　3. 请列举出三种带 Alpha 通道的序列格式。

二、填空题

　　1. TGA 格式支持_____的压缩算法。

　　2. 常见的后期合成软件有_____、_____、_____。

　　3. 常见的非线性编辑软件有_____、_____。

教师服务专区

尊敬的各位老师：

　　真诚感谢您对"21世纪中国动漫游戏优秀图书出版工程"的支持，请填妥下表，我们将为您提供教材样书、教材课件、教师培训、学生实训、征稿等热情周到的服务。

姓名：_____　　　　性别：_____　　　　年龄：_____

联系电话：_____　　　Email：_____

通信地址：_____　　　　　　　　　　邮编：_____

学校名称：_____

教授课程：_____　　　班级名称：_____　　学生人数：_____

所选教材名称

① _____ 册数：____ 作者姓名：____　　④ _____ 册数：____ 作者姓名：____

② _____ 册数：____ 作者姓名：____　　⑤ _____ 册数：____ 作者姓名：____

③ _____ 册数：____ 作者姓名：____　　⑥ _____ 册数：____ 作者姓名：____

● 样书索取：您对教材样书所需册数：

● 配套课件索取：您需要的教材配套教学课件是（打勾即可）：① ② ③ ④ ⑤ ⑥

● 其他样书：您还需要其他教材样书书名为：

● 师资培训：您是否计划参加北京电影学院动画学院暑期、寒假高级师资培训班？　是　　否

● 学生实训：您所教授的学生是否希望到北京电影学院动画学院实训基地去实习？

　哪方面的实习？_____　　　多长时间？_____　　多少人？_____

● 新书写作计划：您想近期写作的书及主要内容：_____

_____

_____

渲染师就是通过三维技术、程序和方法从事三维动画材质、纹理、贴图和光照等的设计与制作，以获得具有特定艺术效果的数码影像专业人士。渲染可以弥补建模的不足，可以把复杂的建模表面化，通过外观的形式麻痹人的眼睛。为了更好地利用 3ds Max 制作出理想的三维渲染作品，达到更高的艺术效果，下面是笔者数年来一线工作积累的一些表现手法和经验，愿与大家分享。

一、职业能力特征

　　作为一个优秀的渲染师，除了具有较强的计算机和三维软件操作能力外，还需对色彩、质感、光照等具有很强的表现能力，以及掌握图形学的基础知识和实际动手能力。

二、三维材质

　　在真实世界中，由于不同质地的物体对光的吸收和反射会不同，因此产生了非常丰富的视觉效果。渲染师需掌握材质和颜色的特性，用材质和纹理去模拟真实世界中的效果，通过三维软件为观众重现真实世界，这些都需要在生活中多积累创作经验，也是把项目推向成功的关键元素。

三、三维灯光

　　三维灯光设置可以说是作品中的灵魂，是视觉风格的重要表现形式，直接决定着人物形象的表现风格。设置好灯光除了要掌握三维软件应用技能外，掌握一些必备的摄影布光知识会更事半功倍，为完成更加优秀的三维作品奠定基础。

四、三维渲染

　　扎实的基础理论知识和较高的软件操作技能，掌握大型的真实场景渲染的基本原理与方法，能根据真实场景的要求调节材质和灯光的结合，掌握大型的特定艺术效果场景渲染的基本原理与方法，根据特定艺术效果场景的要求调节材质和灯光。渲染器插件的使用和提高渲染质量与速度，能对渲染进行整体规划，能指导制作方法，进行制作团队间的沟通与协调，是渲染师必备的基础知识和技能要求。

　　想要成为三维渲染高手并非一朝一夕的功力，因此应勤于思考和多实践，具备举一反三、触类旁通的能力。希望通过本实训你能获得更多的体会和经验，创作出更多的好作品。

彭超
哈尔滨学院艺术与设计学院
动画专业讲师

对想成为好的渲染师说的话

目录

动画渲染
实 训
CG Rendering
in 3ds Max

P4   P8   P17

P27   P31   P35

CONTENTS

动画渲染
实 训
CG Rendering
in 3ds Max

第二章　三维材质与灯光

 实训2-1　设置贴图　　　　　⏰ **2 学时**

一、实训名称　动画道具《机箱与显示器》

二、实训内容　通过在 3ds Max 材质模块中的贴图为模型赋予效果，可以将贴图以包装纸的方式将模型进行包裹，从而得到所需要的三维效果。本例最终效果见图2-1。

三、实训要求　根据图 2-2 至图 2-8 提供的制作总流程图和分流程图，自己动手完成各分流程的具体实施步骤。

四、实训目的　熟悉和掌握贴图的赋予与裁切方法，以及如何控制模型的贴图坐标。本技能在三维动画渲染创作时尤其实用。

图2-1　动画道具《机箱与显示器》最终效果

五、制作流程及技巧分析　制作本例时，先使用多边形建立电脑模型，为机箱赋予正面贴图并在裁切设置中得到准确的贴图区域，然后设置机箱背面贴图与显示器屏幕贴图，再设置材质后使低多边形模型得到完美效果。本例制作总流程（步骤）分为 6 个：①建立电脑模型、②赋予正面贴图、③裁切贴图区域、④设置模型 UV、⑤赋予其他面贴图、⑥设置灯光渲染，见图 2-2。

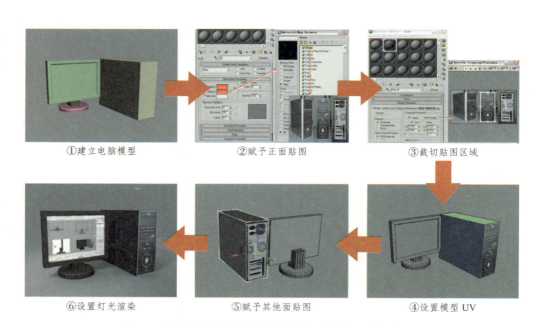

①建立电脑模型　　②赋予正面贴图　　③裁切贴图区域

⑥设置灯光渲染　　⑤赋予其他面贴图　　④设置模型 UV

图2-2　动画道具《机箱与显示器》贴图设置总流程（步骤）图

六、《机箱与显示器》贴图设置各分流程（步骤）图

总流程 1 建立电脑模型

设置贴图《机箱与显示器》的第一流程（步骤）是建立电脑模型，制作又分为 3 个流程：①建立基础长方体、②搭建电脑结构、③添加模型细节，见图 2-3。

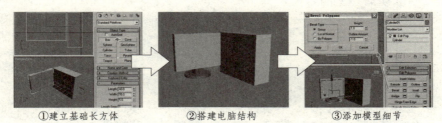

①建立基础长方体　　　②搭建电脑结构　　　③添加模型细节

图2-3　建立电脑模型流程图（总流程1）

步骤 1　先进入 ✳（创建）面板 ○（几何体）子面板，单击标准基本体下的 Box （长方体）命令按钮，然后在"Front 前视图"建立两个长方体，一个为显示器的基本体，另一个为机箱的基本体。

步骤 2　继续使用标准基本体下的 Box （长方体）命令按钮在显示器基本体的底部建立，作为连接底座与显示器的支架模型；单击标准基本体下的 Cylinder （圆柱体）命令按钮，然后在"Top 顶视图"建立，作为显示器的底座模型。

步骤 3　在 ☑（修改）面板为圆柱体底座增加 Edit Poly（编辑多边形）命令，然后切换至 ■（Polygon）多边形模式，再选择底座顶部的面进行 Bevel ☐（倒角）操作，使边缘产生转折细节。

总流程 2 赋予正面贴图

设置贴图《机箱与显示器》的第二流程（步骤）是赋予正面贴图，制作又分为 3 个流程：①设置正面 ID 号、②设置多维子材质、③添加漫反射贴图，见图 2-4。

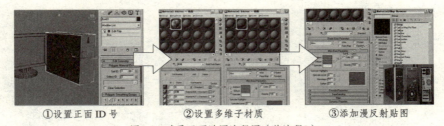

①设置正面 ID 号　　　②设置多维子材质　　　③添加漫反射贴图

图2-4　赋予正面贴图流程图（总流程2）

步骤 1　在 ☑（修改）面板为机箱基本体增加 Edit Poly（编辑多边形）命令，然后切换至 ■（Polygon）多边形模式，选择正面的多边形并在 Material IDs（材质 ID）卷展栏设置 ID 值为 1，选择侧面的多边形并在 Material IDs（材质 ID）卷展栏设置 ID 值为 2，选择背面的多边形并在 Material IDs（材质 ID）卷展栏设置 ID 值为 3。

步骤 2　单击 ▦（材质编辑器）按钮，在弹出的对话框中单击 Standard （标准）材质类型按钮切换

至 Multi/Sub-Object （多维子对象）材质类型，然后按照在 Material IDs（材质 ID）卷展栏设置的 ID 值进行材质匹配。

步骤 3 在 Multi/Sub-Object （多维子对象）材质类型 ID1 中为 Diffuse（漫反射）添加机箱的 Bitmap（位图）。

总流程3 裁切贴图区域

设置贴图《机箱与显示器》的第三流程（步骤）是裁切贴图区域，制作又分为 3 个流程：①匹配模型贴图、②裁切应用贴图、③裁切指定区域，见图 2-5。

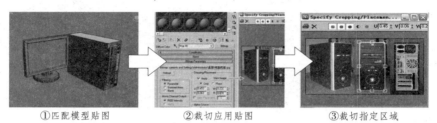

①匹配模型贴图　　　　②裁切应用贴图　　　　③裁切指定区域

图2-5　裁切贴图区域流程图（总流程3）

步骤 1 添加漫反射位图后，在视图中将显示赋予贴图后的模型效果。

步骤 2 进入 ID 值为 1 的正面子材质，然后在位图参数卷展栏中开启 Cropping/Placement（裁切 / 放置）中的 Apply（应用）选项。

步骤 3 单击 Cropping/Placement（裁切 / 放置）中的 View Image （查看图像）按钮，然后在弹出对话框中调节正面位图的准确区域。

总流程4 设置模型 UV

设置贴图《机箱与显示器》的第四流程（步骤）是设置模型 UV，制作又分为 3 个流程：①添加 UV 坐标、②设置坐标类型、③匹配模型与贴图，见图 2-6。

①添加 UV 坐标　　　　②设置坐标类型　　　　③匹配模型与贴图

图2-6　设置模型UV流程图（总流程4）

步骤 1 在 ◢（修改）面板中为机箱基本体增加 UVW Map（贴图坐标）命令，将模型与贴图坐标进行修正。

步骤 2 在 UVW Map（贴图坐标）修改命令中设置类型为 Box（长方体），与模型的贴图坐标相匹配。

步骤 3 继续调节位图的准确裁切位置，使长方体的正面与位图正面准确匹配。

总流程 5　赋予其他面贴图

设置贴图《机箱与显示器》的第五流程（步骤）是赋予其他面贴图，制作又分为 3 个流程：①赋予侧部贴图、②设置贴图角度、③赋予背部贴图，见图 2-7。

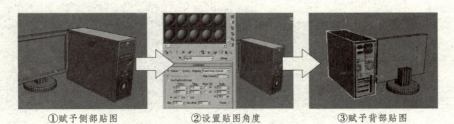

①赋予侧部贴图　　　　②设置贴图角度　　　　③赋予背部贴图

图2-7　赋予其他面贴图流程图（总流程5）

步骤 1　为 `Multi/Sub-Object`（多维子对象）材质类型的 ID2 同样添加 Diffuse（漫反射）机箱位图。

步骤 2　进入 ID 值为 2 的侧面子材质，通过 Angle（角度）项目调节两侧贴图的显示角度。

步骤 3　为 `Multi/Sub-Object`（多维子对象）材质类型的 ID3 同样添加 Diffuse（漫反射）机箱位图，然后在位图参数卷展栏中开启 Cropping/Placement（裁切 / 放置）中的 Apply（应用）选项，再单击 `View Image`（查看图像）按钮调节背部位图的准确区域。

总流程 6　设置灯光渲染

设置贴图《机箱与显示器》的第六流程（步骤）是设置灯光渲染，制作又分为 3 个流程：①赋予显示器贴图、②建立主照明灯光、③设置天光渲染，见图 2-8。

①赋予显示器贴图　　　　②建立主照明灯光　　　　③设置天光渲染

图2-8　设置灯光渲染流程图（总流程6）

步骤 1　选择一个新的材质球，然后赋予显示器外壳模型并设置为黑色塑料；再选择一个新的材质球，然后赋予显示器屏幕模型并为 Diffuse（漫反射）添加 Bitmap（位图）。

步骤 2　进入 （创建）面板 （灯光）子面板，单击标准灯光下的 `Target Spot`（目标聚光灯）命令按钮，然后在"Front 前视图"建立灯光照明。

步骤 3　单击标准灯光下的 `Skylight`（天光）命令按钮并建立，然后单击 （渲染设置）按钮，在弹出的对话框中将高级照明切换至 Light Tracer（光跟踪器）类型，再单击 （渲染）按钮完成《机箱与显示器》贴图设置实训的制作。

实训2-2　设置贴图　　⏰ 2 学时

一、实训名称　动画道具《牛奶产品》

二、实训内容　通过在 3ds Max 材质模块中设置多维子对象 ID 材质、漫反射与凹凸贴图，从而得到所需要的效果。本例最终效果见图2-9。

三、实训要求　根据图 2-10 至图 2-16 提供的总流程图和分流程图，自己动手完成各分流程的具体实施步骤。

四、实训目的　学习和掌握多维子对象 ID 材质的设置方法，以及三维模型反射材质的实际应用。

图2-9　动画道具《牛奶产品》最终效果

五、制作流程及技巧分析　制作本例时，使用多边形建立牛奶杯模型与包装盒模型，先设置杯子与牛奶的材质，再为包装盒赋予多维材质类型，然后依次为每个面赋予贴图，为得到最终效果再配合灯光突出三维的关系。本例制作总流程（步骤）分为 6 个：①建立场景模型、②设置杯子材质、③切换材质类型、④设置多维子对象材质、⑤设置漫反射与凹凸贴图、⑥设置灯光渲染，见图 2-10。

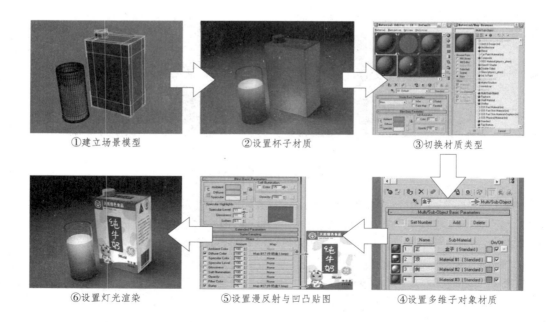

①建立场景模型　②设置杯子材质　③切换材质类型
⑥设置灯光渲染　⑤设置漫反射与凹凸贴图　④设置多维子对象材质

图2-10　动画道具《牛奶产品》贴图设置总流程（步骤）图

8

六、《牛奶产品》贴图设置各分流程（步骤）图

总流程1 建立场景模型

设置贴图《牛奶产品》的第一流程（步骤）是建立场景模型,制作又分为3个流程:①车削旋转杯子、②建立长方体包装、③添加光滑与细节,见图2-11。

作业要求：自己动手操作并写出具体实施步骤。

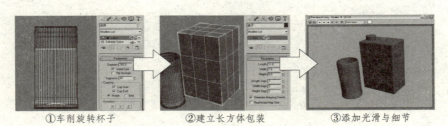

①车削旋转杯子　　　　②建立长方体包装　　　　③添加光滑与细节

图2-11　建立场景模型流程图（总流程1）

总流程2 设置杯子材质

设置贴图《牛奶产品》的第二流程（步骤）是设置杯子材质,制作又分为3个流程:①添加MR材质、②设置玻璃材质、③设置环境反射,见图2-12。

作业要求：自己动手操作并写出具体实施步骤。

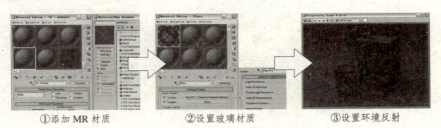

①添加MR材质　　　　②设置玻璃材质　　　　③设置环境反射

图2-12　设置杯子材质流程图（总流程2）

总流程3 切换材质类型

设置贴图《牛奶产品》的第三流程（步骤）是切换材质类型,制作又分为3个流程:①切换材质类型、②设置3S材质、③设置牛奶材质,见图2-13。

作业要求：自己动手操作并写出具体实施步骤。

①切换材质类型　　　　②设置3S材质　　　　③设置牛奶材质

图2-13　切换材质类型流程图（总流程3）

总流程 4　设置多维子对象材质

设置贴图《牛奶产品》的第四流程（步骤）是设置多维子对象材质，制作又分为 3 个流程：①设置包装 ID、②添加多维子对象、③设置对应子材质，见图 2-14。

作业要求：自己动手操作并写出具体实施步骤。

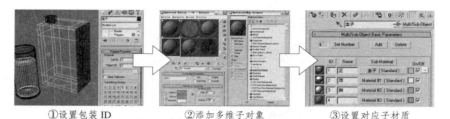

①设置包装 ID　　　②添加多维子对象　　　③设置对应子材质

图2-14　设置多维子对象材质流程图（总流程4）

总流程 5　设置漫反射与凹凸贴图

设置贴图《牛奶产品》的第五流程（步骤）是设置漫反射与凹凸贴图，制作又分为 3 个流程：①添加漫反射贴图、②添加凹凸贴图、③设置其他材质，见图 2-15。

作业要求：自己动手操作并写出具体实施步骤。

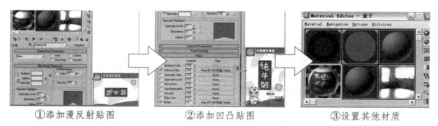

①添加漫反射贴图　　　②添加凹凸贴图　　　③设置其他材质

图2-15　设置漫反射与凹凸贴图流程图（总流程5）

总流程 6　设置灯光渲染

设置贴图《牛奶产品》的第六流程（步骤）是设置灯光渲染，制作又分为 3 个流程：①建立灯光照明、②设置灯光参数、③设置场景渲染，见图 2-16。

作业要求：自己动手操作并写出具体实施步骤。

①建立灯光照明　　　②设置灯光参数　　　③设置场景渲染

图2-16　设置灯光渲染流程图（总流程6）

实训2-3 设置凹凸贴图 ⏰ **2 学时**

一、实训名称 动画道具《足球》

二、实训内容 凹凸材质可以为平面的模型赋予深浅变化的效果,黑色的区域会产生凹陷效果,而白色的区域将会产生凸出效果。本例最终效果见图2-17。

三、实训要求 根据图 2-18 至图 2-24 提供的制作总流程图和分流程图,自己动手完成各分流程的具体实施步骤。

四、实训目的 熟悉和掌握黑白贴图控制模型的凹凸效果的方法,从而节省三维模型的制作工作量。

图2-17 动画道具《足球》最终效果

五、制作流程及技巧分析 制作本例时,先建立一个几何球体,通过平面软件制作两张足球贴图,将黑白贴图赋予到凹凸项目上,再将色块图赋予到漫反射项目上,通过 UVW Maps 贴图坐标控制贴图对模型的包裹,使简单球体得到真实的三维效果。本例制作总流程(步骤)分为 6 个:①建立球体模型、②绘制黑白贴图、③设置凹凸贴图、④设置贴图坐标、⑤设置漫反射贴图、⑥设置灯光渲染,见图2-18。

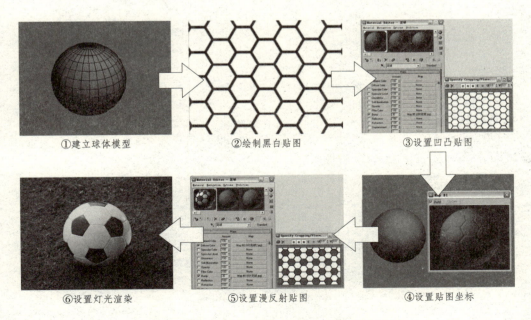

①建立球体模型   ②绘制黑白贴图   ③设置凹凸贴图

⑥设置灯光渲染   ⑤设置漫反射贴图   ④设置贴图坐标

图2-18 动画道具《足球》贴图设置总流程(步骤)图

六、《足球》贴图设置各分流程（步骤）图

总流程 1　建立球体模型

设置凹凸贴图《足球》的第一流程（步骤）是建立球体模型,制作又分为 3 个流程：①选择球体命令、②添加网格光滑、③设置光滑级别，见图 2-19。

作业要求：自己动手操作并写出具体实施步骤。

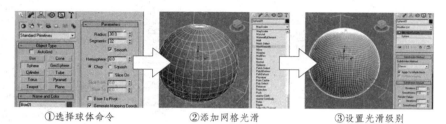

①选择球体命令　　　②添加网格光滑　　　③设置光滑级别

图2-19　建立球体模型流程图（总流程1）

总流程 2　绘制黑白贴图

设置凹凸贴图《足球》的第二流程（步骤）是绘制黑白贴图，制作又分为 3 个流程：①新建贴图纸张、②绘制纹理选区、③选区填充黑色，见图 2-20。

作业要求：自己动手操作并写出具体实施步骤。

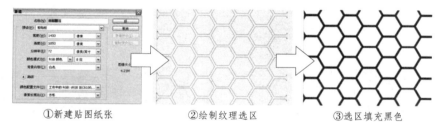

①新建贴图纸张　　　②绘制纹理选区　　　③选区填充黑色

图2-20　绘制黑白贴图流程图（总流程2）

总流程 3　设置凹凸贴图

设置凹凸贴图《足球》的第三流程（步骤）是设置凹凸贴图,制作又分为 3 个流程：①选择凹凸位图、②添加黑白贴图、③设置凹凸参数，见图 2-21。

作业要求：自己动手操作并写出具体实施步骤。

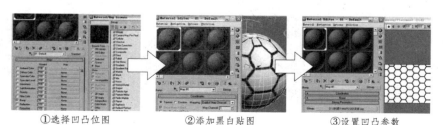

①选择凹凸位图　　　②添加黑白贴图　　　③设置凹凸参数

图2-21　设置凹凸贴图流程图（总流程3）

总流程 4　设置贴图坐标

设置凹凸贴图《足球》的第四流程（步骤）是设置贴图坐标，制作又分为 3 个流程：①添加 UV 坐标、②控制激活坐标、③设置坐标类型，见图 2-22。

作业要求：自己动手操作并写出具体实施步骤。

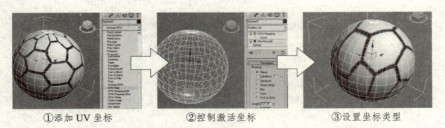

①添加 UV 坐标　　　　②控制激活坐标　　　　③设置坐标类型

图2-22　设置贴图坐标流程图（总流程4）

总流程 5　设置漫反射贴图

设置凹凸贴图《足球》的第五流程（步骤）是设置漫反射贴图，制作又分为 3 个流程：①绘制漫反射贴图、②添加漫反射贴图、③设置贴图参数，见图 2-23。

作业要求：自己动手操作并写出具体实施步骤。

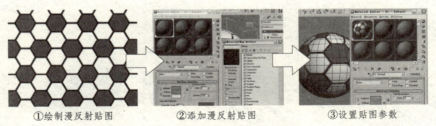

①绘制漫反射贴图　　　　②添加漫反射贴图　　　　③设置贴图参数

图2-23　设置漫反射贴图流程图（总流程5）

总流程 6　设置灯光渲染

设置凹凸贴图《足球》的第六流程（步骤）是设置灯光渲染，制作又分为 3 个流程：①建立主灯光照明、②建立辅助照明、③设置渲染器参数，见图 2-24。

作业要求：自己动手操作并写出具体实施步骤。

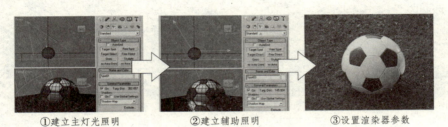

①建立主灯光照明　　　　②建立辅助照明　　　　③设置渲染器参数

图2-24　设置灯光渲染流程图（总流程6）

实训2-4 设置凹凸贴图　　　⏰ **2** 学时

一、实训名称 动画道具《轮胎》

二、实训内容 通过黑白的贴图可以使模型表面产生凹凸感，快速地使管状体展现出真实的凹凸纹理效果。本例最终效果见图2-25。

三、实训要求 根据图2-26至图2-32提供的制作总流程图和分流程图，自己动手完成各分流程的具体实施步骤。

四、实训目的 熟悉和掌握凹凸纹理的设置原理和方法，以及贴图坐标对模型贴图的影响，完善模型制作上的不足。

五、制作流程及技巧分析 制作本例时，先建立一个圆环体并通过平面软件制作轮胎的黑白贴图，为管状体增减编辑多边形命令

图2-25 动画道具《轮胎》最终效果

再选择需要的区域，然后赋予凹凸贴图并控制贴图坐标修改命令即可。本例制作总流程（步骤）分为6个：①建立管状体模型、②绘制黑白贴图、③设置局部多边形、④添加凹凸贴图、⑤设置贴图坐标、⑥设置灯光渲染，见图2-26。

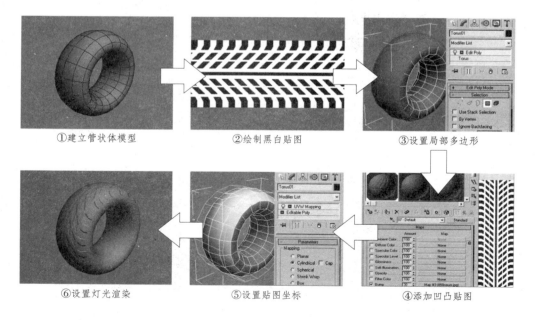

①建立管状体模型　　②绘制黑白贴图　　③设置局部多边形

⑥设置灯光渲染　　⑤设置贴图坐标　　④添加凹凸贴图

图2-26 动画道具《轮胎》贴图设置总流程（步骤）图

六、《轮胎》贴图设置各分流程（步骤）图

总流程1　建立管状体模型

设置凹凸贴图《轮胎》的第一流程（步骤）是建立管状体模型,制作又分为3个流程:①选择管状体、②建立模型、③设置缩放管状体，见图2-27。

作业要求：自己动手操作并写出具体实施步骤。

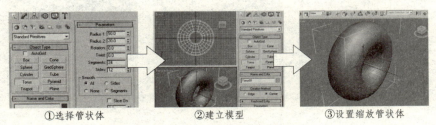

①选择管状体　　　②建立模型　　　③设置缩放管状体

图2-27　建立管状体模型流程图（总流程1）

总流程2　绘制黑白贴图

设置凹凸贴图《轮胎》的第二流程（步骤）是绘制黑白贴图,制作又分为3个流程:①新建贴图纸张、②绘制纹理选区、③选区填充黑色，见图2-28。

作业要求：自己动手操作并写出具体实施步骤。

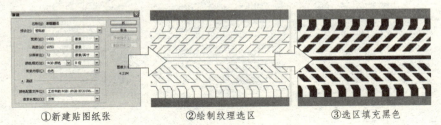

①新建贴图纸张　　　②绘制纹理选区　　　③选区填充黑色

图2-28　绘制黑白贴图流程图（总流程2）

总流程3　设置局部多边形

设置凹凸贴图《轮胎》的第三流程（步骤）是设置局部多边形,制作又分为3个流程:①添加编辑网格、②选择局部面、③赋予选择面材质，见图2-29。

作业要求：自己动手操作并写出具体实施步骤。

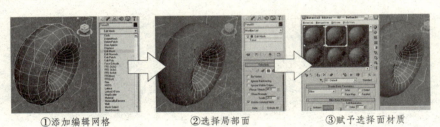

①添加编辑网格　　　②选择局部面　　　③赋予选择面材质

图2-29　设置局部多边形流程图（总流程3）

总流程 4　添加凹凸贴图

设置凹凸贴图《轮胎》的第四流程（步骤）是添加凹凸贴图,制作又分为 3 个流程:①选择凹凸位图、②添加黑白贴图、③设置凹凸参数,见图 2-30。

作业要求：自己动手操作并写出具体实施步骤。

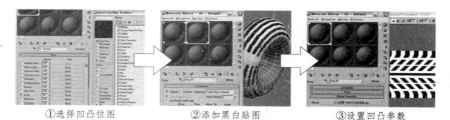

①选择凹凸位图　　　　②添加黑白贴图　　　　③设置凹凸参数

图2-30　添加凹凸贴图流程图（总流程4）

总流程 5　设置贴图坐标

设置凹凸贴图《轮胎》的第五流程（步骤）是设置贴图坐标,制作又分为 3 个流程:①添加 UV 坐标、②激活坐标控制、③设置坐标类型,见图 2-31。

作业要求：自己动手操作并写出具体实施步骤。

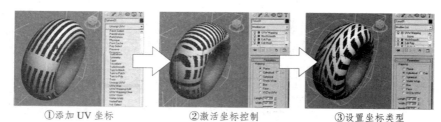

①添加 UV 坐标　　　　②激活坐标控制　　　　③设置坐标类型

图2-31　设置贴图坐标流程图（总流程5）

总流程 6　设置灯光渲染

设置凹凸贴图《轮胎》的第六流程（步骤）是设置灯光渲染,制作又分为 3 个流程:①添加背景衬板、②建立主照明灯光、③设置天光渲染,见图 2-32。

作业要求：自己动手操作并写出具体实施步骤。

①添加背景衬板　　　　②建立主照明灯光　　　　③设置天光渲染

图2-32　设置灯光渲染流程图（总流程6）

实训2-5 设置透明贴图　　⏰ **2 学时**

一、实训名称 动画角色《飞舞蝴蝶》

二、实训内容 黑白贴图赋予至透明项目
能控制模型的透明效果，黑色区域将完全透
明，灰色区域将产生半透明效果，而白色区
域将不会产生透明效果。本例最终效果见图
2-33。

三、实训要求 根据图 2-34 至图 2-40 提供
的制作总流程图和分流程图，自己动手完成
各分流程的具体实施步骤。

四、实训目的 熟悉和掌握透明和镂空效
果的制作方法，以及如何通过黑白贴图控制
模型的透明程度。

图2-33　动画角色《飞舞蝴蝶》最终效果

五、制作流程及技巧分析 制作本例时，
通过平面与球体几何体搭建简单的蝴蝶模型，先为平面部分赋予黑白透明贴图，然后为平面赋予漫反射颜
色贴图，最后将设置的右侧翅膀镜像至左侧位置完成本实训。本例制作总流程（步骤）分为6个：①建立
蝴蝶模型、②赋予透明贴图、③设置贴图坐标、④赋予漫反射贴图、⑤测试渲染效果、⑥镜像对称翅膀，
见图2-34。

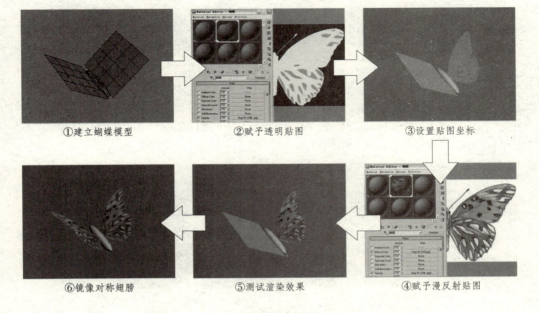

①建立蝴蝶模型　　　　②赋予透明贴图　　　　③设置贴图坐标

⑥镜像对称翅膀　　　　⑤测试渲染效果　　　　④赋予漫反射贴图

图2-34　动画角色《飞舞蝴蝶》贴图设置总流程（步骤）图

六、《飞舞蝴蝶》贴图设置各分流程（步骤）图

总流程 1　建立蝴蝶模型

设置透明帖图《飞舞蝴蝶》的第一流程（步骤）是建立蝴蝶模型，制作又分为 3 个流程：①建立身体模型、②建立翅膀模型、③建立触角模型，见图 2-35。

作业要求：自己动手操作并写出具体实施步骤。

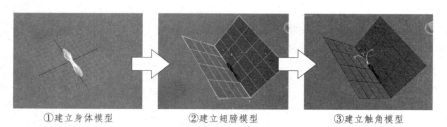

①建立身体模型　　②建立翅膀模型　　③建立触角模型

图2-35　建立蝴蝶模型流程图（总流程1）

总流程 2　赋予透明贴图

设置透明帖图《飞舞蝴蝶》的第二流程（步骤）是赋予透明贴图，制作又分为 3 个流程：①绘制黑白贴图、②赋予透明贴图、③设置透明贴图，见图 2-36。

作业要求：自己动手操作并写出具体实施步骤。

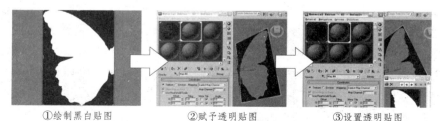

①绘制黑白贴图　　②赋予透明贴图　　③设置透明贴图

图2-36　赋予透明贴图流程图（总流程2）

总流程 3　设置贴图坐标

设置透明帖图《飞舞蝴蝶》的第三流程(步骤)是设置贴图坐标,制作又分为 3 个流程:①添加 UV 坐标、②激活坐标控制、③设置坐标类型，见图 2-37。

作业要求：自己动手操作并写出具体实施步骤。

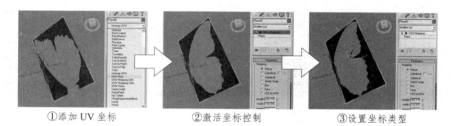

①添加 UV 坐标　　②激活坐标控制　　③设置坐标类型

图2-37　设置贴图坐标流程图（总流程3）

总流程 4 赋予漫反射贴图

设置透明帖图《飞舞蝴蝶》的第四流程（步骤）是赋予漫反射贴图，制作又分为 3 个流程：①选择漫反射位图、②添加翅膀贴图、③贴图区域裁切，见图 2-38。

作业要求：自己动手操作并写出具体实施步骤。

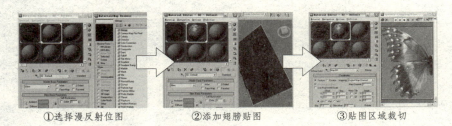

①选择漫反射位图　　　②添加翅膀贴图　　　③贴图区域裁切

图2-38　赋予漫反射贴图流程图（总流程4）

总流程 5 测试渲染效果

设置透明帖图《飞舞蝴蝶》的第五流程（步骤）是测试渲染效果，制作又分为 3 个流程：①选择渲染环境、②设置背景颜色、③测试渲染，见图 2-39。

作业要求：自己动手操作并写出具体实施步骤。

①选择渲染环境　　　②设置背景颜色　　　③测试渲染

图2-39　测试渲染效果流程图（总流程5）

总流程 6 镜像对称翅膀

设置透明帖图《飞舞蝴蝶》的第六流程（步骤）是镜像对称翅膀，制作又分为 3 个流程：①设置控制轴、②单击镜像工具、③复制对称镜像，见图 2-40。

作业要求：自己动手操作并写出具体实施步骤。

①设置控制轴　　　②单击镜像工具　　　③复制对称镜像

图2-40　镜像对称翅膀流程图（总流程6）

实训2-6 设置贴图坐标 ⏰ **3 学时**

一、实训名称 动画道具《搪瓷杯子》

二、实训内容 贴图坐标主要是控制模型与贴图的匹配，要重点考虑到贴图坐标的相似情况，然后再使用平面、柱体、球体或方体等样式赋予模型贴图。本例最终效果见图2-41。

三、实训要求 根据图 2-42 至图 2-48 提供的制作总流程图和分流程图，自己动手完成各分流程的具体实施步骤。

四、实训目的 熟悉和掌握贴图的赋予与设置贴图坐标，以及如何控制模型的贴图准确位置。

图2-41 动画道具《搪瓷杯子》最终效果

五、制作流程及技巧分析 制作本例时，先建立一个多边形的搪瓷杯子模型，再将上沿与杯体设置为多维子对象材质，然后绘制贴图并赋予到杯体模型上，所产生的位置错误可通过贴图坐标修改命令的柱体样式进行纠正。本例制作总流程（步骤）分为 6 个：①建立杯子模型、②设置多维子对象材质、③绘制杯子贴图、④赋予杯子贴图、⑤设置模型 UV、⑥设置灯光渲染，见图 2-42。

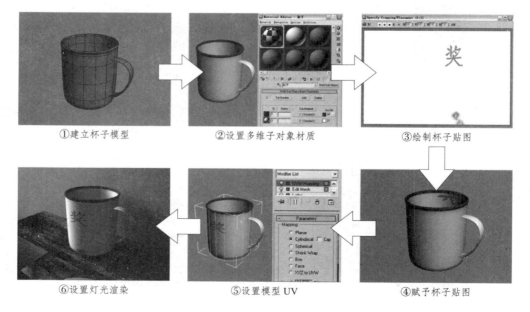

①建立杯子模型 ②设置多维子对象材质 ③绘制杯子贴图

⑥设置灯光渲染 ⑤设置模型 UV ④赋予杯子贴图

图2-42 动画道具《搪瓷杯子》贴图设置总流程（步骤）图

六、《搪瓷杯子》贴图设置各分流程（步骤）图

总流程1 建立杯子模型

设置贴图坐标《搪瓷杯子》的第一流程（步骤）是建立杯子模型，制作又分为3个流程：①车削旋转杯体、②制作杯把模型、③搭建丰富场景，见图2-43。

作业要求：自己动手操作并写出具体实施步骤。

①车削旋转杯体　　　　　②制作杯把模型　　　　　③搭建丰富场景

图2-43　建立杯子模型流程图（总流程1）

总流程2 设置多维子对象材质

设置贴图坐标《搪瓷杯子》的第二流程（步骤）是设置多维子对象材质，制作又分为3个流程：①切换材质类型、②设置边沿 ID1、③设置杯体 ID2，见图2-44。

作业要求：自己动手操作并写出具体实施步骤。

①切换材质类型　　　　　②设置边沿 ID1　　　　　③设置杯体 ID2

图2-44　设置多维子对象材质流程图（总流程2）

总流程3 绘制杯子贴图

设置贴图坐标《搪瓷杯子》的第三流程（步骤）是绘制杯子贴图，制作又分为3个流程：①新建贴图纸张、②绘制漫反射贴图、③绘制凹凸贴图，见图2-45。

作业要求：自己动手操作并写出具体实施步骤。

①新建贴图纸张　　　　　②绘制漫反射贴图　　　　　③绘制凹凸贴图

图2-45　绘制杯子贴图流程图（总流程3）

总流程 4　赋予杯子贴图

设置贴图坐标《搪瓷杯子》的第四流程（步骤）是赋予杯子贴图，制作又分为 3 个流程：①切换至子材质、②设置白色材质、③设置蓝色材质，见图 2-46。

作业要求：自己动手操作并写出具体实施步骤。

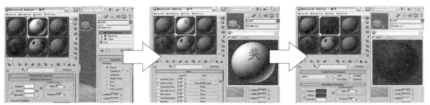

　　①切换至子材质　　　　　　②设置白色材质　　　　　　③设置蓝色材质

图2-46　赋予杯子贴图流程图（总流程4）

总流程 5　设置模型 UV

设置贴图坐标《搪瓷杯子》的第五流程（步骤）是设置模型 UV，制作又分为 3 个流程：①添加 UV 坐标、②激活坐标控制、③设置坐标类型，见图 2-47。

作业要求：自己动手操作并写出具体实施步骤。

　　①添加 UV 坐标　　　　　　②激活坐标控制　　　　　　③设置坐标类型

图2-47　设置模型UV流程图（总流程5）

总流程 6　设置灯光渲染

设置贴图坐标《搪瓷杯子》的第六流程（步骤）是设置灯光渲染，制作又分为 3 个流程：①建立主照明灯光、②设置灯光参数、③建立场景辅助灯光，见图 2-48。

作业要求：自己动手操作并写出具体实施步骤。

　　①建立主照明灯光　　　　　　②设置灯光参数　　　　　　③建立场景辅助灯光

图2-48　设置灯光渲染流程图（总流程6）

实训2-7 设置灯光 ⏰ **4 学时**

一、实训名称 动画场景《场景照明》

二、实训内容 场景照明设置主要包括三点光、逆光和阵列光，是非常实用的灯光方式，可以推动和烘托出三维表现的气氛。本例最终效果见图2-49。

三、实训要求 根据图 2-50 至图 2-56 提供的制作总流程图和分流程图，自己动手完成各分流程的具体实施步骤。

四、实训目的 熟悉和掌握灯光的位置与层次设置方法，以及控制灯光颜色并掌握如何快速地照亮三维场景。

图2-49 动画场景《场景照明》最终效果

五、制作流程及技巧分析 制作本例时，先用标准几何体搭建三维场景，建立三点光方式并设置灯光的参数，然后建立逆光方式并设置灯光的参数，最后建立阵列光方式并设置灯光的参数。本例制作总流程（步骤）分为 6 个：①建立三点光、②设置三点光参数、③建立逆光、④设置逆光参数、⑤建立阵列光、⑥设置阵列光参数，见图 2-50。

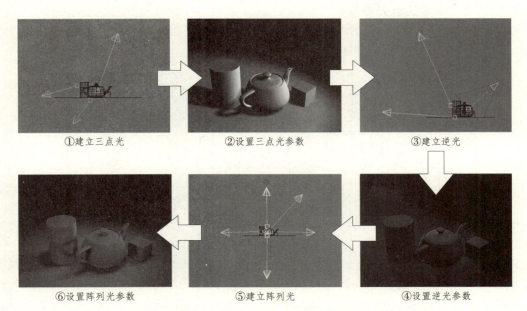

①建立三点光　　　　　②设置三点光参数　　　　　③建立逆光

⑥设置阵列光参数　　　　　⑤建立阵列光　　　　　④设置逆光参数

图2-50 动画场景《场景照明》灯光设置总流程（步骤）图

六、《场景照明》灯光设置各分流程（步骤）图

总流程 1　建立三点光

设置灯光《场景照明》的第一流程（步骤）是建立三点光,制作又分为 3 个流程：①建立主照明灯光、②建立暖调灯光、③建立冷调灯光、见图 2-51。

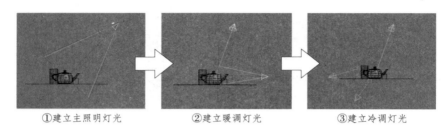

①建立主照明灯光　　　　②建立暖调灯光　　　　③建立冷调灯光

图2-51　建立三点光流程图（总流程1）

步骤 1　进入 ✳（创建）面板 🔦（灯光）子面板，单击标准灯光下的 Target Spot（目标聚光灯）命令按钮，然后在 "Front 前视图" 建立右上方位置的主照明灯光。

步骤 2　单击标准灯光下的 Target Spot（目标聚光灯）命令按钮，然后在 "Front 前视图" 建立右侧位置的暖调照明灯光。

步骤 3　单击标准灯光下的 Target Spot（目标聚光灯）命令按钮，然后在 "Front 前视图" 建立左侧位置的冷调照明灯光。

总流程 2　设置三点光参数

设置灯光《场景照明》的第二流程（步骤）是设置三点光参数，制作又分为 3 个流程：①设置主照明灯光、②设置暖调灯光、③设置冷调灯光，见图 2-52。

①设置主照明灯光　　　　②设置暖调灯光　　　　③设置冷调灯光

图2-52　设置三点光参数流程图（总流程2）

步骤 1　选择主照明灯光，在 ✏（修改）面板中开启常规参数卷展栏的 Shadows（阴影）项目，再设置阴影贴图参数卷展栏的 Sample Range（采样范围）为 8，得到更加柔和的阴影效果。

步骤 2　选择右侧位置的暖调灯光，在 ✏（修改）面板中开启常规参数卷展栏的 Shadows（阴影）项目，在强度 / 颜色 / 衰减卷展栏设置 Multiplier（倍增）值为 0.3、颜色为淡粉色，模拟出由光照而产生的暖色调效果。

步骤 3　选择左侧位置的冷调灯光，在 ✏（修改）面板中开启常规参数卷展栏的 Shadows（阴影）项目，在强度 / 颜色 / 衰减卷展栏设置 Multiplier（倍增）值为 0.4、颜色为淡蓝色，模拟出由背光而产生的冷色调效果，再单击 🎬（渲染）按钮完成三点光的制作。

总流程3　建立逆光

设置灯光《场景照明》的第三流程（步骤）是建立逆光，制作又分为3个流程：①建立逆光照明、②建立顶部辅助灯光、③建立正面辅助灯光，见图2-53。

①建立逆光照明　　②建立顶部辅助灯光　　③建立正面辅助灯光

图2-53　建立逆光流程图（总流程3）

步骤1　进入 ✳（创建）面板 ◐（灯光）子面板，单击标准灯光下的 `Target Spot`（目标聚光灯）命令按钮，然后在"Left 左视图"建立左后方位置的逆光照明。

步骤2　单击标准灯光下的 `Target Spot`（目标聚光灯）命令按钮，然后在"Left 左视图"建立顶部位置的辅助灯光。

步骤3　单击标准灯光下的 `Target Spot`（目标聚光灯）命令按钮，然后在"Left 左视图"建立正面位置的辅助灯光。

总流程4　设置逆光参数

设置灯光《场景照明》的第四流程（步骤）是设置逆光参数，制作又分为3个流程：①设置逆光照明、②设置顶部灯光排除、③设置正面辅助冷光，见图2-54。

①设置逆光照明　　②设置顶部灯光排除　　③设置正面辅助冷光

图2-54　设置逆光参数流程图（总流程4）

步骤1　选择左后方位置的逆光照明，在 ◐（修改）面板中开启常规参数卷展栏的 Shadows（阴影）项目，在强度/颜色/衰减卷展栏设置 Multiplier（倍增）值为1、颜色为桔黄色，再设置阴影贴图参数卷展栏的 Sample Range（采样范围）为8，使灯光强烈地影响逆光照射区域。

步骤2　选择顶部位置的辅助灯光，在 ◐（修改）面板中开启常规参数卷展栏的 Shadows（阴影）项目并 Exclude（排除）地面模型，然后在强度/颜色/衰减卷展栏设置 Multiplier（倍增）值为1、颜色为黄色，使顶部灯光对地面以外的模型产生照射。

步骤3　选择正面位置的辅助灯光，在 ◐（修改）面板中开启常规参数卷展栏的 Shadows（阴影）项目，然后在强度/颜色/衰减卷展栏设置 Multiplier（倍增）值为0.2、颜色为淡蓝色，使灯光微弱地模拟出未被照射到的效果，再单击 ◐（渲染）按钮完成逆光效果的制作。

总流程5　建立阵列光

设置灯光《场景照明》的第五流程（步骤）是建立阵列光，制作又分为3个流程：①建立顶部灯光、②关联复制灯光、③建立冷暖对比灯光，见图2-55。

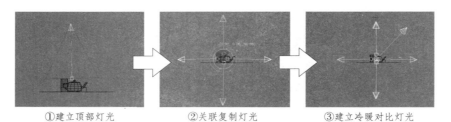

①建立顶部灯光　　　　②关联复制灯光　　　　③建立冷暖对比灯光

图2-55　建立阵列光流程图（总流程5）

步骤1　进入 面板 子面板，单击标准灯光下的 `Target Spot`（目标聚光灯）命令按钮在"Front 前视图"建立上方位置的灯光，然后配合键盘"Shift"键进行对称关联复制。

步骤2　选择上方与下方的两个灯光，然后配合键盘"Shift"键进行90度旋转关联复制，使灯光由四个方向照射至模型。

步骤3　单击标准灯光下的 `Omni`（泛光灯）命令按钮，然后在上方位置建立暖色灯光，在下方位置建立冷色灯光。

总流程6　设置阵列光参数

设置灯光《场景照明》的第六流程（步骤）是设置阵列光参数，制作又分为3个流程：①调节灯光位置、②设置灯光参数、③测试灯光渲染，见图2-56。

①调节灯光位置　　　　②设置灯光参数　　　　③测试灯光渲染

图2-56　设置阵列光参数流程图（总流程6）

步骤1　切换至"Perspective 透视图"调节所有灯光的位置，使灯光全部照射到模型上。

步骤2　选择目标聚光灯，在 面板中开启常规参数卷展栏的 Shadows（阴影）项目，然后在强度/颜色/衰减卷展栏设置 Multiplier（倍增）值为0.5，再设置阴影贴图参数卷展栏的 Sample Range（采样范围）为6，其他所关联目标聚光灯会自动地进行相同的设置。

步骤3　在主工具栏单击 按钮，渲染测试《场景照明》灯光设置实训的制作效果。

26

第三章　三维渲染器

实训3-1　设置灯光　　　　　⏰ 3 学时

一、实训名称　动画道具《沙发椅》

二、实训内容　灯光对渲染场景是非常重要的，在灯光列表管理对话框中可以控制每个灯光的功能，也可以进行全局设置而影响场景，并配合材质设置达到三维渲染的目的。本例最终效果见图3-1。

三、实训要求　根据图 3-2 至图 3-8 提供的制作总流程图和分流程图，自己动手完成各分流程的具体实施步骤。

四、实训目的　熟悉和掌握灯光的应用与设置，以及如何控制灯光照明的管理，在表现单个模型渲染时尤其实用。

图3-1　动画道具《沙发椅》最终效果

五、制作流程及技巧分析　制作本例时，先搭建一个沙发椅的场景，再添加摄影机控制场景的成像角度，然后为场景增加天光照明和渲染器设置。在屏幕的左上侧位置和右上侧位置分别建立灯光，使沙发椅与背景板间产生相互衬托的效果。在设置渲染器时可通过灯光列表管理场景效果，逐一地设置灯光调节对渲染的影响，再设置沙发椅的皮革、木棱和塑料材质。本例制作总流程（步骤）分为 6 个：①建立场景与摄影机、②设置天光照明、③设置左侧灯光、④设置右侧灯光、⑤设置灯光列表、⑥设置场景材质，见图 3-2。

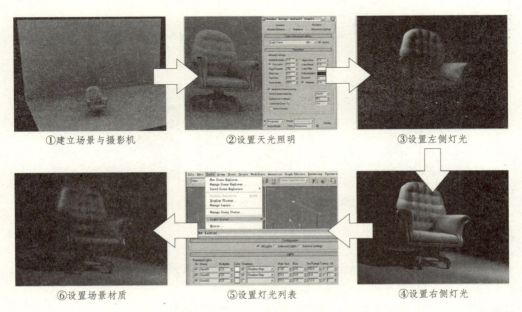

①建立场景与摄影机　　②设置天光照明　　③设置左侧灯光

⑥设置场景材质　　⑤设置灯光列表　　④设置右侧灯光

图3-2　动画道具《沙发椅》灯光设置总流程（步骤）图

六、《沙发椅》灯光设置各分流程（步骤）图

总流程 1　建立场景与摄影机

设置灯光《沙发椅》灯光的第一流程（步骤）是建立场景与摄影机，制作又分为 3 个流程：①搭建场景模型、②建立摄影机、③安全框与摄影机匹配，见图 3-3。

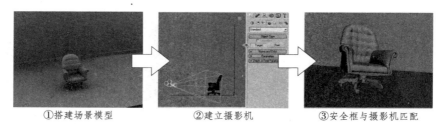

①搭建场景模型　　　②建立摄影机　　　③安全框与摄影机匹配

图3-3　建立场景与摄影机流程图（总流程1）

步骤 1　使用几何体在视图中建立两个长方体，分别为地面和墙壁模型，然后在场景的中心位置添加沙发椅模型。

步骤 2　进入 （创建）面板 （摄影机）子面板，单击标准下的 `Target` （目标摄影机）命令按钮，然后在视图中建立摄影机。

步骤 3　在 "Perspective 透视图" 的提示文字位置单击鼠标右键，然后在弹出的浮动菜单中选择 Show Safe Frames(显示安全框)命令，使视图区域与渲染区域的比例相同。调节 "Perspective 透视图" 的场景构图，然后选择摄影机并执行 "Ctrl+C" 快捷键进行匹配，再使用快捷键 "C" 将 "Perspective 透视图" 切换至 "Camera 摄影机视图"。

总流程 2　设置天光照明

设置灯光《沙发椅》灯光的第二流程(步骤)是设置天光照明,制作又分为 3 个流程:①建立天光照明、②设置光跟踪器、③测试天光渲染，见图 3-4。

①建立天光照明　　　②设置光跟踪器　　　③测试天光渲染

图3-4　设置天光照明流程图（总流程2）

步骤 1　进入 （创建）面板 （灯光）子面板，单击标准灯光下的 `Skylight` （天光）命令按钮，然后在 "Camera 摄影机视图" 建立灯光照明。

步骤 2　在主工具栏单击 （渲染设置）按钮，在弹出的对话框中将高级照明切换至 Light Tracer（光跟踪器）类型，使渲染器计算天光产生的效果。

步骤 3　在主工具栏单击 （渲染）按钮，渲染测试光跟踪器产生的效果。

总流程3　设置左侧灯光

设置灯光《沙发椅》灯光的第三流程（步骤）是设置左侧灯光，制作又分为3个流程：①建立左侧灯光、②设置灯光参数、③测试灯光渲染，见图3-5。

①建立左侧灯光　　　②设置灯光参数　　　③测试灯光渲染

图3-5　设置左侧灯光流程图（总流程3）

步骤1　单击标准灯光下的 Target Spot （目标聚光灯）命令按钮，然后在"Front 前视图"建立灯光照明，作为左侧区域的补光。

步骤2　选择左侧区域的补光，在 （修改）面板中开启常规参数卷展栏的 Shadows（阴影）项目，在强度/颜色/衰减卷展栏设置 Multiplier（倍增）值为2，设置聚光灯参数卷展栏的 Hotspot/Beam（聚光区/光束）为17、Falloff/Field（衰减区/区域）为45，设置阴影贴图参数卷展栏的 Sample Range（采样范围）为50。

步骤3　在主工具栏单击 （渲染）按钮，渲染测试左侧区域补光产生的效果。

总流程4　设置右侧灯光

设置灯光《沙发椅》灯光的第四流程（步骤）是设置右侧灯光，制作又分为3个流程：①建立右侧灯光、②建立辅助灯光、③测试灯光渲染，见图3-6。

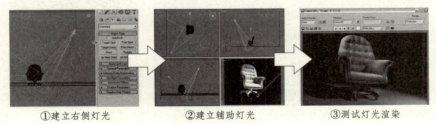

①建立右侧灯光　　　②建立辅助灯光　　　③测试灯光渲染

图3-6　设置右侧灯光流程图（总流程4）

步骤1　单击标准灯光下的 Target Spot （目标聚光灯）命令按钮，然后在"Front 前视图"建立灯光照明，作为右侧区域的补光，然后在强度/颜色/衰减卷展栏设置 Multiplier（倍增）值为0.5。

步骤2　继续使用 Target Spot （目标聚光灯）建立辅助灯光照明，然后在强度/颜色/衰减卷展栏设置 Multiplier（倍增）值为0.2，目的是使暗部区域产生微弱的照明效果。

步骤3　在主工具栏单击 （渲染）按钮，渲染测试右侧区域补光产生的效果。

动画渲染
实 训
CG Rendering
in 3ds Max

总流程5 设置灯光列表

设置灯光《沙发椅》灯光的第五流程（步骤）是设置灯光列表,制作又分为 3 个流程:①选择灯光工具、②设置灯光列表、③测试列表渲染,见图 3-7。

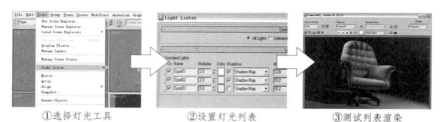

①选择灯光工具　　　　②设置灯光列表　　　　③测试列表渲染

图3-7　设置灯光列表流程图（总流程5）

步骤1　在菜单中选择【Tools（工具）】→【Light Lister（灯光列表）】命令。

步骤2　在弹出的灯光列表对话框中可以一目了然地预览场景所有灯光的参数设置,对灯光参数的测试调节尤其实用。

步骤3　在主工具栏单击 （渲染）按钮,渲染测试通过灯光列表控制灯光产生的效果。

总流程6 设置场景材质

设置灯光《沙发椅》灯光的第六流程（步骤）是设置场景材质,制作又分为 3 个流程:①设置皮革材质、②设置木纹材质、③设置金属材质,见图 3-8。

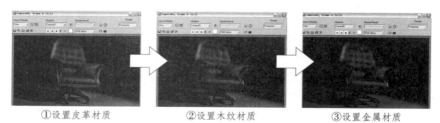

①设置皮革材质　　　　②设置木纹材质　　　　③设置金属材质

图3-8　设置场景材质流程图（总流程6）

步骤1　单击 （材质编辑器）按钮并选择一个空材质球为皮革材质,然后设置 Diffuse（漫反射）为深红色,再为 Self-Illumination（自发光）添加衰减贴图,为 Bump（凹凸）添加噪波贴图。

步骤2　选择一个新的材质球,然后为 Diffuse（漫反射）和 Bump（凹凸）添加木质纹理的 Bitmap（位图）。

步骤3　选择一个新的材质球,然后为 Reflection（反射）添加 Raytrace（光线跟踪）贴图,再单击 （渲染）按钮完成《沙发椅》灯光管理实训的制作。

30

实训3-2 设置MR渲染器 ⏰ **3 学时**

一、实训名称 动画道具《光子聚焦杯》

二、实训内容 Mental ray 渲染器是一种通用的渲染器，它可以生成灯光效果的物理校正模拟，包括光线跟踪反射和折射、焦散和全局照明，在进行三维渲染时非常出效果。本例最终效果见图3-9。

三、实训要求 根据图 3-10 至图 3-16 提供的制作总流程图和分流程图，自己动手完成各分流程的具体实施步骤。

四、实训目的 熟悉和掌握渲染器与灯光的应用，以及如何为不锈钢和玻璃增加光子效果，得到逼真的渲染效果。

图3-9 动画道具《光子聚焦杯》最终效果

五、制作流程及技巧分析 制作本例时，光子聚焦场景主要是调酒瓶和高脚杯，使用几何体制作出两个反光板，然后在屏幕的右上侧位置建立一盏灯光，在场景上侧位置建立一盏辅助灯光，对场景的明度进行细腻控制。切换至 Mental ray 渲染器（以下简称为 MR 渲染器）并通过反射设置调酒器的材质，再使用光线追踪调节出玻璃的透明质感。在对象属性对话框中设置渲染器间接照明的生成焦散和接收焦散，使灯光可以穿透玻璃而影响到地面，然后再设置渲染器的采样完成场景渲染。本例制作总流程（步骤）分为6个：①建立场景模型、②建立反光板③建立主照明灯光、④建立辅助灯光、⑤设置模型材质、⑥设置渲染器，见图3-10。

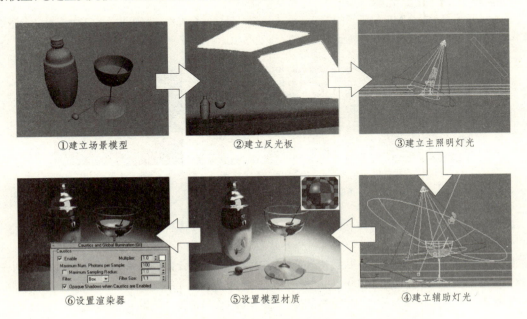

①建立场景模型　②建立反光板　③建立主照明灯光

⑥设置渲染器　⑤设置模型材质　④建立辅助灯光

图3-10　动画道具《光子聚焦杯》渲染总流程（步骤）图

六、《光子聚焦杯》渲染各分流程（步骤）图

总流程 1　建立场景模型

设置《光子聚焦杯》MR 渲染器的第一流程（步骤）是建立场景模型，制作又分为 3 个流程：①绘制半侧轮廓、②车削旋转杯子、③添加其他模型，见图 3-11。

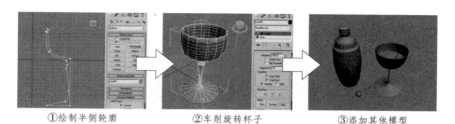

①绘制半侧轮廓　　　　②车削旋转杯子　　　　③添加其他模型

图3-11　建立场景模型流程图（总流程1）

步骤 1　进入 ▓（创建）面板 ▣（图形）子面板，单击样条线下的 `Line`（线）命令按钮，然后在"Front 前视图"中绘制高脚杯的半侧轮廓图形。

步骤 2　在 ▨（修改）面板中为图形增加 Lathe（车削）命令，然后设置 Align（对齐）为 Max（最大）方式，使半侧轮廓图形沿 360 度旋转成为三维模型。

步骤 3　为高脚杯中添加液体与牙签模型，再通过车削旋转的方式制作出调酒杯模型。

总流程 2　建立反光板

设置《光子聚焦杯》MR 渲染器的第二流程（步骤）是建立反光板，制作又分为 3 个流程：①建立平面物体、②设置自发光材质、③调节反光板位置，见图 3-12。

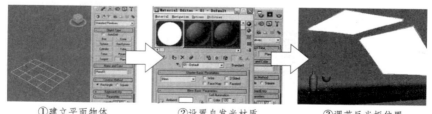

①建立平面物体　　　　②设置自发光材质　　　　③调节反光板位置

图3-12　建立反光板流程图（总流程2）

步骤 1　先进入 ▓（创建）面板 ▣（几何体）子面板，单击标准基本体下的 `Plane`（平面）命令按钮，然后在视图中建立平面物体。

步骤 2　单击 ▨（材质编辑器）按钮并选择一个空材质球，然后设置 Diffuse（漫反射）为白色，再设置 Self-Illumination（自发光）的值为 100。

步骤 3　将制作的平面反光板调节至场景右侧，使玻璃与金属材质的表面可以反射到。

总流程 3　建立主照明灯光

设置《光子聚焦杯》MR 渲染器的第三流程（步骤）是建立主照明灯光，制作又分为 3 个流程：①建立目标聚光灯、②设置位置与参数、③测试灯光渲染，见图 3-13。

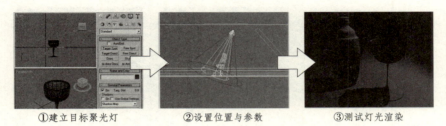

①建立目标聚光灯　　　　　②设置位置与参数　　　　　③测试灯光渲染

图3-13　建立主照明灯光流程图（总流程3）

步骤 1　单击标准灯光下的 Target Spot （目标聚光灯）命令按钮，然后在"Front 前视图"建立灯光照明，作为由右侧至左侧照明的灯光。

步骤 2　选择灯光并在 （修改）面板中开启常规参数卷展栏的 Shadows（阴影）项目，在强度 / 颜色 / 衰减卷展栏设置 Multiplier（倍增）值为 1，设置聚光灯参数卷展栏的 Hotspot/Beam（聚光区 / 光束）为 10、Falloff/Field（衰减区 / 区域）为 45。

步骤 3　在主工具栏单击 （渲染）按钮，渲染测试右侧区域主光产生的效果。

总流程 4　建立辅助灯光

设置《光子聚焦杯》MR 渲染器的第四流程（步骤）是建立辅助灯光，制作又分为 3 个流程：①建立辅助灯光、②设置位置与参数、③测试灯光渲染，见图 3-14。

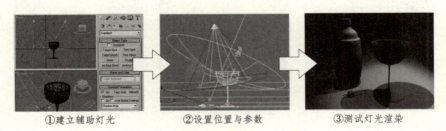

①建立辅助灯光　　　　　②设置位置与参数　　　　　③测试灯光渲染

图3-14　建立辅助灯光流程图（总流程4）

步骤 1　单击标准灯光下的 Target Spot （目标聚光灯）命令按钮，然后在"Front 前视图"建立灯光照明，作为左侧区域的补光。

步骤 2　选择灯光并在 （修改）面板中设置强度 / 颜色 / 衰减卷展栏的 Multiplier（倍增）值为 0.3，设置聚光灯参数卷展栏的 Hotspot/Beam（聚光区 / 光束）为 10、Falloff/Field（衰减区 / 区域）为 45。

步骤 3　在主工具栏单击 （渲染）按钮，渲染测试左侧区域补光产生的效果。

3D RENDERING

总流程5　设置模型材质

设置《光子聚焦杯》MR 渲染器的第五流程（步骤）是设置模型材质，制作又分为 3 个流程：①切换 MR 渲染器、②设置不锈钢材质、③设置玻璃材质，见图 3-15。

①切换 MR 渲染器　　　②设置不锈钢材质　　　③设置玻璃材质

图3-15　设置模型材质流程图（总流程5）

步骤 1　在主工具栏单击 ⚙（渲染设置）按钮，在弹出的对话框中将 Common（公用）指定渲染器卷展栏切换至 Mental ray Render（MR 渲染器）。

步骤 2　单击 ⚙（材质编辑器）按钮并选择一个空材质球，然后为 Reflection（反射）添加 Raytrace（光线跟踪）贴图，再设置 Diffuse（漫反射）为灰色渐变。

步骤 3　选择一个空材质球并单击 Standard （标准）材质类型按钮切换至 Raytrace （光线跟踪）材质类型，然后设置 Reflect（反射）为白色，产生透明的玻璃材质效果。

总流程6　设置渲染器

设置《光子聚焦杯》MR 渲染器的第六流程（步骤）是设置渲染器，制作又分为 3 个流程：①设置渲染采样、②设置渲染光子、③设置测试渲染，见图 3-16。

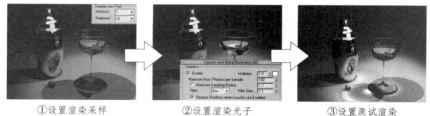

①设置渲染采样　　　②设置渲染光子　　　③设置测试渲染

图3-16　设置渲染器流程图（总流程6）

步骤 1　在渲染设置对话框中设置采样质量卷展栏的 Samples per pixel（每像素采样数），值的大小将会直接影响到渲染测试速度。

步骤 2　将对象属性中 MR 渲染器的聚焦和焦散项目开启，然后在渲染器 Indirect Illumination（间接照明）中设置最终聚焦和焦散参数。

步骤 3　在主工具栏单击 ⟳（渲染）按钮，完成《光子聚焦杯》MR 渲染器实训的制作。

实训3-3 设置HDR渲染　⏰ **3 学时**

一、实训名称 动画道具《翻斗车》

二、实训内容 HDR 就是高动态范围图像渲染，是产生逼真画面最适用的方式。在HDR 的帮助下，我们可以使用超出普通范围的颜色值，因而能渲染出更加真实的三维场景。本例最终效果见图3-17。

三、实训要求 根据图 3-18 至图 3-24 提供的制作总流程图和分流程图，自己动手完成各分流程的具体实施步骤。

四、实训目的 熟悉和掌握 HDR 贴图对照明系统的应用，以及天光和环境贴图如何控制场景的曝光。

图3-17 动画道具《翻斗车》最终效果

五、制作流程及技巧分析 制作本例时，先制作翻斗车的模型，再使用图形配合挤出修改命令制作背景衬板。建立天光与光跟踪器，然后在观察角度建立一盏主灯光，再设置光跟踪器的采样值。通过为环境添加 HDR 图像渲染，将环境图像渲染关联至材质编辑器中，然后设置材质的环境包裹类型，最后再设置渲染器的采样提高渲染品质，模拟出细节的光影渲染分布。本例制作总流程（步骤）分为 6 个：①搭建场景模型、②建立天光系统、③建立主照明灯光、④设置环境背景、⑤设置模型材质、⑥设置渲染器，见图3-18。

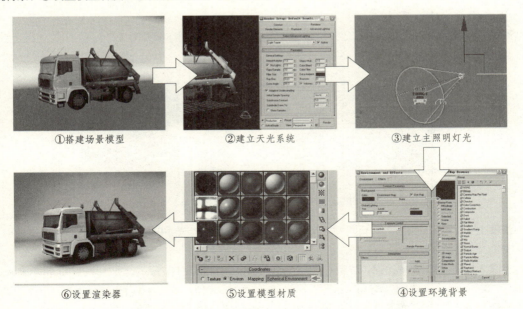

①搭建场景模型　　②建立天光系统　　③建立主照明灯光

⑥设置渲染器　　⑤设置模型材质　　④设置环境背景

图3-18 动画道具《翻斗车》渲染总流程（步骤）图

六、《翻斗车》渲染各分流程（步骤）图

总流程 1　搭建场景模型

设置《翻斗车》HDR 渲染的第一流程（步骤）是搭建场景模型，制作又分为 3 个流程：①制作场景模型、②建立衬板图形、③挤出衬板模型，见图 3-19。

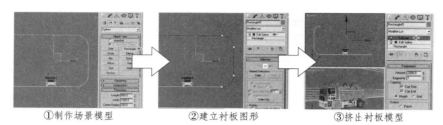

①制作场景模型　　　　　②建立衬板图形　　　　　③挤出衬板模型

图3-19　搭建场景模型流程图（总流程1）

步骤 1　将翻斗车模型放置在场景的中心位置，也可以将汽车的所有零件群组在一起，便于场景的操作与管理。

步骤 2　进入 ▓（创建）面板 ◔（图形）子面板，单击样条线下的 ▭Rectangle▭ （矩形）命令按钮，然后在"Front 前视图"中建立并设置 Length（长度）为 450、Width（宽度）为 1000、Corner Radius（角半径）为 100。在 ▨（修改）面板为矩形增加 Edit Spline（编辑样条线）命令，然后将右侧和上侧的线段删除，得到一个半封闭的图形，作为场景的衬板图形。

步骤 3　在 ▨（修改）面板为衬板图形增加 Extrude（挤出）命令，然后设置 Amount（数量）值为 2000，产生三维的衬板模型。

总流程 2　建立天光系统

设置《翻斗车》HDR 渲染的第二流程（步骤）是建立天光系统，制作又分为 3 个流程：①建立天光照明、②设置光跟踪器、③测试天光渲染，见图 3-20。

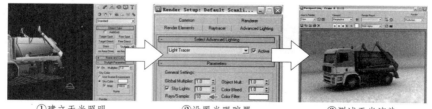

①建立天光照明　　　　　②设置光跟踪器　　　　　③测试天光渲染

图3-20　建立天光系统流程图（总流程2）

步骤 1　进入 ▓（创建）面板 ◔（灯光）子面板，单击标准灯光下的 ▭Skylight▭ （天光）命令按钮，然后在视图中建立灯光照明。

步骤 2　在主工具栏单击 ▨（渲染设置）按钮，在弹出的对话框中将高级照明切换至 Light Tracer（光跟踪器）类型，然后设置 Rays/Sample（光线 / 采样数）为 10，以便在测试时用降低质量来提高渲染的速度。

步骤 3　在主工具栏单击 ▨（渲染）按钮，渲染测试光跟踪器产生的效果。

总流程 3 建立主照明灯光

设置《翻斗车》HDR 渲染的第三流程（步骤）是建立主照明灯光，制作又分为 3 个流程：①建立目标聚光灯、②设置位置与参数、③测试聚光灯渲染，见图 3-21。

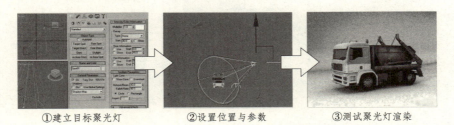

①建立目标聚光灯   ②设置位置与参数   ③测试聚光灯渲染

图3-21 建立主照明灯光流程图（总流程3）

步骤 1 单击标准灯光下的 `Target Spot`（目标聚光灯）命令按钮，然后在 "Front 前视图" 建立灯光照明，作为右侧区域的主光。

步骤 2 选择右侧区域的主光，在 ☑（修改）面板中开启常规参数卷展栏的 Shadows（阴影）项目，在强度 / 颜色 / 衰减卷展栏设置 Multiplier（倍增）值为 1，设置聚光灯参数卷展栏的 Hotspot/Beam（聚光区 / 光束）为 10、Falloff/Field（衰减区 / 区域）为 45，设置阴影贴图参数卷展栏的 Sample Range（采样范围）为 10。

步骤 3 在主工具栏单击 ☑（渲染）按钮，渲染测试右侧区域主光产生的效果。

总流程 4 设置环境背景

设置《翻斗车》HDR 渲染的第四流程（步骤）是设置环境背景，制作又分为 3 个流程：①设置 HDR 环境、②控制环境曝光、③复制环境背景，见图 3-22。

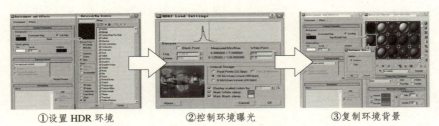

①设置 HDR 环境   ②控制环境曝光   ③复制环境背景

图3-22 设置环境背景流程图（总流程4）

步骤 1 在菜单中选择【Rendering（渲染）】→【Environment（环境）】命令，然后在弹出的对话框中为 Environment Map（环境贴图）项目添加 Bitmap 位图。

步骤 2 在添加 Bitmap（位图）项目中选择 HDR 环境贴图，在弹出的 HDRI Load Settings（加载设置）中进行确定设置即可。

步骤 3 将 Environment Map（环境贴图）的 HDR 项目拖拽至空白材质球上，然后在弹出的对话框中再选择 Instance（关联）模式，便于在调节材质球时环境贴图也能同时进行相同设置。

总流程5　设置模型材质

设置《翻斗车》HDR 渲染的第五流程（步骤）是设置模型材质，制作又分为 3 个流程：①设置衬板材质、②设置车材质、③调节模型材质 UV，见图 3-23。

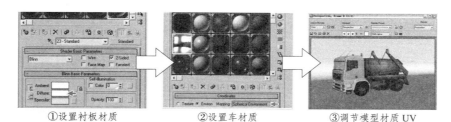

①设置衬板材质　　　　②设置车材质　　　　③调节模型材质 UV

图3-23　设置模型材质流程图（总流程5）

步骤 1　单击 （材质编辑器）按钮并选择一个空材质球，然后设置 Diffuse（漫反射）为白色并开启 2-Sided（双面）项目。

步骤 2　选择新的材质球并相继设置翻斗车材质，为 HDR 方式提升渲染品质。

步骤 3　在 （修改）面板中为翻斗车模型增加 UVW Map（贴图坐标）命令，将模型与贴图坐标进行修正。

总流程6　设置渲染器

设置《翻斗车》HDR 渲染的第六流程（步骤）是设置渲染器，制作又分为 3 个流程：①设置环境包裹、②设置天光渲染采样、③测试渲染，见图 3-24。

①设置环境包裹　　　　②设置天光渲染采样　　　　③测试渲染

图3-24　设置渲染器流程图（总流程6）

步骤 1　选择被关联的 HDR 环境材质球，然后设置 Mapping（贴图）为 Spherical Environment（球形环境）类型，使环境的贴图产生 360 度围绕。

步骤 2　在主工具栏单击 （渲染设置）按钮，在 Light Tracer（光跟踪器）类型中设置 Rays/Sample（光线 / 采样数）为 800，提高渲染图像的品质。

步骤 3　在主工具栏单击 （渲染）按钮，完成《翻斗车》HDR 渲染实训的制作。

3D RENDERING

第四章　动画角色渲染技法

　　实训4-1　渲染角色　　　　🕐 **2 学时**

一、实训名称　动画角色《点头人》

二、实训内容　本实训练习主要使用 NURBS 进行三维模型制作，并对 Mental ray 渲染器的材质类型进行设置。本例角色最终效果见图4-1。

三、实训要求　根据图 4-2 至图 4-8 提供的制作总流程图和分流程图，自已动手完成各分流程的具体实施步骤。

四、实训目的　熟悉和掌握 NURBS 模型的控制，以及 Mental ray 渲染器金属漆材质的创作流程，对 3ds Max 渲染制作的后续学习起到铺垫作用。

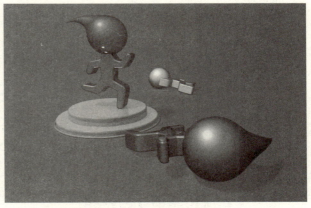

图4-1　动画角色《点头人》最终效果

五、制作流程及技巧分析　制作本例时，先使用 NURBS 曲线绘制身体轮廓图形，将轮廓图形复制并连接出曲面，再进行封闭面与转折角的处理。建立头部模型和底座模型，然后为场景添加灯光照明，再将渲染器切换至 Mental ray 渲染器。设置场景的基础材质后，使用金属漆材质类型设置红色漆的角色，然后对渲染器的光子进行设置，最后设置其他的蓝色漆与黄色漆材质效果。本例制作总流程（步骤）分为6个：①制作身体模型、②制作头部与底座模型、③建立照明灯光、④添加环境与渲染器、⑤设置车漆材质、⑥设置渲染器，见图4-2。

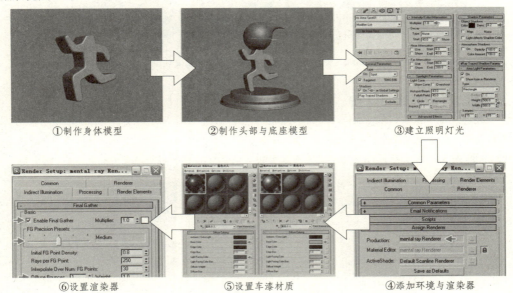

①制作身体模型　　②制作头部与底座模型　　③建立照明灯光

⑥设置渲染器　　⑤设置车漆材质　　④添加环境与渲染器

图4-2　动画角色《点头人》渲染总流程（步骤）图

六、《点头人》渲染各分流程(步骤)图

总流程1 制作身体模型

渲染角色《点头人》的第一流程(步骤)是制作身体模型,制作又分为3个流程:①绘制身体曲线、②生成厚度模型、③控制身体转折,见图4-3。

作业要求:自己动手操作并写出具体实施步骤。

①绘制身体曲线　　　　②生成厚度模型　　　　③控制身体转折

图4-3 制作身体模型流程图(总流程1)

总流程2 制作头部与底座模型

渲染角色《点头人》的第二流程(步骤)是制作头部与底座模型,制作又分为3个流程:①绘制头部曲线、②旋转并调节、③旋转底座模型,见图4-4。

作业要求:自己动手操作并写出具体实施步骤。

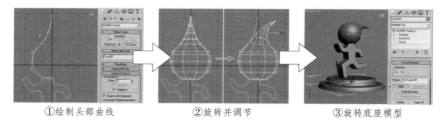

①绘制头部曲线　　　　②旋转并调节　　　　③旋转底座模型

图4-4 制作头部与底座模型流程图(总流程2)

总流程3 建立照明灯光

渲染角色《点头人》的第三流程(步骤)是建立照明灯光,制作又分为3个流程:①建立聚光灯、②设置灯光参数、③建立天光照明,见图4-5。

作业要求:自己动手操作并写出具体实施步骤。

①建立聚光灯　　　　②设置灯光参数　　　　③建立天光照明

图4-5 建立照明灯光流程图(总流程3)

总流程4 添加环境与渲染器

渲染角色《点头人》的第四流程（步骤）是添加环境与渲染器，制作又分为3个流程：①添加MR渲染器、②设置环境背景、③测试背景渲染，见图4-6。

作业要求：自己动手操作并写出具体实施步骤。

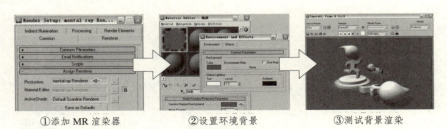

①添加MR渲染器　②设置环境背景　③测试背景渲染

图4-6　添加环境与渲染器流程图（总流程4）

总流程5 设置车漆材质

渲染角色《点头人》的第五流程（步骤）是设置车漆材质，制作又分为3个流程：①设置红漆材质、②设置其他材质、③测试材质渲染，见图4-7。

作业要求：自己动手操作并写出具体实施步骤。

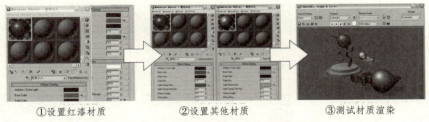

①设置红漆材质　②设置其他材质　③测试材质渲染

图4-7　设置车漆材质流程图（总流程5）

总流程6 设置渲染器

渲染角色《点头人》的第六流程（步骤）是设置渲染器，制作又分为3个流程：①设置渲染器、②设置采样、③渲染输出，见图4-8。

作业要求：自己动手操作并写出具体实施步骤。

①设置渲染器　②设置采样　③渲染输出

图4-8　设置渲染器流程图（总流程6）

实训4-2 渲染角色　　　　　　　　　　　　⏰ **3 学时**

一、实训名称 动画角色《卡丁宝宝》

二、实训内容 本实训练习是制作典型网络游戏《跑跑卡丁车》中的角色，可爱的大脑袋和赛车，充分地体现出了三维动画的魅力所在。本例角色最终效果见图4-9。

三、实训要求 根据图 4-10 至图 4-16 提供的制作总流程图和分流程图，自己动手完成各分流程的具体实施步骤。

四、实训目的 通过本例练习，熟悉和掌握控制三维动画角色的方式，以及贴图坐标与骨骼系统的设置和动画角色创作流程。

图4-9　动画角色《卡丁宝宝》最终效果

五、制作流程及技巧分析 制作本例时，先通过几何体与编辑多边形命令制作头部模型，然后对几何球体进行肢体挤出完成身体模型的制作，再设置身体模型材质与面部贴图。卡丁车的模型同样使用几何体与编辑多边形命令制作，而卡丁车的贴图必须通过贴图坐标命令才会与模型进行匹配。按照角色的体型建立骨骼，然后设置蒙皮和五官父子层次链接，使角色头部在运动时能带动五官运动。调节角色骨骼动画和表情，最后对场景进行渲染设置，完成角色坐在卡丁车中的效果。本例制作总流程（步骤）分为 6 个：①制作角色模型、②设置角色材质、③制作卡丁车、④设置骨骼与蒙皮、⑤设置角色动画、⑥设置场景渲染，见图4-10。

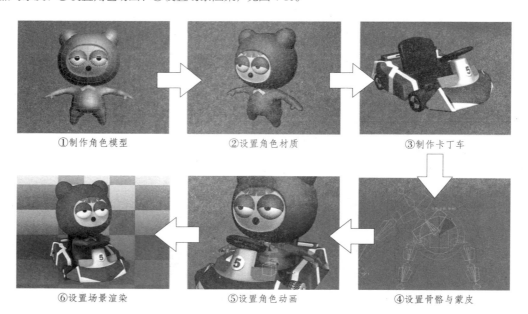

①制作角色模型　　　　②设置角色材质　　　　③制作卡丁车

⑥设置场景渲染　　　　⑤设置角色动画　　　　④设置骨骼与蒙皮

图4-10　动画角色《卡丁宝宝》渲染总流程（步骤）图

六、《卡丁宝宝》渲染各分流程（步骤）图

总流程1　制作角色模型

渲染角色《卡丁宝宝》的第一流程（步骤）是制作角色模型,制作又分为3个流程:①制作头部模型、②建立多边形球体、③挤出身体模型，见图4-11。

作业要求：自己动手操作并写出具体实施步骤。

①制作头部模型　　　　　②建立多边形球体　　　　　③挤出身体模型

图4-11　制作角色模型流程图（总流程1）

总流程2　设置角色材质

渲染角色《卡丁宝宝》的第二流程（步骤）是设置角色材质,制作又分为3个流程:①设置身体材质、②设置面部材质、③设置复制材质，见图4-12。

作业要求：自己动手操作并写出具体实施步骤。

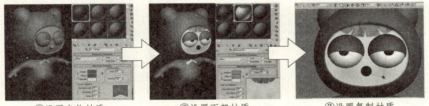

①设置身体材质　　　　　②设置面部材质　　　　　③设置复制材质

图4-12　设置角色材质流程图（总流程2）

总流程3　制作卡丁车

渲染角色《卡丁宝宝》的第三流程（步骤）是制作卡丁车,制作又分为3个流程:①搭建车体框架、②添加零件模型、③设置卡丁车材质，见图4-13。

作业要求：自己动手操作并写出具体实施步骤。

①搭建车体框架　　　　　②添加零件模型　　　　　③设置卡丁车材质

图4-13　制作卡丁车流程图（总流程3）

总流程4　设置骨骼与蒙皮

渲染角色《卡丁宝宝》的第四流程（步骤）是设置骨骼与蒙皮，制作又分为3个流程：①建立角色骨骼、②添加蒙皮控制、③设置骨骼影响，见图4-14。

作业要求：自己动手操作并写出具体实施步骤。

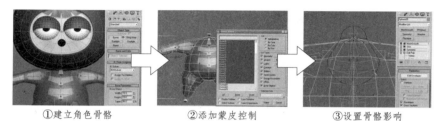

①建立角色骨骼　　　　②添加蒙皮控制　　　　③设置骨骼影响
图4-14　设置骨骼与蒙皮流程图（总流程4）

总流程5　设置角色动画

渲染角色《卡丁宝宝》的第五流程（步骤）是设置角色动画，制作又分为3个流程：①弯曲躯干骨骼、②调节手臂骨骼、③记录面部表情，见图4-15。

作业要求：自己动手操作并写出具体实施步骤。

①弯曲躯干骨骼　　　　②调节手臂骨骼　　　　③记录面部表情
图4-15　设置角色动画流程图（总流程5）

总流程6　设置场景渲染

渲染角色《卡丁宝宝》的第六流程（步骤）是设置场景渲染，制作又分为3个流程：①设置场景灯光、②设置渲染器、③合成环境背景，见图4-16。

作业要求：自己动手操作并写出具体实施步骤。

①设置场景灯光　　　　②设置渲染器　　　　③合成环境背景
图4-16　设置场景渲染流程图（总流程6）

实训4-3　渲染角色　⏰ **4 学时**

一、实训名称　动画角色《漂泊者》

二、实训内容　本实训练习先将角色放置在屋中，考虑到漂泊的创作特征，让角色睡在旅行箱中，从而突出走到哪就睡到哪的漂泊主题。本例角色最终效果见图4-17。

三、实训要求　根据图4-18至图4-24提供的制作总流程图和分流程图，自己动手完成各分流程的具体实施步骤。

四、实训目的　熟悉和掌握灯光对三维场景的影响，提升渲染器对场景效果的控制能力，使三维场景与设计思路能够达到共通，但要避免模型网格数量与材质运算对制作效率的影响。

图4-17　动画角色《漂泊者》最终效果

五、制作流程及技巧分析　制作本例时，可先建立场景再增加主要角色，然后添加辅助的装饰配品。制作模型时先使用几何体搭建房屋的场景，再依次建立角色、箱子和环境装饰模型。完成模型后设置角色与箱子的材质，然后再设置房屋场景材质和环境装饰的材质。以泛光灯作为场景的基础照明，使用聚光灯为角色区域进行照明，以便在窗外建立灯光得到光线投射的效果，最后添加辅助灯光并设置渲染器使场景更加完整。本例制作总流程（步骤）分为6个：①制作场景模型、②制作角色与道具、③设置场景材质、④建立场景灯光、⑤设置投射光线、⑥设置场景渲染，见图4-18。

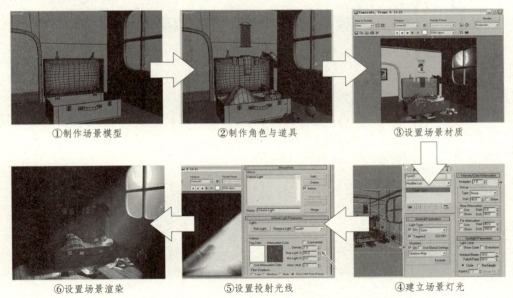

①制作场景模型　　②制作角色与道具　　③设置场景材质

⑥设置场景渲染　　⑤设置投射光线　　④建立场景灯光

图4-18　动画角色《漂泊者》渲染总流程（步骤）图

3D RENDERING

六、《漂泊者》渲染各分流程（步骤）图

总流程1　制作场景模型

渲染角色《漂泊者》的第一流程（步骤）是制作场景模型，制作又分为3个流程：①搭建场景框架、②添加场景细节、③添加皮箱模型，见图4-19。

作业要求：自己动手操作并写出具体实施步骤。

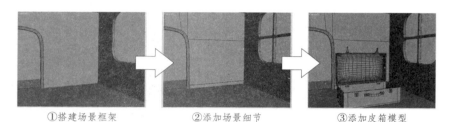

①搭建场景框架　　　　　②添加场景细节　　　　　③添加皮箱模型

图4-19　制作场景模型流程图（总流程1）

总流程2　制作角色与道具

渲染角色《漂泊者》的第二流程（步骤）是制作角色与道具，制作又分为3个流程：①添加角色模型、②添加服装道具、③添加装饰道具，见图4-20。

作业要求：自己动手操作并写出具体实施步骤。

①添加角色模型　　　　　②添加服装道具　　　　　③添加装饰道具

图4-20　制作角色与道具流程图（总流程2）

总流程3　设置场景材质

渲染角色《漂泊者》的第三流程（步骤）是设置场景材质，制作又分为3个流程：①设置环境背景、②设置场景材质、③设置角色与道具材质，见图4-21。

作业要求：自己动手操作并写出具体实施步骤。

①设置环境背景　　　　　②设置场景材质　　　　　③设置角色与道具材质

图4-21　设置场景材质流程图（总流程3）

总流程4　建立场景灯光

渲染角色《漂泊者》的第四流程（步骤）是建立场景灯光，制作又分为3个流程：①设置摄影机镜头、②建立目标聚光灯、③设置灯光参数，见图4-22。

作业要求：自己动手操作并写出具体实施步骤。

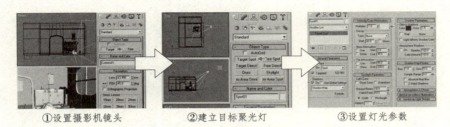

①设置摄影机镜头　　　②建立目标聚光灯　　　③设置灯光参数

图4-22　建立场景灯光流程图（总流程4）

总流程5　设置投射光线

渲染角色《漂泊者》的第五流程（步骤）是设置投射光线，制作又分为3个流程：①设置添加大气、②设置体积光参数、③测试光线渲染，见图4-23。

作业要求：自己动手操作并写出具体实施步骤。

①设置添加大气　　　②设置体积光参数　　　③测试光线渲染

图4-23　设置投射光线流程图（总流程5）

总流程6　设置场景渲染

渲染角色《漂泊者》的第六流程（步骤）是设置场景渲染，制作又分为3个流程：①天光与辅助照明、②设置光跟踪器、③渲染输出，见图4-24。

作业要求：自己动手操作并写出具体实施步骤。

①天光与辅助照明　　　②设置光跟踪器　　　③渲染输出

图4-24　设置场景渲染流程图（总流程6）

温馨提示：本实训册彩色效果请在配套光盘"彩色页面"文件夹中查看

实训4-4 渲染角色　　　　　　　　🕐 **4 学时**

一、实训名称　动画角色《魔兽角色》

二、实训内容　本实训练习主要是对低多边形进行贴图设置，通过 2D 贴图使低多边形模型达到高多边形网格的模型效果。本例角色最终效果见图 4-25。

三、实训要求　根据图 4-26 至图 4-32 提供的制作总流程图和分流程图，自己动手完成各分流程的具体实施步骤。

四、实训目的　熟悉和掌握游戏角色创作流程，以及控制模型的贴图坐标与对应贴图位置匹配。

图4-25　动画角色《魔兽角色》最终效果

五、制作流程及技巧分析　制作本例时，先对几何体进行编辑多边形操作，制作出三维角色的低多边形模型，添加盾牌与战刀的道具模型。先绘制角色的头部贴图并配合 UV 坐标工具进行匹配，再设置手部材质、腿部材质、盔甲材质、战刀材质和盾牌材质，然后再为场景添加主照明灯光和轮廓照明灯光。最后为场景建立衬板模型，并为衬板赋予无光投影材质类型，使角色的灯光投影可以映射到背景环境中。

本例制作总流程（步骤）分为 6 个：①制作角色模型、②设置身体材质、③设置道具材质、④建立场景灯光、⑤设置无光投影材质、⑥设置场景渲染，见图 4-26。

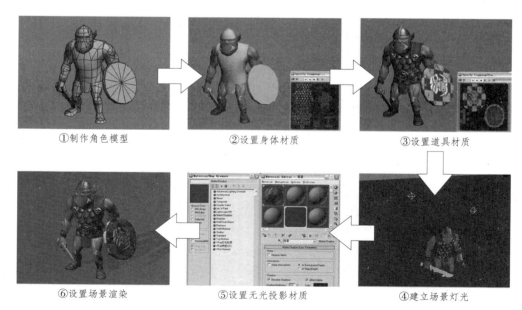

①制作角色模型　　②设置身体材质　　③设置道具材质

⑥设置场景渲染　　⑤设置无光投影材质　　④建立场景灯光

图4-26　动画角色《魔兽角色》渲染总流程（步骤）图

六、《魔兽角色》渲染各分流程（步骤）图

总流程 1　制作角色模型

渲染角色《魔兽角色》的第一流程（步骤）是制作角色模型,制作又分为 3 个流程:①建立头部模型、②建立身体模型、③建立道具模型,见图4-27。

作业要求：自己动手操作并写出具体实施步骤。

①建立头部模型　　②建立身体模型　　③建立道具模型

图4-27　制作角色模型流程图（总流程1）

总流程 2　设置身体材质

渲染角色《魔兽角色》的第二流程（步骤）是设置身体材质,制作又分为 3 个流程:①设置头部材质、②设置上肢材质、③设置下肢材质,见图4-28。

作业要求：自己动手操作并写出具体实施步骤。

①设置头部材质　　②设置上肢材质　　③设置下肢材质

图4-28　设置身体材质流程图（总流程2）

总流程 3　设置道具材质

渲染角色《魔兽角色》的第三流程（步骤）是设置道具材质,制作又分为 3 个流程:①设置战刀材质、②设置帽盔材质、③设置盾牌材质,见图4-29。

作业要求：自己动手操作并写出具体实施步骤。

①设置战刀材质　　②设置帽盔材质　　③设置盾牌材质

图4-29　设置道具材质流程图（总流程3）

总流程 4　建立场景灯光

渲染角色《魔兽角色》的第四流程（步骤）是建立场景灯光，制作又分为 3 个流程：①创建泛光灯、②设置灯光参数、③设置丰富照明，见图 4-30。

作业要求：自己动手操作并写出具体实施步骤。

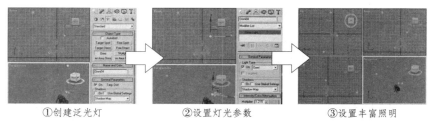

①创建泛光灯　　　　　　②设置灯光参数　　　　　　③设置丰富照明

图4-30　建立场景灯光流程图（总流程4）

总流程 5　设置无光投影材质

渲染角色《魔兽角色》的第五流程(步骤)是设置无光投影材质,制作又分为 3 个流程：①建立地面物体、②切换材质类型、③设置无光投影，见图 4-31。

作业要求：自己动手操作并写出具体实施步骤。

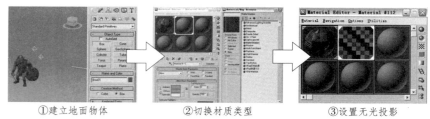

①建立地面物体　　　　　　②切换材质类型　　　　　　③设置无光投影

图4-31　设置无光投影材质流程图（总流程5）

总流程 6　设置场景渲染

渲染角色《魔兽角色》的第六流程（步骤）是设置场景渲染，制作又分为 3 个流程:①添加环境背景、②设置渲染器、③渲染输出，见图 4-32。

作业要求：自己动手操作并写出具体实施步骤。

①添加环境背景　　　　　　②设置渲染器　　　　　　③渲染输出

图4-32　设置场景渲染流程图（总流程6）

实训4-5 渲染角色 ⏰ 5 学时

一、实训名称 动画角色《战士劳拉》

二、实训内容 劳拉是最具魅力、也最富有神秘气息的游戏人物之一。本实训练习通过制作游戏角色劳拉将三维角色的制作流程逐一展示。本例角色最终效果见图4-33。

三、实训要求 根据图4-34至图4-40提供的制作总流程图和分流程图，自己动手完成各分流程的具体实施步骤。

四、实训目的 熟悉和掌握使用贴图来控制模型的渲染效果，将三维模型与材质贴图进行结合，以及三维动画角色的创作流程。

图4-33 动画角色《战士劳拉》最终效果

五、制作流程及技巧分析 制作本例时，先按照女性体格建立多边形模型，然后在头部添加头发与辫子模型，在身体上再添加衣服模型，在手腕上添加手表模型，在腰间添加两把手枪模型。为头部模型生成 UV 坐标再赋予绘制的贴图，为眼睛球体设置真实的贴图，再为头发赋予漫反射贴图和透明贴图。绘制角色的身体贴图并赋予到模型，然后设置短裤、背心、靴子和武器材质。为设置完的角色匹配骨骼和蒙皮，最后调节角色姿态并进行灯光和场景渲染设置。本例制作总流程（步骤）分为6个：①制作角色模型、②制作服装与道具、③设置头部材质、④设置其他材质、⑤设置 CS 骨骼、⑥设置场景渲染，见图4-34。

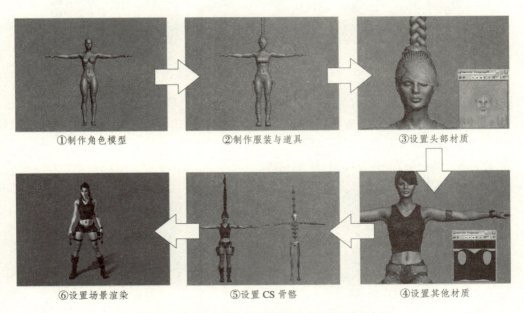

①制作角色模型　②制作服装与道具　③设置头部材质

⑥设置场景渲染　⑤设置 CS 骨骼　④设置其他材质

图4-34 动画角色《战士劳拉》渲染总流程（步骤）图

六、《战士劳拉》渲染各分流程（步骤）图

总流程 1　制作角色模型

渲染角色《战士劳拉》的第一流程（步骤）是制作角色模型,制作又分为 3 个流程:①建立头部模型、②建立身体模型、③建立肢体模型，见图 4-35。

作业要求：自己动手操作并写出具体实施步骤。

①建立头部模型　　②建立身体模型　　③建立肢体模型

图4-35　制作角色模型流程图（总流程1）

总流程 2　制作服装与道具

渲染角色《战士劳拉》的第二流程（步骤）是制作服装与道具,制作又分为 3 个流程:①添加衣服模型、②添加靴子模型、③添加枪械模型，见图 4-36。

作业要求：自己动手操作并写出具体实施步骤。

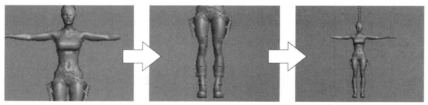

①添加衣服模型　　②添加靴子模型　　③添加枪械模型

图4-36　制作服装与道具流程图（总流程2）

总流程 3　设置头部材质

渲染角色《战士劳拉》的第三流程（步骤）是设置头部材质,制作又分为 3 个流程:①设置面部材质、②设置辫子材质、③设置眼睛材质，见图 4-37。

作业要求：自己动手操作并写出具体实施步骤。

①设置面部材质　　②设置辫子材质　　③设置眼睛材质

图4-37　设置头部材质流程图（总流程3）

总流程 4 设置其他材质

渲染角色《战士劳拉》的第四流程（步骤）是设置其他材质，制作又分为 3 个流程：①设置衣服材质、②设置靴子材质、③设置枪械材质，见图 4-38。

作业要求：自己动手操作并写出具体实施步骤。

①设置衣服材质　　　　②设置靴子材质　　　　③设置枪械材质

图4-38　设置其他材质流程图（总流程4）

总流程 5 设置 CS 骨骼

渲染角色《战士劳拉》的第五流程（步骤）是设置 CS 骨骼，制作又分为 3 个流程：①建立两足骨骼、②调节骨骼体型、③设置角色蒙皮，见图 4-39。

作业要求：自己动手操作并写出具体实施步骤。

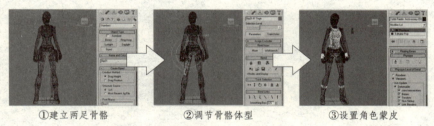

①建立两足骨骼　　　　②调节骨骼体型　　　　③设置角色蒙皮

图4-39　设置CS骨骼流程图（总流程5）

总流程 6 设置场景渲染

渲染角色《战士劳拉》的第六流程（步骤）是设置场景渲染，制作又分为 3 个流程：①设置渲染器、②调节环境亮度、③渲染输出，见图 4-40。

作业要求：自己动手操作并写出具体实施步骤。

①设置渲染器　　　　②调节环境亮度　　　　③渲染输出

图4-40　设置场景渲染流程图（总流程6）

部分学生优秀动画角色渲染作业欣赏

下面选择了一批学生动画角色渲染的作业，供读者练习时参考，见图4-41。

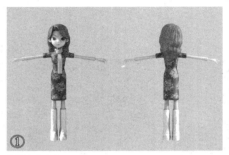
①《旗袍女孩》

②《低多边形盔甲角色》

③《机械战士》

④《大力军官》

⑤《办公室秘书》

⑥《小美人鱼》

⑦《少女战士》

⑧《会飞的斑马》

图4-41 部分学生动画角色渲染作业欣赏

《罗马斗士》

《农娃》

《人物》

《劳拉》

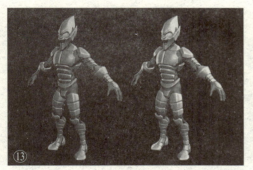

《绿魔人》

《盔甲兽》

《游戏人物》

《酷老头》

图4-41　部分学生动画角色渲染作业欣赏（续）

第五章　动画道具渲染技法

　实训5-1　渲染道具　　　⏰ 2 学时

一、实训名称　动画道具《咖啡杯》

二、实训内容　本实训练习将制作的三维杯子、咖啡、勺子和碟子模型赋予材质，得到逼真的三维场景渲染效果。本例道具最终效果见图5-1。

三、实训要求　根据图5-2至图5-8提供的制作总流程图和分流程图，自己动手完成各分流程的具体实施步骤。

四、实训目的　熟悉和掌握渲染器中的灯光与渲染设置方法，以及对控制材质与渲染来提升模型的效果非常适用。

图5-1　动画道具《咖啡杯》最终效果

五、制作流程及技巧分析　制作本例时，先使用样条线绘制出碟子的轮廓图形，并用车削修改命令旋转出三维模型，然后使用编辑多边形命令制作出咖啡杯模型。为咖啡杯中添加水面模型，在碟子上再放置一个勺子模型，完成场景的三维模型制作。再设置 Mental ray 渲染器的材质和环境的衬布材质，然后通过灯光和 HDR 控制场景效果。切换渲染器后再设置天光项目，最后设置渲染采样后，通过后期平面软件对渲染出的图像的色调与瑕疵部分进行修饰。本例制作总流程（步骤）分为6个：①车削碟子模型、②制作咖啡杯模型、③制作其他模型、④设置场景材质、⑤设置场景灯光、⑥设置场景渲染，见图5-2。

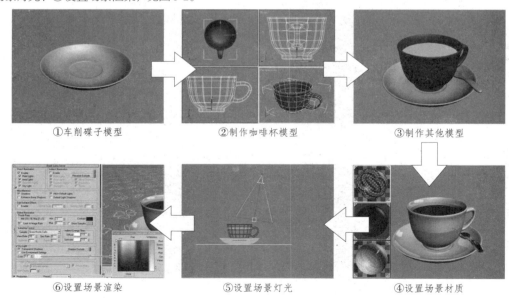

①车削碟子模型　　　②制作咖啡杯模型　　　③制作其他模型

⑥设置场景渲染　　　⑤设置场景灯光　　　④设置场景材质

图5-2　动画道具《咖啡杯》渲染总流程（步骤）图

六、《咖啡杯》渲染各分流程（步骤）图

总流程1　车削碟子模型

渲染道具《咖啡杯》的第一流程（步骤）是车削碟子模型，制作又分为3个流程：①绘制碟子剖面、②车削旋转模型、③设置网格光滑，见图5-3。

作业要求：自己动手操作并写出具体实施步骤。

①绘制碟子剖面　　　　　　②车削旋转模型　　　　　　③设置网格光滑

图5-3　车削碟子模型流程图（总流程1）

总流程2　制作咖啡杯模型

渲染道具《咖啡杯》的第二流程（步骤）是制作咖啡杯模型，制作又分为3个流程：①编辑多边形杯体、②添加圆环杯把、③设置网格光滑，见图5-4。

作业要求：自己动手操作并写出具体实施步骤。

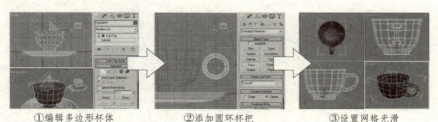

①编辑多边形杯体　　　　　　②添加圆环杯把　　　　　　③设置网格光滑

图5-4　制作咖啡杯模型流程图（总流程2）

总流程3　制作其他模型

渲染道具《咖啡杯》的第三流程（步骤）是制作其他模型，制作又分为3个流程：①添加水面模型、②建立长方体、③编辑勺子模型，见图5-5。

作业要求：自己动手操作并写出具体实施步骤。

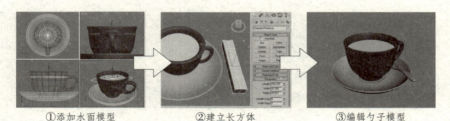

①添加水面模型　　　　　　②建立长方体　　　　　　③编辑勺子模型

图5-5　制作其他模型流程图（总流程3）

总流程 4　设置场景材质

渲染道具《咖啡杯》的第四流程（步骤）是设置场景材质，制作又分为 3 个流程：①设置基础材质、②设置衬板材质、③设置环境背景，见图 5-6。

作业要求： 自己动手操作并写出具体实施步骤。

①设置基础材质　　　　　　　②设置衬板材质　　　　　　　③设置环境背景

图5-6　设置场景材质流程图（总流程4）

总流程 5　设置场景灯光

渲染道具《咖啡杯》的第五流程（步骤）是设置场景灯光，制作又分为 3 个流程：①建立主照明灯光、②设置灯光参数、③建立天光照明，见图 5-7。

作业要求： 自己动手操作并写出具体实施步骤。

①建立主照明灯光　　　　　　②设置灯光参数　　　　　　　③建立天光照明

图5-7　设置场景灯光流程图（总流程5）

总流程 6　设置场景渲染

渲染道具《咖啡杯》的第六流程（步骤）是设置场景渲染，制作又分为 3 个流程：①添加 MR 渲染器、②设置渲染参数、③设置渲染天光，见图 5-8。

作业要求： 自己动手操作并写出具体实施步骤。

①添加 MR 渲染器　　　　　　②设置渲染参数　　　　　　　③设置渲染天光

图5-8　设置场景渲染流程图（总流程6）

实训5-2 渲染道具

⏰ 3 学时

一、实训名称 动画道具《打火机》

二、实训内容 Zippo 打火机作为著名打火机品牌之一，除了使用和防风方面的妙处外，其精美的外壳装饰使得每款 Zippo 打火机都是一件艺术品。本实训练习主要通过 3ds Max 表现 Zippo 打火机与装饰球的金属质感外壳。本例道具最终效果见图5-9。

三、实训要求 根据图 5-10 至图 5-16 提供的制作总流程图和分流程图，自己动手完成各分流程的具体实施步骤。

四、实训目的 熟悉和掌握金属材质的反射原理，以及渲染器对道具场景的控制能力。

图5-9 动画道具《打火机》最终效果

五、制作流程及技巧分析 制作本例时，先建立长方体并通过编辑多边形命令制作打火机内部壳模型，然后依次添加棉芯眼孔、凸轮、火石、打火轮、铆钉和弹簧片模型，再建立打火机的外壳模型。为场景添加天光照明并切换渲染器，然后添加聚光灯照明，通过 HDR 控制环境对金属材质的反射，并设置打火机的反射金属材质和其他材质，最后设置装饰球的材质和渲染设置。本例制作总流程（步骤）分为6个：①制作打火机模型、②制作外壳模型、③设置场景灯光、④设置场景材质、⑤设置装饰球材质、⑥设置场景渲染，见图5-10。

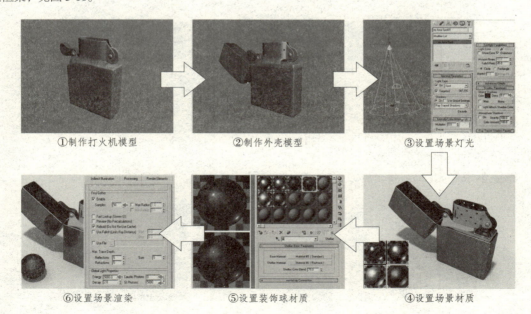

①制作打火机模型　　　　②制作外壳模型　　　　③设置场景灯光

⑥设置场景渲染　　　　⑤设置装饰球材质　　　　④设置场景材质

图5-10 动画道具《打火机》渲染总流程（步骤）图

六、《打火机》渲染各分流程（步骤）图

总流程 1 制作打火机模型

渲染道具《打火机》的第一流程（步骤）是制作打火机模型，制作又分为 3 个流程：①制作机芯模型、②设置布尔镂空、③添加辅助模型，见图 5-11。

作业要求：自己动手操作并写出具体实施步骤。

①制作机芯模型　　　　②设置布尔镂空　　　　③添加辅助模型

图5-11　制作打火机模型流程图（总流程1）

总流程 2 制作外壳模型

渲染道具《打火机》的第二流程（步骤）是制作外壳模型，制作又分为 3 个流程：①多边形外壳、②设置网格光滑、③复制外壳模型，见图 5-12。

作业要求：自己动手操作并写出具体实施步骤。

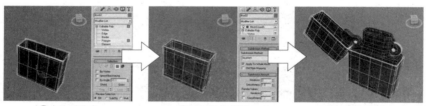

①多边形外壳　　　　②设置网格光滑　　　　③复制外壳模型

图5-12　制作外壳模型流程图（总流程2）

总流程 3 设置场景灯光

渲染道具《打火机》的第三流程（步骤）是设置场景灯光，制作又分为 3 个流程：①建立场景灯光、②设置灯光参数、③建立天光照明，见图 5-13。

作业要求：自己动手操作并写出具体实施步骤。

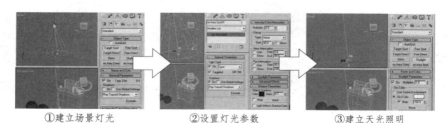

①建立场景灯光　　　　②设置灯光参数　　　　③建立天光照明

图5-13　设置场景灯光流程图（总流程3）

总流程4　设置场景材质

渲染道具《打火机》的第四流程（步骤）是设置场景材质，制作又分为3个流程：①设置外壳金属材质、②设置黄铜材质、③设置机芯材质，见图5-14。

作业要求：自己动手操作并写出具体实施步骤。

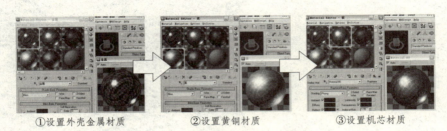

①设置外壳金属材质　　②设置黄铜材质　　③设置机芯材质

图5-14　设置场景材质流程图（总流程4）

总流程5　设置装饰球材质

渲染道具《打火机》的第五流程（步骤）是设置装饰球材质，制作又分为3个流程：①切换材质类型、②设置车漆材质、③设置其他材质，见图5-15。

作业要求：自己动手操作并写出具体实施步骤。

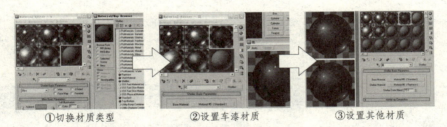

①切换材质类型　　②设置车漆材质　　③设置其他材质

图5-15　设置装饰球材质流程图（总流程5）

总流程6　设置场景渲染

渲染道具《打火机》的第六流程（步骤）是设置场景渲染，制作又分为3个流程：①添加MR渲染器、②设置渲染参数、③渲染输出，见图5-16。

作业要求：自己动手操作并写出具体实施步骤。

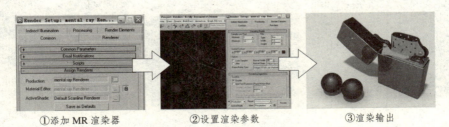

①添加MR渲染器　　②设置渲染参数　　③渲染输出

图5-16　设置场景渲染流程图（总流程6）

实训5-3 　渲染道具　　　　　　　🕐 **4 学时**

3D RENDERING

一、实训名称 　动画道具《台球桌》

二、实训内容 　本实训练习主要制作三维道具中的娱乐设施，通过光能传递计算得到三维模型间的真实光影分布。本例道具最终效果见图 5-17。

三、实训要求 　根据图 5-18 至图 5-24 提供的制作总流程图和分流程图，自己动手完成各分流程的具体实施步骤。

四、实训目的 　熟悉和掌握光能传递的材质与渲染设置，以及光的物理传播方式和道具在场景中的控制方式。

图5-17　动画道具《台球桌》最终效果

五、制作流程及技巧分析 　制作本例时，先通过几何体搭建场景模型，为丰富场景再添加装饰模型，然后在场景中添加台球桌模型，最后再将所有的模型进行组合。设置墙体材质来控制三维效果的风格定位，通过多维材质类型设置台球桌的材质，然后再为场景建立灯光与球桌顶部吊灯。将渲染器中的光能传递进行设置和计算，在进行渲染操作后还可以通过后期平面软件进行修饰，使道具理想地融入场景之中。本例制作总流程（步骤）分为 6 个：①搭建场景框架模型、②添加丰富场景模型、③设置墙体材质、④设置球桌材质、⑤设置场景灯光、⑥设置光能传递，见图 5-18。

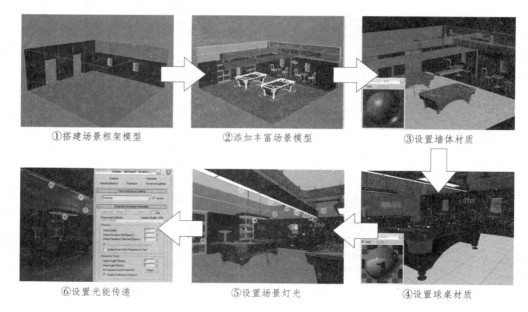

①搭建场景框架模型　　　　②添加丰富场景模型　　　　③设置墙体材质

⑥设置光能传递　　　　⑤设置场景灯光　　　　④设置球桌材质

图5-18　动画道具《台球桌》渲染总流程（步骤）图

六、《台球桌》渲染各分流程（步骤）图

总流程1　搭建场景框架模型

渲染道具《台球桌》的第一流程（步骤）是搭建场景框架模型，制作又分为3个流程：①搭建地面与墙体、②添加门窗模型、③添加吊棚模型，见图5-19。

作业要求：自己动手操作并写出具体实施步骤。

①搭建地面与墙体　　②添加门窗模型　　③添加吊棚模型

图5-19　搭建场景框架模型流程图（总流程1）

总流程2　添加丰富场景模型

渲染道具《台球桌》的第二流程（步骤）是添加丰富场景模型，制作又分为3个流程：①添加休闲模型、②添加吊灯模型、③添加球桌模型，见图5-20。

作业要求：自己动手操作并写出具体实施步骤。

①添加休闲模型　　②添加吊灯模型　　③添加球桌模型

图5-20　添加丰富场景模型流程图（总流程2）

总流程3　设置墙体材质

渲染道具《台球桌》的第三流程（步骤）是设置墙体材质，制作又分为3个流程：①设置地面与墙体材质、②设置装饰木纹材质、③设置休闲区域材质，见图5-21。

作业要求：自己动手操作并写出具体实施步骤。

①设置地面与墙体材质　　②设置装饰木纹材质　　③设置休闲区域材质

图5-21　设置墙体材质流程图（总流程3）

温馨提示：本实训册彩色效果请在配套光盘"彩色页面"文件夹中查看　　63

总流程 4　设置球桌材质

渲染道具《台球桌》的第四流程（步骤）是设置球桌材质，制作又分为 3 个流程：①设置球桌木纹材质、②设置台球模型材质、③设置球桌金属材质，见图 5-22。

作业要求：自己动手操作并写出具体实施步骤。

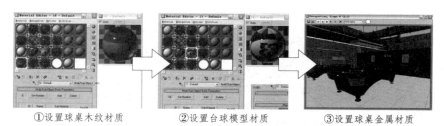

①设置球桌木纹材质　　　②设置台球模型材质　　　③设置球桌金属材质

图5-22　设置球桌材质流程图（总流程4）

总流程 5　设置场景灯光

渲染道具《台球桌》的第五流程（步骤）是设置场景灯光，制作又分为 3 个流程：①建立物理灯光、②设置光域网、③建立其他灯光照明，见图 5-23。

作业要求：自己动手操作并写出具体实施步骤。

①建立物理灯光　　　　②设置光域网　　　③建立其他灯光照明

图5-23　设置场景灯光流程图（总流程5）

总流程 6　设置光能传递

渲染道具《台球桌》的第六流程（步骤）是设置光能传递，制作又分为 3 个流程：①开启光能传递、②设置传递网格、③设置传递曝光，见图 5-24。

作业要求：自己动手操作并写出具体实施步骤。

①开启光能传递　　　　②设置传递网格　　　③设置传递曝光

图5-24　设置光能传递流程图（总流程6）

实训5-4 渲染道具 　　　　　🕐 4 学时

一、实训名称 动画道具《拉力赛车》

二、实训内容 本实训练习是制作参加世界汽车拉力锦标赛的赛车，因赛车都是量产车的改装，对于多数有车的观众而言更容易产生共鸣。本例道具最终效果见图5-25。

三、实训要求 根据图 5-26 至图 5-32 提供的制作总流程图和分流程图，自己动手完成各分流程的具体实施步骤。

四、实训目的 熟悉和掌握灯光对汽车场景的控制方法，理解主照明灯光与天光的配合方式，以及光跟踪器的渲染设置方式，使汽车表现出三维层次效果。

图5-25 动画道具《拉力赛车》最终效果

五、制作流程及技巧分析 制作本例时，先使用编辑多边形命令建立赛车主体模型，然后再添加汽车轮胎与辅助模型。拉力赛车的灯光是本实训练习中的重要部分，先通过主灯光控制照明与阴影方向，然后设置天光与光跟踪器，再通过聚光灯体现出明部轮廓与暗部轮廓，对场景正方与侧向建立补光后，再设置渲染的采样完成灯光部分。最后设置赛车的贴图与材质，再通过摄影机匹配场景的构图，准确无误后进行最终渲染设置。本例制作总流程（步骤）分为 6 个：①制作汽车模型、②设置主照明灯光、③设置天光系统、④设置辅助灯光、⑤设置汽车材质、⑥设置渲染输出，见图5-26。

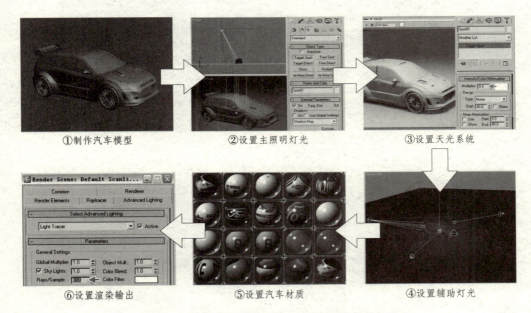

①制作汽车模型　　　　②设置主照明灯光　　　　③设置天光系统

⑥设置渲染输出　　　　⑤设置汽车材质　　　　④设置辅助灯光

图5-26 动画道具《拉力赛车》渲染总流程（步骤）图

六、《拉力赛车》渲染各分流程（步骤）图

总流程1 制作汽车模型

渲染道具《拉力赛车》的第一流程（步骤）是制作汽车模型,制作又分为3个流程:①制作车体模型、②添加玻璃与附件、③添加车轮与尾翼，见图5-27。

作业要求：自己动手操作并写出具体实施步骤。

①制作车体模型　　　　②添加玻璃与附件　　　　③添加车轮与尾翼

图5-27　制作汽车模型流程图（总流程1）

总流程2 设置主照明灯光

渲染道具《拉力赛车》的第二流程(步骤)是设置主照明灯光,制作又分为3个流程:①建立目标聚光灯、②设置灯光参数、③测试主光渲染，见图5-28。

作业要求：自己动手操作并写出具体实施步骤。

①建立目标聚光灯　　　　②设置灯光参数　　　　③测试主光渲染

图5-28　设置主照明灯光流程图（总流程2）

总流程3 设置天光系统

渲染道具《拉力赛车》的第三流程（步骤）是设置天光系统,制作又分为3个流程:①建立天光照明、②设置光跟踪器、③设置天光亮度，见图5-29。

作业要求：自己动手操作并写出具体实施步骤。

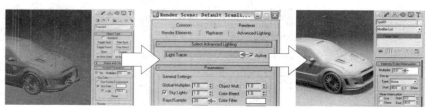

①建立天光照明　　　　②设置光跟踪器　　　　③设置天光亮度

图5-29　设置天光系统流程图（总流程3）

总流程 4　设置辅助灯光

渲染道具《拉力赛车》的第四流程（步骤）是设置辅助灯光，制作又分为 3 个流程：①设置轮廓灯光、②设置正方补光、③设置侧向冷光，见图 5-30。

作业要求：自己动手操作并写出具体实施步骤。

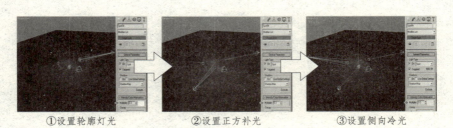

①设置轮廓灯光　　　　②设置正方补光　　　　③设置侧向冷光

图5-30　设置辅助灯光流程图（总流程4）

总流程 5　设置汽车材质

渲染道具《拉力赛车》的第五流程（步骤）是设置汽车材质，制作又分为 3 个流程：①设置车体贴图、②设置前后杠材质、③设置玻璃与辅助材质，见图 5-31。

作业要求：自己动手操作并写出具体实施步骤。

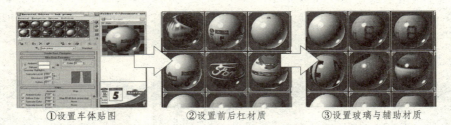

①设置车体贴图　　　　②设置前后杠材质　　　　③设置玻璃与辅助材质

图5-31　设置汽车材质流程图（总流程5）

总流程 6　设置渲染输出

渲染道具《拉力赛车》的第六流程（步骤）是设置渲染输出，制作又分为 3 个流程：①建立摄影机、②视图与摄影机匹配、③渲染输出，见图 5-32。

作业要求：自己动手操作并写出具体实施步骤。

①建立摄影机　　　　②视图与摄影机匹配　　　　③渲染输出

图5-32　设置渲染输出流程图（总流程6）

实训5-5　渲染道具　　　　　　　　　　　🕐 **5 学时**

一、实训名称　动画道具《秋日丰收》

二、实训内容　本实训练习主要表现是在收获季节农业拖拉机收割麦穗的场景，远处的麦田环境主要使用贴图功能完成。本例道具最终效果见图5-33。

三、实训要求　根据图 5-34 至图 5-40 提供的制作总流程图和分流程图，自己动书完成各分流程的具体实施步骤。

四、实训目的　熟悉和掌握三维道具在场景中的创作方式与实际应用技巧，以及如何控制三维与平面贴图的互相配合的方法。

图5-33　动画道具《秋日丰收》最终效果

五、制作流程及技巧分析　制作本例时，先建立拖拉机的车体模型，再建立车轮与辅助模型，然后将拖拉机所有的元件模型组合在一起。为场景建立主照明的灯光，然后再使用天光系统作为环境灯光，使拖拉机的场景受到均匀照明。麦田的制作是先建立一株麦穗，然后使用 PF 粒子拾取单株麦穗进行随机分布。设置拖拉机主体材质和场景辅助材质，再进行场景渲染设置和背景环境修饰，将制作的道具与背景环境进行最终合成。本例制作总流程（步骤）分为 6 个：①制作拖拉机模型、②制作拖车模型、③制作麦穗模型、④设置拖拉机材质、⑤设置场景材质、⑥合成场景背景，见图5-34。

①制作拖拉机模型　　　　　②制作拖车模型　　　　　③制作麦穗模型

⑥合成场景背景　　　　　⑤设置场景材质　　　　　④设置拖拉机材质

图5-34　动画道具《秋日丰收》渲染总流程（步骤）图

六、《秋日丰收》渲染各分流程（步骤）图

总流程 1　制作拖拉机模型

渲染道具《秋日丰收》的第一流程（步骤）是制作拖拉机模型，制作又分为 3 个流程：①制作车体模型、②制作车轮模型、③制作连接件模型，见图 5-35。

作业要求：自己动手操作并写出具体实施步骤。

①制作车体模型　　　　②制作车轮模型　　　　③制作连接件模型

图5-35　制作拖拉机模型流程图（总流程1）

总流程 2　制作拖车模型

渲染道具《秋日丰收》的第二流程（步骤）是制作拖车模型，制作又分为 3 个流程：①制作拖车架模型、②制作拖车轮模型、③制作拖车附件模型，见图 5-36。

作业要求：自己动手操作并写出具体实施步骤。

①制作拖车架模型　　　　②制作拖车轮模型　　　　③制作拖车附件模型

图5-36　制作拖车模型流程图（总流程2）

总流程 3　制作麦穗模型

渲染道具《秋日丰收》的第三流程(步骤)是制作麦穗模型,制作又分为 3 个流程:①建立麦穗与 PF 粒子、②拾取麦穗粒子、③设置麦穗分布,见图 5-37。

作业要求：自己动手操作并写出具体实施步骤。

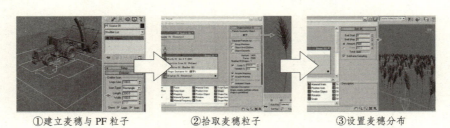

①建立麦穗与 PF 粒子　　　　②拾取麦穗粒子　　　　③设置麦穗分布

图5-37　制作麦穗模型流程图（总流程3）

3D RENDERING

总流程 4 设置拖拉机材质

渲染道具《秋日丰收》的第四流程（步骤）是设置拖拉机材质,制作又分为 3 个流程:①设置车体材质、②设置透明材质、③设置其他材质，见图 5-38。

作业要求：自己动手操作并写出具体实施步骤。

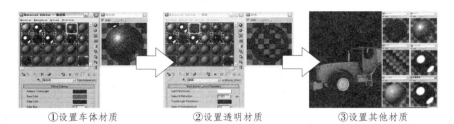

①设置车体材质　　　　②设置透明材质　　　　③设置其他材质

图5-38　设置拖拉机材质流程图（总流程4）

总流程 5 设置场景材质

渲染道具《秋日丰收》的第五流程（步骤）是设置场景材质,制作又分为 3 个流程:①设置地面材质、②设置环境包裹材质、③测试材质渲染，见图 5-39。

作业要求：自己动手操作并写出具体实施步骤。

①设置地面材质　　　　②设置环境包裹材质　　　　③测试材质渲染

图5-39　设置场景材质流程图（总流程5）

总流程 6 合成场景背景

渲染道具《秋日丰收》的第六流程（步骤）是合成场景背景，制作又分为 3 个流程:①绘制环境贴图、②添加环境天空、③合成场景，见图 5-40。

作业要求：自己动手操作并写出具体实施步骤。

①绘制环境贴图　　　　②添加环境天空　　　　③合成场景

图5-40　合成场景背景流程图（总流程6）

部分学生优秀动画道具渲染作业欣赏

下面选择了一批学生动画道具渲染作业，供读者练习时参考，见图5-41。

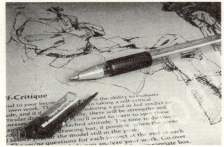
①《碳素笔》

②《直板手机》

③《红色跑车》

④《足球鞋》

⑤《军用战车》

⑥《改装越野车》

⑦《安全头盔》

⑧《燃油灯》

图5-41 部分学生动画道具渲染作业欣赏

《DV 摄像机》

《小轮摩托车》

《汽车》

《茶具》

《小鼓》

《高脚杯》

《小号》

《商务汽车》

图5-41　部分学生道具渲染作业欣赏（续）

第六章　动画场景渲染技法

 实训6-1　渲染场景　　　　　🕐 2 学时

一、实训名称　动画场景《绘画稿》

二、实训内容　本实训练习制作包括的内容有绘画草纸、绘画铅笔、橡皮和水杯，以及设置材质贴图与渲染器的光子计算。本例场景最终效果见图6-1。

三、实训要求　根据图 6-2 至图 6-8 提供的制作总流程图和分流程图，自己动手完成各分流程的具体实施步骤。

四、实训目的　熟悉和掌握贴图对单色模型的影响，提高场景聚焦灯光的控制能力，以及使用 HDR 控制反射的环境设置。

图6-1　动画场景《绘画稿》最终效果

五、制作流程及技巧分析　制作本例时，先使用几何体搭建出杯子与铅笔的基础模型，然后使用编辑多边形命令制作场景的精细模型。为场景添加天光来控制整体明度，再使用聚光灯控制主光的照射方向与阴影角度。依次设置稿纸、橡皮、铅笔和玻璃材质，再为玻璃杯区域添加一盏控制聚焦效果的灯光并设置渲染器的光子计算，使玻璃杯的周围产生特殊聚焦效果。添加 HDR 作为环境背景，使玻璃杯的反射上产生真实 HDR 环境效果，最后设置渲染器的采样和参数。本例制作总流程（步骤）分为 6 个：①制作场景模型、②设置场景灯光、③设置文具材质、④设置透明材质、⑤设置聚焦灯光、⑥设置场景渲染，见图6-2。

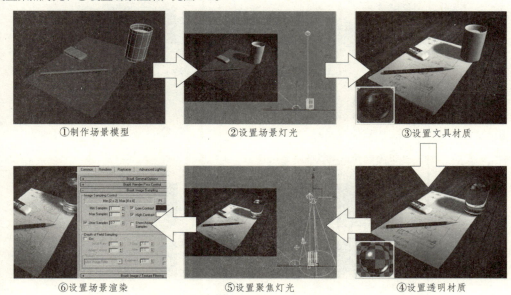

①制作场景模型　　②设置场景灯光　　③设置文具材质
⑥设置场景渲染　　⑤设置聚焦灯光　　④设置透明材质

图6-2　动画场景《绘画稿》渲染总流程（步骤）图

六、《绘画稿》渲染各分流程（步骤）图

总流程 1　制作场景模型

渲染场景《绘画稿》的第一流程（步骤）是制作场景模型，制作又分为 3 个流程：①建立稿纸模型、②建立水杯模型、③建立铅笔与橡皮模型，见图6-3。

作业要求：自己动手操作并写出具体实施步骤。

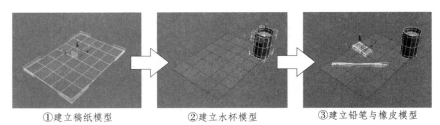

①建立稿纸模型　　　　②建立水杯模型　　　　③建立铅笔与橡皮模型

图6-3　制作场景模型流程图（总流程1）

总流程 2　设置场景灯光

渲染场景《绘画稿》的第二流程（步骤）是设置场景灯光，制作又分为 3 个流程：①建立主照明灯光、②建立环境补光、③建立天光照明，见图 6-4。

作业要求：自己动手操作并写出具体实施步骤。

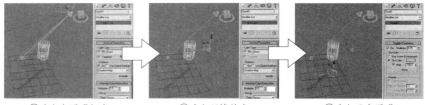

①建立主照明灯光　　　　②建立环境补光　　　　③建立天光照明

图6-4　设置场景灯光流程图（总流程2）

总流程 3　设置文具材质

渲染场景《绘画稿》的第三流程（步骤）是设置文具材质，制作又分为 3 个流程：①设置稿纸材质、②设置橡皮材质、③设置铅笔材质，见图6-5。

作业要求：自己动手操作并写出具体实施步骤。

①设置稿纸材质　　　　②设置橡皮材质　　　　③设置铅笔材质

图6-5　设置文具材质流程图（总流程3）

3D RENDERING

总流程4　设置透明材质

渲染场景《绘画稿》的第四流程（步骤）是设置透明材质，制作又分为3个流程：①设置杯子材质、②设置水材质、③设置材质反射，见图6-6。

作业要求：自己动手操作并写出具体实施步骤。

①设置杯子材质　　　②设置水材质　　　③设置材质反射

图6-6　设置透明材质流程图（总流程4）

总流程5　设置聚焦灯光

渲染场景《绘画稿》的第五流程（步骤）是设置聚焦灯光，制作又分为3个流程：①建立聚焦灯光、②设置物体聚焦属性、③设置聚焦灯光参数，见图6-7。

作业要求：自己动手操作并写出具体实施步骤。

①建立聚焦灯光　　　②设置物体聚焦属性　　　③设置聚焦灯光参数

图6-7　设置聚焦灯光流程图（总流程5）

总流程6　设置场景渲染

渲染场景《绘画稿》的第六流程（步骤）是设置场景渲染,制作又分为3个流程:①设置渲染器光子、②设置HDR环境、③设置渲染采样，见图6-8。

作业要求：自己动手操作并写出具体实施步骤。

①设置渲染器光子　　　②设置HDR环境　　　③设置渲染采样

图6-8　设置场景渲染流程图（总流程6）

实训6-2 渲染场景　　　⏰ 2 学时

一、实训名称 动画场景《红酒》

二、实训内容 本实训练习主要突出了材质的重要性，通过对模型设置材质而得到玻璃酒瓶、红酒、玻璃杯子、装饰柿子、衬布的场景效果。本例场景最终效果见图6-9。

三、实训要求 根据图 6-10 至图 6-16 提供的制作总流程图和分流程图，自己动手完成各分流程的具体实施步骤。

四、实训目的 熟悉和掌握外包裹模型对反射材质产生的影响，以及如何控制反射到玻璃材质上的高光设置方式。

图6-9　动画场景《红酒》最终效果

五、制作流程及技巧分析 制作本例时，先使用几何体搭建场景框架模型，使用样条线绘制瓶子的轮廓，再使用车削修改命令旋转出三维模型，然后再添加杯子与装饰柿子模型。在场景外建立一个外包裹模型，为其赋予环境的贴图会对反射材质产生影响。为场景建立一盏主照明的灯光，然后通过聚光灯控制方向补光，再通过天光系统进行整体环境明度控制。依次设置红酒材质、玻璃材质、商标材质、柿子材质和场景衬布材质，最后再通过灯光与环境贴图影响反射材质的高光区域。本例制作总流程（步骤）分为 6 个：①制作场景模型、②设置环境包裹、③设置场景灯光、④设置红酒材质、⑤设置场景环境材质、⑥设置场景渲染，见图6-10。

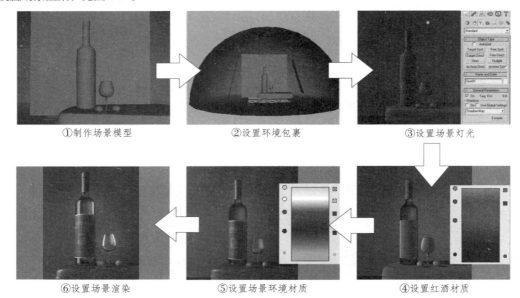

①制作场景模型　　　②设置环境包裹　　　③设置场景灯光

⑥设置场景渲染　　　⑤设置场景环境材质　　　④设置红酒材质

图6-10　动画场景《红酒》渲染总流程（步骤）图

六、《红酒》渲染各分流程（步骤）图

总流程1　制作场景模型

渲染场景《红酒》的第一流程（步骤）是制作场景模型，制作又分为3个流程：①搭建场景模型、②制作酒瓶模型、③制作杯子模型，见图6-11。

作业要求：自己动手操作并写出具体实施步骤。

①搭建场景模型　　　　②制作酒瓶模型　　　　③制作杯子模型

图6-11　制作场景模型流程图（总流程1）

总流程2　设置环境包裹

渲染场景《红酒》的第二流程（步骤）是设置环境包裹，制作又分为3个流程：①建立球体模型、②设置半球模型、③设置包裹位置，见图6-12。

作业要求：自己动手操作并写出具体实施步骤。

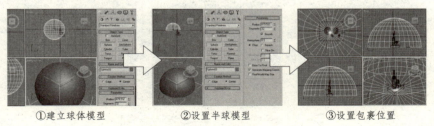

①建立球体模型　　　　②设置半球模型　　　　③设置包裹位置

图6-12　设置环境包裹流程图（总流程2）

总流程3　设置场景灯光

渲染场景《红酒》的第三流程（步骤）是设置场景灯光，制作又分为3个流程：①建立目标聚光灯、②设置灯光参数、③设置其他灯光，见图6-13。

作业要求：自己动手操作并写出具体实施步骤。

①建立目标聚光灯　　　　②设置灯光参数　　　　③设置其他灯光

图6-13　设置场景灯光流程图（总流程3）

总流程 4　设置红酒材质

渲染场景《红酒》的第四流程（步骤）是设置红酒材质，制作又分为 3 个流程：①设置红酒材质、②设置玻璃材质、③设置反光板，见图 6-14。

作业要求：自己动手操作并写出具体实施步骤。

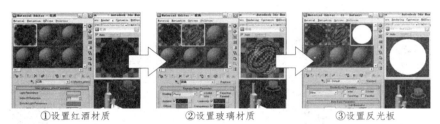

①设置红酒材质　　②设置玻璃材质　　③设置反光板

图6-14　设置红酒材质流程图（总流程4）

总流程 5　设置场景环境材质

渲染场景《红酒》的第五流程（步骤）是设置场景环境材质，制作又分为 3 个流程：①设置商标材质、②设置装饰材质、③设置衬布材质，见图 6-15。

作业要求：自己动手操作并写出具体实施步骤。

①设置商标材质　　②设置装饰材质　　③设置衬布材质

图6-15　设置场景环境材质流程图（总流程5）

总流程 6　设置场景渲染

渲染场景《红酒》的第六流程（步骤）是设置场景渲染，制作又分为 3 个流程：①设置环境模型、②设置渲染器参数、③采样渲染输出，见图 6-16。

作业要求：自己动手操作并写出具体实施步骤。

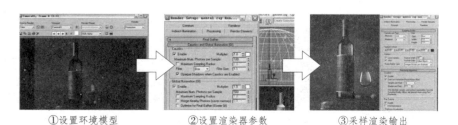

①设置环境模型　　②设置渲染器参数　　③采样渲染输出

图6-16　设置场景渲染流程图（总流程6）

实训6-3 渲染场景　　🕐 **3 学时**

一、实训名称 动画场景《隧道》

二、实训内容 本实训练习将标准几何体搭建的场景进行细腻照明处理，使场景产生层次过渡与神秘的效果。本例场景最终效果见图6-17。

三、实训要求 根据图6-18至图6-24提供的制作总流程图和分流程图，自己动手完成各分流程的具体实施步骤。

四、实训目的 熟悉和掌握具有深度的场景的灯光设置方式，控制贴图赋予到模型的过程，以及如何将模型、灯光与材质进行渲染配合。

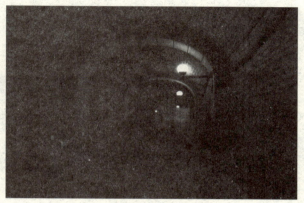

图6-17　动画场景《隧道》最终效果

五、制作流程及技巧分析 　　制作本例时，先建立几何体并通过编辑多边形命令搭建隧道场景，然后添加丰富隧道的箱子模型，再制作电线与灯具模型。为隧道入口位置建立一盏泛光灯，然后在中部与后部位置也进行灯光设置，使其产生深度的照明效果。使用天光控制环境整体照明强度，再使用泛光灯控制灯具模型周围的区域效果。设置石板地面材质与边缘石灰的材质效果，再对砖墙进行材质设置，最后再进行其他隧道材质和渲染设置。本例制作总流程（步骤）分为6个：①搭建隧道场景模型、②丰富场景模型、③设置场景灯光、④设置区域灯光、⑤设置场景材质、⑥设置场景渲染，见图6-18。

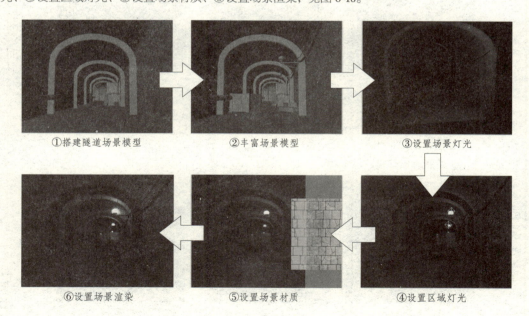

①搭建隧道场景模型　　　②丰富场景模型　　　③设置场景灯光

⑥设置场景渲染　　　⑤设置场景材质　　　④设置区域灯光

图6-18　动画场景《隧道》渲染总流程（步骤）图

六、《隧道》渲染各分流程（步骤）图

总流程1　搭建隧道场景模型

渲染场景《隧道》的第一流程（步骤）是搭建隧道场景模型，制作又分为3个流程：①搭建隧道框架模型、②复制支撑模型、③添加细节模型，见图6-19。

作业要求：自己动手操作并写出具体实施步骤。

①搭建隧道框架模型　　②复制支撑模型　　③添加细节模型

图6-19　搭建隧道场景模型流程图（总流程1）

总流程2　丰富场景模型

渲染场景《隧道》的第二流程（步骤）是丰富场景模型，制作又分为3个流程：①添加箱子模型、②添加电线模型、③添加灯罩模型，见图6-20。

作业要求：自己动手操作并写出具体实施步骤。

①添加箱子模型　　②添加电线模型　　③添加灯罩模型

图6-20　丰富场景模型流程图（总流程2）

总流程3　设置场景灯光

渲染场景《隧道》的第三流程（步骤）是设置场景灯光，制作又分为3个流程：①设置入口灯光、②设置中部灯光、③设置后部灯光，见图6-21。

作业要求：自己动手操作并写出具体实施步骤。

①设置入口灯光　　②设置中部灯光　　③设置后部灯光

图6-21　设置场景灯光流程图（总流程3）

总流程4　设置区域灯光

渲染场景《隧道》的第四流程（步骤）是设置区域灯光，制作又分为3个流程：①控制天光环境、②建立区域灯光、③设置区域灯光，见图6-22。

　　作业要求：自己动手操作并写出具体实施步骤。

①控制天光环境　　　　　　　②建立区域灯光　　　　　　　③设置区域灯光

图6-22　设置区域灯光流程图（总流程4）

总流程5　设置场景材质

渲染场景《隧道》的第五流程（步骤）是设置场景材质，制作又分为3个流程：①设置地面石板材质、②设置边缘石灰材质、③设置砖墙材质，见图6-23。

　　作业要求：自己动手操作并写出具体实施步骤。

①设置地面石板材质　　　　　②设置边缘石灰材质　　　　　③设置砖墙材质

图6-23　设置场景材质流程图（总流程5）

总流程6　设置场景渲染

渲染场景《隧道》的第六流程（步骤）是设置场景渲染，制作又分为3个流程：①设置渲染参数、②设置渲染采样、③渲染输出，见图6-24。

　　作业要求：自己动手操作并写出具体实施步骤。

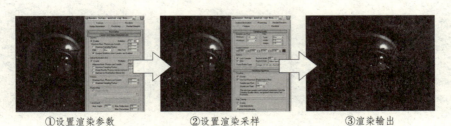

①设置渲染参数　　　　　　　②设置渲染采样　　　　　　　③渲染输出

图6-24　设置场景渲染流程图（总流程6）

实训6-4   渲染场景   ⏱ 3学时

一、实训名称 动画场景《餐厅》

二、实训内容 本实训练习将标准材质与建筑专用材质进行光能传递计算，控制物体光线对场景渲染的影响。本例场景最终效果见图6-25。

图6-25 动画场景《餐厅》最终效果

三、实训要求 根据图6-26至图6-32提供的制作总流程图和分流程图，自己动手完成各分流程的具体实施步骤。

四、实训目的 熟悉和掌握场景材质的设置方式，以及如何使用日光控制照明，对光能传递渲染器强大功能有更深层次的认识。

五、制作流程及技巧分析 制作本例时，先通过几何体搭建场景墙体，然后添加场景的框架模型，再添加座椅等家具模型。先设置墙体材质、棚面材质和窗户材质，再设置场景中的电梯材质和其他材质，然后使用系统中的日光进行模拟太阳的真实照明。将渲染器切换至光能传递的状态，计算完成后设置图像渲染的曝光控制，最后再对渲染参数进行设置。本例制作总流程（步骤）分为6个：①搭建场景框架模型、②丰富场景模型、③设置基础材质、④设置其他材质、⑤设置场景灯光、⑥设置光能传递渲染，见图6-26。

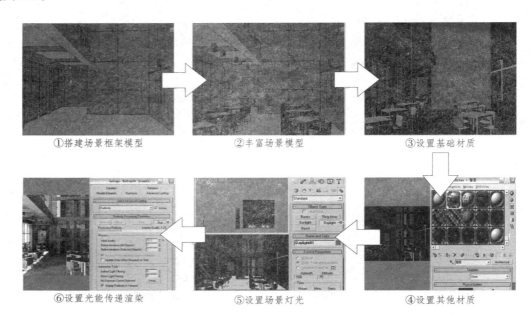

①搭建场景框架模型   ②丰富场景模型   ③设置基础材质

⑥设置光能传递渲染   ⑤设置场景灯光   ④设置其他材质

图6-26 动画场景《餐厅》渲染总流程（步骤）图

六、《餐厅》渲染各分流程（步骤）图

总流程1　搭建场景框架模型

渲染场景《餐厅》的第一流程（步骤）是搭建场景框架模型，制作又分为3个流程：①搭建场景框架、②添加隔层模型、③添加门窗模型，见图6-27。

作业要求：自己动手操作并写出具体实施步骤。

①搭建场景框架　　　　②添加隔层模型　　　　③添加门窗模型

图6-27　搭建场景框架模型流程图（总流程1）

总流程2　丰富场景模型

渲染场景《餐厅》的第二流程（步骤）是丰富场景模型，制作又分为3个流程：①添加灯具模型、②添加桌子模型、③添加椅子模型，见图6-28。

作业要求：自己动手操作并写出具体实施步骤。

①添加灯具模型　　　　②添加桌子模型　　　　③添加椅子模型

图6-28　丰富场景模型流程图（总流程2）

总流程3　设置基础材质

渲染场景《餐厅》的第三流程（步骤）是设置基础材质，制作又分为3个流程：①切换材质类型、②设置地面材质、③设置玻璃与墙壁材质，见图6-29。

作业要求：自己动手操作并写出具体实施步骤。

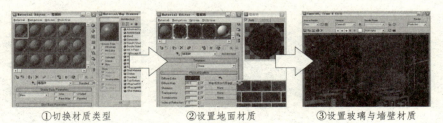

①切换材质类型　　　　②设置地面材质　　　　③设置玻璃与墙壁材质

图6-29　设置基础材质流程图（总流程3）

总流程 4　设置其他材质

渲染场景《餐厅》的第四流程（步骤）是设置其他材质，制作又分为 3 个流程：①设置其他材质、②测试材质渲染、③添加环境材质，见图 6-30。

作业要求：自己动手操作并写出具体实施步骤。

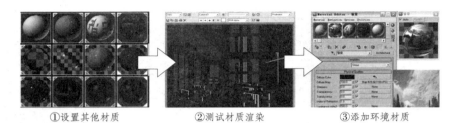

①设置其他材质　　　　②测试材质渲染　　　　③添加环境材质

图6-30　设置其他材质流程图（总流程4）

总流程 5　设置场景灯光

渲染场景《餐厅》的第五流程（步骤）是设置场景灯光，制作又分为 3 个流程：①建立日光系统、②设置日光参数、③测试日光渲染，见图 6-31。

作业要求：自己动手操作并写出具体实施步骤。

①建立日光系统　　　　②设置日光参数　　　　③测试日光渲染

图6-31　设置场景灯光流程图（总流程5）

总流程 6　设置光能传递渲染

渲染场景《餐厅》的第六流程（步骤）是设置光能传递渲染，制作又分为 3 个流程：①计算光能传递、②设置渲染包裹、③测试渲染，见图 6-32。

作业要求：自己动手操作并写出具体实施步骤。

①计算光能传递　　　　②设置渲染包裹　　　　③测试渲染

图6-32　设置光能传递渲染流程图（总流程6）

实训6-5 渲染场景 ⏰ 4 学时

一、实训名称 动画场景《科幻城市》

二、实训内容 本实训练习主要对三维场景渲染所需光照特性中的强度、性质、颜色、方向和气氛分别进行设置。本例场景最终效果见图6-33。

三、实训要求 根据图 6-34 至图 6-40 提供的总流程步骤图和分流程图，自己动手完成各分流程的具体实施步骤。

四、实训目的 熟悉和掌握繁多几何体的场景搭建方法，提升 Mental ray 渲染器控制场景渲染的能力，以及室外场景渲染设置的创作流程。

图6-33 动画场景《科幻城市》最终效果

五、制作流程及技巧分析 制作本例时，应该先将基础模型进行定位，然后依次建立延伸模型、楼体框架模型、玻璃模型、栏杆模型、装饰管模型，完成模型后再设置天空背景，然后设置金属窗户材质、透明玻璃材质和楼体玻璃材质。为场景添加照明灯光，布光方式主要使用灯光阵列，使场景效果明亮并清晰。最后对渲染器中的环境进行设置，再提升渲染器的采样值，使场的渲染效果更加理想。本例制作总流程（步骤）分为 6 个：①搭建底座模型、②搭建楼体模型、③设置环境背景、④设置场景材质、⑤设置场景灯光、⑥设置渲染器，见图6-34。

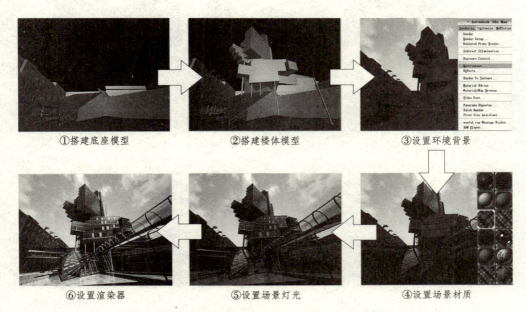

①搭建底座模型 ②搭建楼体模型 ③设置环境背景

⑥设置渲染器 ⑤设置场景灯光 ④设置场景材质

图6-34 动画场景《科幻城市》渲染总流程（步骤）图

六、《科幻城市》渲染各分流程（步骤）图

总流程1　搭建底座模型

渲染场景《科幻城市》的第一流程（步骤）是搭建底座模型，制作又分为3个流程：①制作场景地基模型、②制作延伸模型、③制作连接模型，见图6-35。

作业要求：自己动手操作并写出具体实施步骤。

①制作场景地基模型　　②制作延伸模型　　③制作连接模型

图6-35　搭建底座模型流程图（总流程1）

总流程2　搭建楼体模型

渲染场景《科幻城市》的第二流程(步骤)是搭建楼体模型,制作又分为3个流程:①制作楼体框架模型、②制作玻璃模型、③制作支架模型，见图6-36。

作业要求：自己动手操作并写出具体实施步骤。

①制作楼体框架模型　　②制作玻璃模型　　③制作支架模型

图6-36　搭建楼体模型流程图（总流程2）

总流程3　设置环境背景

渲染场景《科幻城市》的第三流程（步骤）是设置环境背景,制作又分为3个流程:①开启环境项目、②添加位图背景、③测试环境背景渲染，见图6-37。

作业要求：自己动手操作并写出具体实施步骤。

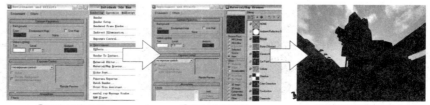

①开启环境项目　　②添加位图背景　　③测试环境背景渲染

图6-37　设置环境背景流程图（总流程3）

总流程4 设置场景材质

渲染场景《科幻城市》的第四流程（步骤）是设置场景材质，制作又分为3个流程：①设置支架材质、②设置玻璃材质、③设置楼体材质，见图6-38。

作业要求：自己动手操作并写出具体实施步骤。

①设置支架材质　　　　　②设置玻璃材质　　　　　③设置楼体材质

图6-38 设置场景材质流程图（总流程4）

总流程5 设置场景灯光

渲染场景《科幻城市》的第五流程（步骤）是设置场景灯光，制作又分为3个流程：①建立场景灯光、②设置灯光参数、③测试灯光渲染，见图6-39。

作业要求：自己动手操作并写出具体实施步骤。

①建立场景灯光　　　　　②设置灯光参数　　　　　③测试灯光渲染

图6-39 设置场景灯光流程图（总流程5）

总流程6 设置渲染器

渲染场景《科幻城市》的第六流程（步骤）是设置渲染器，制作又分为3个流程：①设置渲染GI参数、②设置渲染质量、③渲染输出，见图6-40。

作业要求：自己动手操作并写出具体实施步骤。

①设置渲染GI参数　　　　②设置渲染质量　　　　　③渲染输出

图6-40 设置渲染器流程图（总流程6）

部分学生优秀动画场景渲染作业欣赏

下面选择了一批学生动画场景渲染作业，供读者练习时参考，见图6-41。

①《室内静物》

②《教室》

③《野外小屋》

④《水面货仓》

⑤《卡通仙境》

⑥《宫殿》

⑦《隧道》

⑧《沙漠城市》

图6-41　部分学生动画场景渲染作业欣赏

《阁楼空间》

《窗台植物》

《石柱长廊》

《茅草屋》

《泥灰房》

《破旧走廊》

《海面木船》

《卧室》

图6-41 部分学生动画场景渲染作业欣赏（续）

动画渲染
实 训
CG Rendering
in 3ds Max

作 品 展 示

3D RENDERING

作 品 展 示

作 品 展 示